高等学校建筑学专业"十三五"规划教材
全国高校建筑学专业应用型课程规划推荐教材

建筑设计规范应用 （第二版）

THE APPLICATION OF ARCHITECTURAL DESIGN CODE

孟聪龄 主　编

沈　纲　副主编

Meng Congling ed.

Shen Gang ed.

U0284700

中国建筑工业出版社

图书在版编目（CIP）数据

建筑设计规范应用/孟聪龄主编. —2 版. —北京：中国建筑工业出版社，2018.8（2022.6重印）

高等学校建筑学专业"十三五"规划教材　全国高校建筑学专业应用型课程规划推荐教材

ISBN 978-7-112-22395-4

Ⅰ. ①建… Ⅱ. ①孟… Ⅲ. ①建筑设计-建筑规范-中国-高等学校-教材　Ⅳ. ①TU202

中国版本图书馆 CIP 数据核字（2018）第 138415 号

责任编辑：陈　桦　杨　琪
责任校对：李欣慰

为了更好地支持相应课程的教学，我们向采用本书作为教材的教师提供课件，有需要者可与出版社联系。

建工书院：http://edu.cabplink.com

邮箱：jckj@cabp.com.cn　电话：（010）58337285

高等学校建筑学专业"十三五"规划教材
全国高校建筑学专业应用型课程规划推荐教材
建筑设计规范应用（第二版）
孟聪龄　主　编
沈　纲　副主编

＊

中国建筑工业出版社出版、发行（北京海淀三里河路 9 号）
各地新华书店、建筑书店经销
霸州市顺浩图文科技发展有限公司制版
北京建筑工业印刷厂印刷

＊

开本：787×1092 毫米　1/16　印张：21¾　字数：413 千字
2019 年 3 月第二版　　2022 年 6 月第十二次印刷
定价：**48.00** 元（赠课件）
ISBN 978-7-112-22395-4
　　　　（32004）

版权所有　翻印必究
如有印装质量问题，可寄本社退换
（邮政编码 100037）

— 本系列教材编委会 —

编委会主任：　沈元勤　何任飞

委　　员：　（按姓氏笔画排序）

王　跃　戎　安　沈元勤　何任飞

李延龄　李孝宋　张宏然　吴　璟

陈　桦　陈新生　孟聪龄　胡振宇

洪惠群　高　健　袁逸倩

—— Publishing Directions ——

全国高校建筑学

—— 出版说明 ——

进入 21 世纪，随着城市化进程的加快，建筑领域的科技进步，市场竞争日趋激烈，设计实践积极探索，建筑教育和研究显得相对滞后。师徒传承已随着学校一再扩招成为历史，建筑设计教学也不仅仅是功能平面的程式化设计，外观形象的讨论和传授。如何拓宽学生的知识领域，培养学生的创造精神，提高学生的实践能力？建筑院校也需要从人才市场的实际需要出发，以素质为基础，以能力为本位，以实践为导向，培养建设行业迫切需要的专门人才。

中国建筑工业出版社组织北京建筑大学、北京工业大学、南京工业大学、合肥工业大学、广州大学、长安大学、浙江工业大学、三江学院等院校的教师召开了全国高校建筑学专业应用型课程规划推荐教材编写讨论会。建设部人事教育司何任飞副处长到会并发表重要讲话。会议中各位代表充分交流了各校关于建筑学专业应用型人才培养的教学经验，大家一致认为应用型人才培养是社会发展的现实需要，以应用型人才培养为主的院校应在建筑学专业教学大纲的指导下体现自己的特色和方向。会议在深入探讨和交流的基础上，确定了全国高校建筑学专业应用型课程规划推荐教材第一批建设书目。

本套教材的出版是为了满足建设人才培养的需要，满足社会和教学的需要，选择当前建筑学专业教学中有特色的、有成熟教学基础的课程，与现有的建筑学教材形成互补。陆续出版的教材有《建筑表现》《建筑模型》《建筑设计》《建筑制图》《建筑技术概论》《建筑结构选型》《建筑设计规范应用》《调查研究科学方法》《建筑师职业教育》，作者是来自各个学校具有丰富教学经验的专家和骨干教师，教材编写实用、严谨、科学，追求高质量。希望各个学校在教学实践中给我们提出宝贵意见，不断完善，使本系列教材更加符合教学改革和发展的实际，更加适应社会对高等专门人才的需要。

—— Foreword ——

— 第二版前言 —

　　建筑作为人类文明特有的产物，是人类在社会实践过程中所获得的物质与精神的生产能力和所创造的物质与精神财富的总和。建筑与其他人类文明一样有着历史的继承性与革新性，不同时代、不同地域、不同民族形成了多元化的建筑文化。建筑规范古已有之，并随着人类的技术进步不断发展演化。建筑规范最初是人类建造经验的记录与总结，以供后来者借鉴与利用。不论是西方的《建筑十书》还是我国的《营造法式》，都是人类建筑技术阶段性成熟的体现，是对前人建筑经验的继承，同时也孕育着新的技术革新的开始。随着18世纪工业革命的开始，人类迎来了全球化的浪潮，各行各业对技术标准、技术规范的制定与应用愈加重视。建筑规范也由简单的建造经验拓展到城市规划、建筑咨询、建筑设计、建筑施工、竣工验收、绿化景观等整个产业链。随着人类文明与建筑技术的继续发展，建筑规范也将继续随之进步。

　　尽早接触与学习建筑规范，对初学者理解建筑与建筑设计方法、建立系统性思维、提高建筑技术水平都大有裨益。

　　《建筑设计规范应用》是我国高等学校建筑学、城乡规划专业及相关专业的教材，也是对建筑感兴趣的所有人员学习与工作的参考书。本书第一版是2008年1月出版发行，距今已经过去了整整十个年头，期间多次增印。截至2016年12月本书编写所涉及的各类规范52部中大部分都已更新，7部合并或废止，未变更的仅有19部，调整和变化的规范占原教材引用规范的63.4%。针对这种情况，我们重新修订了教材。第二版教材继续保持第一版教材的编写原则与架构，主要针对调整和变化的规范内容进行更新，文字表述力求与规范保持一致。重新绘制了大量插图，方便对规范条文的理解。

　　本书由太原理工大学建筑与土木工程学院建筑系编写。
　　编写工作的分工如下：
　　孟聪龄：第1章～第3章。
　　沈　纲：第4章～第7章。
　　石谦飞：校审
　　刘洋、侯浚哲、张紫和、周瑛臻、杨洋、陈璇、张正刚、王秀芝等参与了初稿的编写与插图绘制工作。

—— Foreword ——

Foreword

— 第一版前言 —

当前，建筑学专业毕业生走上建筑设计单位，普遍感到的是对各类建筑设计规范的陌生。学生毕业进入建筑设计工作单位后，由于对规范的了解不够，无法进入实际设计工作，常常在设计单位还要进行建筑设计规范的学习和培训。在设计工作中由于对建筑设计规范的了解和掌握不够，方案设计不切实际，与实际情况差距大，方案可行性差，常常导致方案设计无法实现，影响了设计水平的发挥，削弱了设计综合能力的提高。

我国以往的建筑设计教学对个性特色和人文美学等属性强调较多，而基于工程职业训练背景的建筑设计完整性和系统性、建筑法规、环境控制和实际可建造性等方面的内容则相对薄弱。这不能不说是高校建筑设计教学的一个严重缺陷。

建筑学专业学生在学校的学习过程中，建筑设计课程是专业主干课程之一，其课程设置贯穿整个专业学习过程，但在设计教学过程中对各类建筑设计规范的了解和掌握很不够。一方面，这是由于主观上从教师到学生对建筑设计规范的学习都不重视；另一方面，也是客观上由于建筑设计规范的种类很多，与建筑设计课程相结合进行教学的难度很大，而且到目前为止还没有这方面的教材。

因此，很有必要从公共建筑设计教学的角度出发，编写一本有关建筑设计与建筑设计规范相结合的教材，使教师和学生在教与学两个方面都有一个可以直接使用的教程。这一教材将有助于平衡建筑设计教学与建筑师职业训练的关系，缩短学校教学与实际工程的距离，有利于课程设计与实际工作的接轨。这本教材将填补我国建筑学专业在"建筑设计规范应用"教材方面的空白，这本教材的编写有非常重要的现实意义。

教材适用范围：高等学校建筑学、城乡规划、室内设计专业。

本书由太原理工大学建筑与土木工程学院建筑系编写。
编写工作的分工如下：
孟聪龄：第1章至第3章。
石谦飞：第4章至第7章。
乔巍、王中锋，李东锋、王祖玮、马冬梅、马玉洁、张莹等参加了初稿的编写。
乔巍、李东锋、王祖玮，马冬梅、张莹、胡刚、刘姗、王学敏等参与了插图的绘制。

目录 — Contents —

Introduction

绪　论

绪论

1）国家编制各类建筑设计规范的目的

建筑设计是房屋建设工程的"龙头"专业，是质量控制的首要部位。建造房屋的目的是要满足人们的各种使用要求和物质与功能的需要。但是这些目标的实现，首先必须以保障人身安全为前提，同时不影响大众利益，不破坏周围环境。

国家编制各类建筑设计规范的目的正是为了保障建筑的基本功能质量，使建筑符合适用、安全、卫生、经济等要求。规范同时还反映了必须执行的国家方针政策和法规，遵守安全卫生、环境保护、节约用地、节约能源、节约用材、节约用水等有关规定。

2）我国建筑设计规范的分类和组成

与建筑设计有关的规范大致可分为五类（本书的设计规范对应的统一编号见附录一，文中不再一一标出）：

（1）特定类型建筑的设计规范，如：《宿舍建筑设计规范》《图书馆建筑设计规范》《铁路旅客车站建筑设计规范》等。

（2）与建筑设计密切相关的城市规划方面的规范，如：《城市道路绿化规划与设计规范》《城市用地竖向规划规范》等。

（3）建筑环境控制与评价方面的规范和标准，如：《公共建筑节能设计标准》《民用建筑隔声设计规范》《建筑照明设计标准》等。

（4）各类防火设计规范，如：《建筑设计防火规范》《汽车库、修车库、停车场设计防火规范》《建筑内部装修设计防火规范》等。

（5）住宅建筑设计方面的规范，如：《住宅设计规范》《住宅建筑规范》《住宅建筑技术经济评价标准》《城市居住区规划设计规范》等。

另外，这些规范和标准的内容还划分为：工程建设标准强制性条文和非强制性条文。

工程建设标准强制性条文的内容，是工程建设现行国家和行业标准中直接涉及人民生命财产安全、人身健康、环境保护和公共利益的条文，同时考虑了提高经济和社会效益等方面的要求。列入《工程建设标准强制性条文》的所有条文都必须严格执行。《工程建设标准强制性条文》也是参与建设活动各方执行标准和政府对执行情况实施监督的依据。

3）规范的使用方法

设计对《工程建设标准强制性条文》必须满足，设计对非强制性条文在有条件的情况下，应尽可能满足。

进行建筑设计时，对规范的使用分为五个方面：

(1) 设计要符合有关建筑类型的设计规范的要求，如设计幼儿园时，必须符合《托儿所、幼儿园建筑设计规范》的要求。

(2) 设计必须符合通用设计规范的要求，如《民用建筑设计通则》《建筑楼梯模数协调标准》《建筑地面设计规范》《无障碍设计规范》等的要求。

(3) 设计必须符合相应的防火规范的要求，如《建筑设计防火规范》《汽车库、修车库、停车场设计防火规范》《建筑内部装修设计防火规范》等的要求。

(4) 设计的经济技术指标必须符合有关规范和标准的要求，如《公共建筑节能设计标准》《民用建筑隔声设计规范》《建筑隔声评价标准》《建筑照明设计标准》《建筑采光设计标准》等的要求。

(5) 建筑周边环境还要符合有关场地设计的规范，如《城市用地竖向规划规范》《城市道路设计规范》等的要求。

4) 本教材对规范的选用范围和编写原则

据不完全统计，截至 2016 年底，与建筑设计有关的规范和标准大约有 130 种左右，本教材选用了其中与建筑设计课程有关的 5 类共 52 种。有关明细详见附录一。

本教材的编写原则：

(1) 立足于配合建筑设计课程的教学，对规范进行学习。

(2) 立足于对规范整体概念的了解、对规范框架知识的了解和对规范的技术控制原则的了解。

(3) 立足于对规范中通用的、共性的内容的介绍，对于特殊类型的建筑和需要查表或计算的部分，只介绍主要内容和概念，略去了计算和查表的具体内容，以便于学生的学习和掌握。

(4) 立足于提高学生的工程技术综合能力，对与设计有关的经济技术评价、节能设计、热工设计、隔声设计、设备等规范内容等都进行了介绍。

(5) 对于用语言不能清晰表达的内容，辅以插图进行说明。

(6) 对选用的各类规范内容进行重新分类归纳，组织成七个专题进行介绍。

按照以上的编写原则，本教材以高校建筑学专业指导委员会规划推荐教材《公共建筑设计原理》的知识为背景，分为 7 个专题，每个专题为 1 章，分别进行介绍，这 7 个专题分别为：功能关系和交通空间、防火设计、技术经济、设备、安全、室外环境、住宅设计。

由于住宅是最常见的建筑类型，同时也是我国目前建设量最大的建筑类型，因此将住宅单独作为 1 个专题进行介绍。

　　本书的教学目的是着力于培养综合技术基础扎实、眼界开阔、方案设计能力和工程技术能力发展均衡、对实际工作具有适应能力的未来建筑师。经过循序渐进的教学环节训练，使学生理解建筑学科的工程技术特征，熟悉实际建筑设计工作的全过程，在专业问题上的判断、选择、操作等综合能力和素质得到全面提升。

Chapter1　The stipulation of code on function relation and traffic space

第1章　规范在功能关系和交通空间方面的规定

第1章 规范在功能关系和交通空间方面的规定

建筑设计过程中既包括设计者感性的创作也包括了理性的技术要求，一个成功的建筑设计，是以使用者和社会的需求为出发点和归宿的特殊产品。功能分区和空间组合是建筑设计的两个关键内容，不同类型的建筑在设计中对这两方面内容的要求各有特点，而空间组合是通过交通空间的组织来实现的。本章的内容主要结合高校建筑学课程设计的教学，介绍规范在功能关系和交通空间方面的有关规定及其应用。

功能关系主要介绍两个方面：各类型建筑的功能分区和主要使用空间的要求。功能分区部分主要从动与静、内与外、洁与污的分区要求等三个方面进行介绍。主要从使用空间的要求按照建筑类型分别进行论述。

交通空间主要对水平交通、垂直交通和枢纽交通这三种基本的空间形式进行介绍。

公共建筑是人们日常社会生活的主要活动场所，也是建筑学课程设计教学的主要建筑类型，故在本章中配合课程设计的教学，对课程设计所涉及的常见公共建筑类型进行分类，归纳为10类：文教类建筑（文化站、中小学校、幼儿园、托儿所）；馆藏类建筑（图书馆、档案馆）；博物馆建筑；观演类建筑（剧场、电影院、体育场馆）；办公类建筑；医疗类建筑（综合医院、疗养院）；交通枢纽类建筑（交通客运站、铁路旅客站）；旅馆类建筑；商业建筑（商店、饮食店）；居住类建筑（宿舍、老年人建筑）等。

1.1 功能分区

对规范在建筑功能分区方面的要求从三个角度进行介绍：动与静的分区要求、内与外的分区要求、洁与污的分区要求。

1.1.1 动与静的分区要求

建筑的各个功能组成部分中，有些在使用或运行中会产生噪声和振动，我们称这些部分为"动"的部分。而另外一些组成部分的使用，又要求相对安静些，我们称这些部分为"静"的部分。不同类型建筑的功能组成差别很大，因此对动与静的分区要求也各不相同。

动与静分区要求较突出的建筑类型包括：文教类（文化馆、中小学校、幼儿园、托儿所）、办公类、医疗类（综合医院、疗养院）、旅馆类、居住类（宿舍、老年人建筑）。

1.1.1.1 文教类

1）文化馆

按文化馆的规模不同、建设地域不同，功能用房配置不同，一般划分原则为：

静态功能区：图书阅览室、美术书法教室、录音录像室、美术工作室、文学创作室、调查研究室、档案资料室、文化遗产整理室及各类办公室、接待室等。

动态功能区：门厅、排演厅、报告厅、展览陈列厅、多媒体视听教室、舞蹈排练室、琴房、计算机与网络教室、音乐教室、语言教室、文化教室、音乐创作室、辅助用房及设备用房等。

（1）文化馆建筑的总平面应划分静态功能区和动态功能区，且应分区明确、互不干扰，并应按人流和疏散通道布局功能区。静态功能区与动态功能区宜分别设置功能区的出入口。

（2）当文化馆基地距医院、学校、幼儿园、住宅等建筑较近时，室外活动场地及建筑内噪声较大的功能用房应布置在医院、学校、幼儿园、住宅等建筑的远端，并应采取防干扰措施（图 1-1-1）。

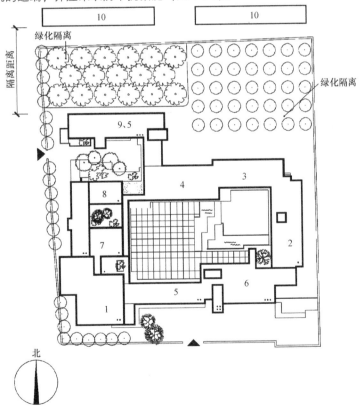

图 1-1-1　文化馆与周边建筑的关系

1—观演用房；2—游艺用房；3—阅览用房；4—展览用房；5—办公业务用房；

6—多用途活动室；7—排练厅；8—老年活动室；9—培训用房；10—住宅

（3）阅览用房包括阅览室、资料室、书报储藏间等，应设于馆内较安静的部位，规模较大时，宜分设儿童阅览室，以减少成人读者与儿童读者相互间的干扰。

（4）多媒体视听教室宜具备多媒体视听、数字电影、文化信息资源共享工程服务等功能，室内装修应满足声学要求，且房间门应采用隔声门。

（5）录音录像室应布置在静态功能区内最为安静的部位，且不得邻近变电室、空调机房、锅炉房、厕所等易产生噪声的地方，其功能分区宜自成一区。

（6）研究整理室应设在静态功能区，并宜邻近图书阅览室集中布置。

2）中小学校

（1）学校主要教学用房设置窗户的外墙与铁路路轨的距离不应小于300m，与高速路、地上轨道交通线或城市主干道的距离不应小于80m。当距离不足时，应采取有效的隔声措施（图1-1-2）。

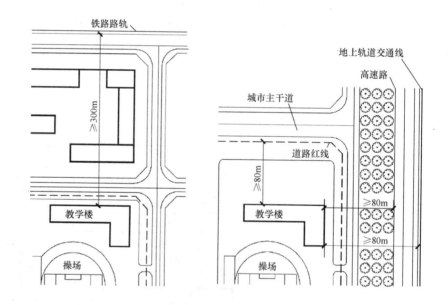

图1-1-2　学校主要教学防噪间距

（2）学校不宜与市场、公共娱乐场所，医院太平间等不利于学生学习和身心健康以及危及学生安全的场所毗邻。

（3）各类教室的外窗与相对的教学用房或室外运动场地边缘间的距离不应小于25m。

（4）图书室应位于学生出入方便、环境安静的区域。

（5）一般音乐教室发出声音的声级约为80dB，当对相邻教室有噪声影响时，就应该采用隔声的门窗及其他隔声减噪措施。

1.1.1.2 办公类建筑

(1) 一类办公建筑办公用房、多功能厅、设计制图室等室内允许噪声级不应大于45dB（A声级），会议室等允许噪声级不应大于40dB（A声级）。

(2) 一类办公建筑围护结构的空气声隔声标准办公用房隔墙≥45（计权隔声量dB）。

(3) 对噪声控制要求较高的办公建筑应对附着于墙体和楼板的传声源部件采取防止结构声传播的措施。

(4) 产生噪声或振动的设备机房应采取消声、隔声和减振等措施，并不宜毗邻办公用房和会议室，也不宜布置在办公用房和会议室的正上方。

1.1.1.3 医疗类

1）综合医院

(1) 基地环境安静，远离污染源；不应邻近少年儿童活动密集场所。

(2) 应保证住院部、手术部、功能检查室、内窥镜室、献血室、教学科研用房等处的环境安静；电梯井道不得与主要用房贴邻，避免机械噪声的影响。

(3) 住院部应自成一区，设置单独或共用出入口，并应设在医院环境安静、交通方便处。

(4) 独立建造的营养厨房应有便捷的联系廊；设在病房楼中的营养厨房虽然与病房联系方便，但应避免厨房的蒸汽、噪声和气味对病区的窜扰。

(5) 洗衣房应自成一区，并应按工艺流程进行平面布置；设置在病房楼底层或地下层的洗衣房应避免噪声对病区的干扰。

2）传染病医院

医疗用房噪声环境要求应为：病房的允许噪声级（A声级）昼间应≤40dB，夜间应≤35dB；隔墙与楼板的空气声的计权隔声量应≥45dB，楼板的计权标准撞击声压级应≤75dB。

3）疗养院

(1) 疗养院的建筑布局应功能分区明确，联系方便，并必须保证疗养用房具有良好的室内外环境。

(2) 体疗室布置应避免其声响对邻近用房的干扰，若布置在楼层，还应采取隔声措施，防止对下层用房的干扰。

1.1.1.4 旅馆类

(1) 总平面布置应处理好主体建筑与辅助建筑的关系。对各种设备所产生的噪声和废气应采取措施，避免干扰客房区和邻近建筑。各种设备用房的位置应接近服务负荷中心。运行、管理、维修应安全、方便并避免其噪声和振动对公共区和客房区造成干扰（图1-1-3）。

(2) 客房是旅馆建筑最重要的功能，为旅馆内客人提供住宿的空间，安静

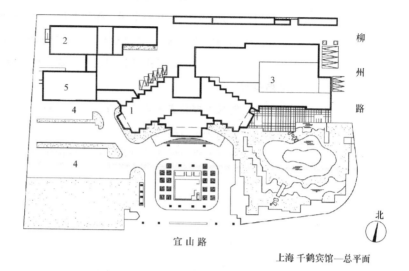

柳
州
路

北

宜 山 路

上海 千鹤宾馆—总平面

图 1-1-3　旅馆设备用房与客房隔离

1—主楼；2—动力机房；3—裙房；4—停车场；5—餐厅、厨房

的休息环境首先需要得到保障。锅炉房、制冷机房、水泵房、冷却塔等应采取隔声、减振等措施，避免对客房产生不良影响。

（3）客房的隔墙及楼板应符合隔声规范的要求。客房之间的送风和排风管道必须采取消声处理措施，设置相当于毗邻客房间隔墙隔声量的消声装置。

（4）康乐设施的位置应满足使用及管理方便的要求，并不应使噪声对客房造成干扰。

（5）旅馆建筑的宴会厅、会议室、多功能厅等应根据用地条件、布局特点、管理要求设置，避免会议人流和噪声对客房的干扰，并宜设独立的分门厅。会议室宜与客房区域分开设置。

（6）旅馆商店的位置、出入口应考虑旅客的方便，并避免噪声对客房造成干扰。

（7）辅助部分的出入口内外流线应合理并应避免"客""服"交叉，"洁""污"混杂及噪声干扰。

（8）厨房的位置应与餐厅联系方便，并应避免厨房的噪声、油烟、气味及食品储运对餐厅及其他公共部分和客房部分造成干扰。

1.1.1.5　居住类

1）宿舍

（1）宿舍用地宜选择有日照条件，通风良好，场地干燥，便于排水的地段；应避免噪声和各种污染源的影响，并应符合有关卫生防护标准的规定。

（2）宿舍内居室宜成组布置，每组规模不宜过大。每组或若干组居室应设厕所、盥洗室或卫生间。每幢宿舍宜设管理室、公共活动室和晾晒空间。

厕所、盥洗室和公共用房的位置应避免对居室产生干扰（图 1-1-4）。

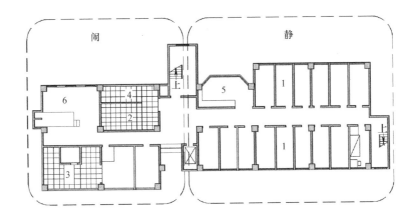

图 1-1-4　宿舍居室与公共用房隔离

1—单人居室；2—厕所；3—洗衣房；4—洗衣房；5—会议室；6—机房

2）老年人建筑

（1）专为老年人服务的公共建筑，如老年文化休闲活动中心、老年大学、老年疗养院、干休所、老年医疗急救康复中心等，宜选择临近居住区，交通进出方便，安静，卫生，无污染的周边环境。

（2）老年人居住建筑居室之间应有良好隔声处理和噪声控制。允许噪声级不应大于 45dB，空气隔声不应小于 50dB，撞击声不应大于 75dB。

1.1.2　内与外的分区要求

建筑内部的各功能组成部分中，有的功能以对"外"联系为主或与外界的联系性较为密切。有的功能则以"内"部联系为主。因此，就有了建筑功能内与外的分区要求。

有内与外分区要求的建筑类型包括：文教类建筑（托儿所、幼儿园、文化馆）、馆藏类建筑（图书馆、档案馆）、办公类建筑、医疗类建筑（医院）、交通枢纽类建筑（交通客运站、铁路旅客站）。

1.1.2.1　文教类建筑

1）托儿所、幼儿园

（1）托儿所、幼儿园建筑宜按幼儿生活单元组合方法进行设计，各班幼儿生活单元应保持使用的相对独立性。

（2）每个托儿班和乳儿班的生活用房均应为每班独立使用的生活单元。当托儿所和幼儿园合建时，托儿所生活部分应单独分区，并应设单独出入口。

（3）喂奶室、配乳室应临近乳儿室，喂奶室应靠近对外出入口。

（4）托儿所、幼儿园建筑应设门厅，门厅内宜附设收发、晨检、展示等功能空间。

(5) 晨检室（厅）应设在建筑物的主入口处，并应靠近保健观察室。

(6) 保健观察室设置应与幼儿生活用房有适当的距离，并应与幼儿活动路线分开；宜设单独出入口。

(7) 教职工的卫生间、淋浴室应单独设置，不应与幼儿合用。

(8) 供应用房应包括厨房、消毒室、洗衣间、开水间、车库等房间，厨房应自成一区，并与幼儿活动用房应有一定距离。

2）文化馆建筑

(1) 文化馆建筑宜由群众活动用房、业务用房和管理及辅助用房组成。

(2) 群众活动用房宜包括门厅、展览陈列用房、报告厅、排演厅、文化教室、计算机与网络教室、多媒体视听教室、舞蹈排练室、琴房、美术书法教室、图书阅览室、游艺用房等。

(3) 业务用房应包括录音录像室、文艺创作室、研究整理室、计算机机房等。

(4) 管理用房应由行政办公室、接待室、会计室、文印打字室及值班室等组成，且应设于对外联系方便、对内管理便捷的部位，并宜自成一区。

(5) 辅助用房应包括休息室，卫生、洗浴用房，服装、道具、物品仓库，档案室、资料室，车库及设备用房等。

(6) 门厅位置应明显，方便人流疏散，并具有明确的导向性（图1-1-5）。

1.1.2.2 馆藏类建筑

1）图书馆

(1) 图书馆当与其他建筑合建时，必须满足图书馆的使用功能和环境要求，并自成一区，单独设置出入口。

(2) 图书馆建筑布局应与其管理方式和服务手段相适应，并应合理安排采编、收藏、借还、阅览之间的运行路线，使读者、管理人员和书刊运送路线便捷畅通，互不干扰。

(3) 图书馆应按其性质、任务及不同的读者对象设置相应的阅览室或阅览区。当图书馆设有少年儿童阅览区时，少年儿童阅览室应与成人阅览区分隔。

(4) 珍善本阅览室与珍善本书库应毗邻布置。

(5) 视障阅览室应方便视障读者使用，并应与盲文书库相连通。

(6) 缩微阅读应设专门的阅览区，并宜与缩微资料库相连通，其室内家具设施应满足缩微阅读的要求。

(7) 音像视听室由视听室、控制室和工作间组成，并宜自成区域。

(8) 超过300座规模的报告厅应独立设置，并应与阅览区隔离；报告厅与阅览区毗邻设置时，应设单独对外出入口（图1-1-6）。

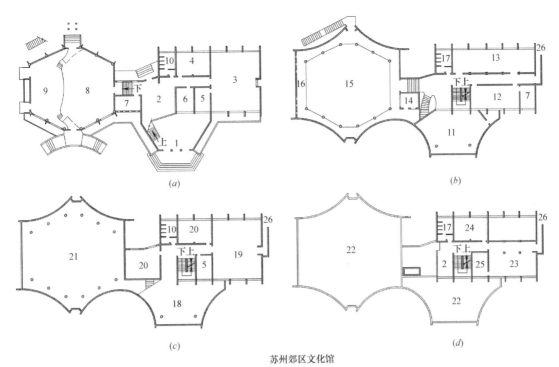

苏州郊区文化馆

图 1-1-5　文化馆人员密集活动室的出入口设置

（*a*）一层平面；（*b*）二层平面；（*c*）三层平面；（*d*）四层平面

1—门厅；2—过厅；3—录像放映室；4—电子游艺室；5—工作室；6—贮存间；7—管理间；8—演出厅；9—舞台；10—男卫生间；11—咖啡厅；12—老干部室；13—保龄球室；14—衣帽间；15—舞池；16—乐池；17—女卫生间；18—接待展览；19—台球室；20—游艺活动；21—舞厅上空；22—二层屋面；23—图书阅览；24—资料室；25—管理室；26—疏散楼梯

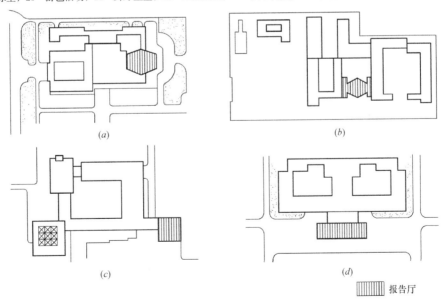

图 1-1-6　图书馆报告厅与主馆的关系示例

（*a*）报告厅在一端（河北省图书馆）；（*b*）报告厅在业务用房与阅览区之间（广东中山图书馆）；

（*c*）报告厅独立设置（四川大学图书馆）；（*d*）报告厅在门厅上面（浙江大学图书馆）

（9）目录检索空间宜靠近读者出入口，并应与出纳空间相毗邻，检索设施可分散设置。当目录检索与出纳共处同一空间时，应有明确的分区。

（10）图书馆行政办公用房包括行政管理和后勤保障用房，其规模应根据使用要求确定，可组合在建筑中，也可单独设置。

（11）采编用房应与读者活动区分开，并应与典藏室、书库、书刊入口有便捷联系；拆包间应邻近工作人员入口或专设的书刊入口。

2）档案馆

（1）档案馆建筑应根据其等级、规模和功能设置各类用房，并宜由档案库、对外服务用房、档案业务和技术用房、办公用房和附属用房组成。

（2）档案馆的建筑布局应按照功能分区布置各类用房，并应达到功能合理、流程便捷、内外相互联系又有所分隔，避免交叉。各类用房之间进行档案传送时，不应通过露天通道。

（3）档案馆建筑设计应使各类档案及资料保管安全、调阅方便；查阅环境应安静；工作人员应有必要的工作条件。

（4）四层及四层以上的对外服务用房、档案业务和技术用房应设电梯。两层或两层以上的档案库应设垂直运输设备。

（5）档案库应集中布置、自成一区。除更衣室外，档案库区内不应设置其他用房，且其他用房之间的交通也不得穿越档案库区。

（6）对外服务用房可由服务大厅（含门厅、寄存处等）、展览厅、报告厅、接待室、查阅登记室、目录室、开放档案阅览室、未开放档案阅览室、缩微阅览室、音像档案阅览室、电子档案阅览室、政府公开信息查阅中心、对外利用复印室和利用者休息室、饮水处、公共卫生间等组成。规模较小的档案馆可合并设置。

（7）档案业务和技术用房可由中心控制室、接收档案用房、整理编目用房、保护技术用房、翻拍洗印用房、缩微技术用房、音像档案技术用房、信息化技术用房组成，并应根据档案馆的等级、规模和实际需要选择设置或合并设置。

1.1.2.3 办公类建筑

（1）办公建筑由办公室用房、公共用房、服务用房和设备用房等组成。办公室用房宜包括普通办公室和专用办公室。专用办公室宜包括设计绘图室和研究工作室等。公共用房宜包括会议室、对外办事厅、接待室、陈列室、公用厕所、开水间等。服务用房应包括一般性服务用房和技术性服务用房。一般性服务用房为档案室、资料室、图书阅览室、文秘室、汽车库、非机动车库、员工餐厅、卫生管理设施间等。技术性服务用房为电话总机房、计算机房、晒图室等。

（2）当办公建筑与其他建筑共建在同一基地内或与其他建筑合建时，应满足办公建筑的使用功能和环境要求，分区明确，宜设置单独出入口。

(3) 对外办事大厅宜靠近出入口或单独分开设置，并与内部办公人员出入口分开。

1.1.2.4 医疗类建筑

1) 综合医院

(1) 门诊、急诊、急救和住院应分别设置无障碍出入口（图 1-1-7、图 1-1-8）。

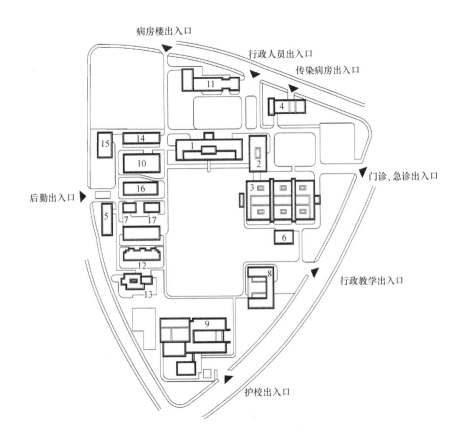

图 1-1-7 上海市第六人民医院各部分出入口的设置

1—病房楼；2—医技楼；3—门诊急诊楼；4—传染病房；5—动物实验室；

6—钴 60 治疗室；7—太平间；8—教学实验楼；9—护士学校；10—食堂；

11—行政楼；12—宿舍；13—幼儿园；14—洗衣房；15—锅炉房；

16—设备机修房；17—配电房

(2) 医院住院部宜增设供医护人员专用的客梯、送餐和污物专用货梯。

(3) 妇科、产科和计划生育用房应自成一区，可设单独出入口。

(4) 儿科用房设置应符自成一区，可设单独出入口。

(5) 急诊部应自成一区，应单独设置出入口，便于急救车、担架车、轮椅车的停放。

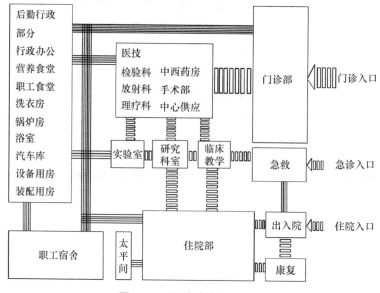

图 1-1-8　医院功能关系示意

(6) 消化道、呼吸道等感染疾病门诊均应自成一区，并应单独设置出入口。

(7) 住院部应自成一区，设置单独或共用出入口，并应设在医院环境安静、交通方便处，与医技部、手术部和急诊部应有便捷的联系，同时应靠近医院的能源中心、营养厨房、洗衣房等辅助设施。

(8) 血液透析室用房可设于门诊部或住院部内，应自成一区。

(9) 手术部应自成一区，宜与外科护理单元邻近，并宜与相关的急诊、介入治疗科、重症监护科（ICU）、病理科、中心（消毒）供应室、血库等路径便捷；手术部不宜设在首层。

(10) 放射科宜在底层设置，并应自成一区，且应与门、急诊部和住院部邻近布置，并有便捷联系；有条件时，患者通道与医护工作人员通道应分开设置。

(11) 磁共振检查室宜自成一区或与放射科组成一区，宜与门诊部、急诊部、住院部邻近，并应设置在底层；应避开电磁波和移动磁场的干扰。

(12) 放射治疗用房宜设在底层、自成一区，其中治疗机房应集中设置。

(13) 核医学科应自成一区，并应符合国家现行有关防护标准的规定。放射源应设单独出入口。

(14) 介入治疗用房应自成一区，且应与急诊部、手术部、心血管监护病房有便捷联系。

(15) 检验科用房应自成一区，微生物学检验应与其他检验分区布置。

(16) 病理科用房应自成一区，宜与手术部有便捷联系。病理解剖室宜和太平间合建，与停尸房宜有内门相通，并应设工作人员更衣及淋浴设施。

（17）超声、电生理、肺功能检查室宜各成一区，与门诊部、住院部应有便捷联系。

（18）内窥镜科用房位置应自成一区，与门诊部有便捷联系；各检查室宜分别设置。上、下消化道检查室应分开设置。

（19）理疗科可设在门诊部或住院部，应自成一区。

（20）输血科（血库）用房宜自成一区，并宜邻近手术部；贮血与配血室应分别设置。

（21）中心（消毒）供应室应自成一区，宜与手术部、重症监护和介入治疗等功能用房区域有便捷联系。

（22）营养厨房应自成一区，宜邻近病房，并与之有便捷联系通道。

（23）洗衣房位置应自成一区，并应按工艺流程进行平面布置。

（24）太平间位置宜独立建造或设置在住院用房的地下层；解剖室应有门通向停尸间。

2）传染病医院

（1）门诊部的出入口应靠近院区的主要出入口。

（2）接诊区可在门诊部靠近入口处设置，也可与急诊部合并设立。

（3）门诊部平面布局中，病人候诊区应与医务人员诊断工作区分开布置，并应在医务人员进出诊断工作区出入口处为医务人员设置卫生通过室。

（4）急诊部应自成一区，并应单独设置出入口，宜与门诊部、医技部毗邻。

（5）医学影像科其位置宜方便门诊、急诊及住院病人使用；平面布置应区分病人等候检查区与医务人员诊断工作区，并应在医务人员进出诊断工作区设置卫生通过室。

（6）功能检查室其位置宜方便门诊、急诊及住院病人使用；平面布置应区分病人等候检查区与医务人员诊断工作区，并应在医务人员进出诊断工作区处设置卫生通过室。

（7）血库宜自成一区，并邻近化验科、手术部。

（8）中心（消毒灭菌）供应室宜自成一区，靠近手术部布置并与该部有直接联系通道。

（9）手术部宜自成一区，与急诊部、外科手术相关的病区相近，并宜与中心供应室、血库、病理科联系方便。

（10）药剂科宜自成一区，并应与住院部联系方便。

（11）检验科应自成一区，并与门诊及住院部联系方便。

（12）病理科宜自成一区，与手术部联系方便，并宜设置运送病理检验废弃物的对外安全通道。

（13）住院部宜自成一区，靠近手术部、医学影像科、检验科等，并应与药房、营养厨房等有方便联系的通道。

（14）重症监护宜自成一区，且靠近手术部，并安排方便联系的通道。

1.1.2.5　交通枢纽类建筑

1）交通客运站

（1）售票厅的位置应方便旅客购票。四级及以下站级的客运站，售票厅可与候乘厅合用，其余站级的客运站宜单独设置售票厅，并应与候乘厅、行包托运厅联系方便。

（2）一、二级交通客运站应分别设置行包托运厅、行包提取厅，且行包托运厅宜靠近售票厅，行包提取厅宜靠近出站口；三、四级交通客运站的行包托运厅和行包提取厅可设于同一空间内。

（3）值班室应临近候乘厅，其使用面积应按最大班人数不少于 2.0m²/人确定，且最小使用面积不应小于 9.0m²。

（4）一、二级汽车客运站在出站口处应设补票室，港口客运站在检票口附近宜设补票室。补票室的使用面积不宜小于 10.0m²，并应有防盗设施。

（5）站房内应设置旅客服务用房与设施，宜有问讯台（室）、小件寄存处、自助存包柜、邮政、电信、医务室、商业服务设施等。

2）铁路旅客车站

（1）旅客站房宜独立设置。当与其他建筑合建时，应保证铁路旅客车站功能的完整和安全。特大型、大型站的售票处除应设置在站房进站口附近外，还应在进站通道上设置售票点或自动售票机。中型、小型站的售票处宜设置在站房内候车区附近。当车站为多层站房时，售票处宜分层设置。

（2）客货共线铁路旅客车站宜设置行李托取处。特大型、大型站的行李托运和提取应开设置，行李托运处的位置应靠近售票处，行李提取处宜设置在站房出站口附近。中型和小型站的行李托、取处可合并设置。

1.1.3　洁与污的分区要求

在公共建筑的功能分区中，还有一个洁与污的分区要求。建筑使用的过程中，有些部分在使用中会产生污物，或其使用中会对其他部分产生污染，要求与其他部分有一定的距离或采取一定的隔离措施。

有洁与污要求的建筑类型主要有：文化类建筑（托儿所、幼儿园）、医疗类建筑（综合医院与传染病医院）。

1.1.3.1　托儿所、幼儿园建筑

（1）托儿所、幼儿园在供应区内宜设杂物院，并应与其他部分相隔离。杂物院应有单独的对外出入口（图 1-1-9）。

（2）幼儿园生活用房卫生间应临近活动室或寝室，且开门不宜直对寝室或活动室（图 1-1-10）。

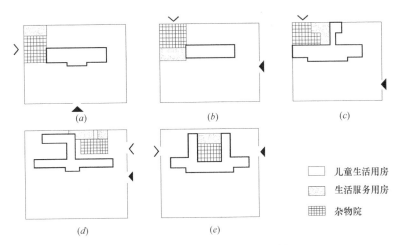

图 1-1-9　幼儿园杂物院位置示例

儿童生活用房
生活服务用房
杂物院

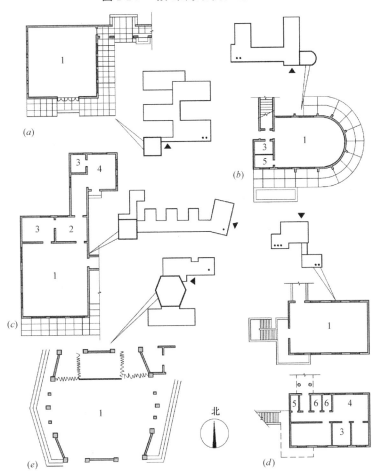

图 1-1-10　幼儿园音体室位置示例

（a）天津石化住宅区幼儿园；（b）辽阳石化厂幼儿园；（c）上海曹阳实验幼儿园；

（d）上海上钢新村幼儿园；（e）日本秋田大学附属幼儿园；

1—音体室；2—过厅；3—更衣室；4—小教室；5—储藏间；6—卫生间

（3）供应用房应包括厨房、消毒室、洗衣间、开水间、车库等房间，厨房应自成一区，并与幼儿活动用房应有一定距离。

1.1.3.2 医疗类建筑

1）综合医院

（1）消化道、呼吸道等感染疾病门诊均应自成一区，并应单独设置出入口。

（2）住院用房设传染病房时，应单独设置，并应自成一区。产房应自成一区，入口处应设卫生通过室和浴室、卫生间。污洗室应邻近污物出口处，并应设倒便设施和便盆、痰杯的洗涤消毒设施。

（3）烧伤病房应设在环境良好、空气清洁的位置，可设于外科护理单元的尽端，宜相对独立或单独设置。

（4）血液病房可设于内科护理单元内，亦可自成一区。可根据需要设置洁净病房，洁净病房应自成一区。

（5）手术部应分为一般手术部和洁净手术部。平面布置应符合功能流程和洁污分区要求；入口处应设医护人员卫生通过室，且换鞋处应采取防止洁污交叉的措施。

（6）介入治疗用房应自成一区，洁净区、非洁净区应分设。

（7）中心（消毒）供应室应按照污染区、清洁区、无菌区三区布置，并应按单向流程布置，工作人员辅助用房应自成一区；进入污染区、清洁区和无菌区的人员均应设卫生通过室。

（8）洗衣房污衣入口和洁衣出口处应分别设置。

2）传染病医院

（1）门诊部应按肠道、肝炎、呼吸道门诊等不同传染病种分设不同门诊区域，并应分科设置候诊室、诊室。

（2）急诊部入口处应设置筛查区（间），并应在急诊部入口毗邻处设置隔离观察病区或隔离病室。

（3）医学影像科供呼吸道传染病病人使用的一般影像检查室可分开独立设置；与其他传染病病人共同使用的大型影像检查室，宜为各检查室设2~3间更衣小间。

（4）功能检查室供呼吸道传染病病人使用的常规检查室，可分开独立设置。

（5）中心（消毒灭菌）供应室设置应按洁净区、清洁区、污染区分区布置，并应按生产加工单向工艺流程布置；应为进入洁净区与清洁区的工作人员分别设置卫生通过室。

（6）住院部平面布置应划分污染区、半污染区与清洁区，并应划分洁污人流、物流通道。

（7）重症监护病区呼吸道传染病重症监护病区应采用单床小隔间布置方式，非呼吸道传染病的重症监护病区可按多床大开间和单床小隔间组合布置。

（8）洗衣房设置应按衣服、被单的洗涤、消毒、烘干、折叠加工流程布置，污染的衣服、被单接受口与清洁的衣服、被单发送口应分开设置。

1.2 主要使用空间

在建筑设计规范中涉及的建筑类型比较多，这些建筑类型的空间使用性质与组成类型虽然繁多，但概括起来，都可以分为主要使用空间、辅助使用空间和交通联系空间，本节根据高校学生建筑设计课程所接触到的建筑类型，对规范在主要使用空间方面的要求进行介绍。

1.2.1 文教类建筑

1.2.1.1 文化馆建筑

文化馆建筑主要使用空间包括：群众活动用房、业务用房（图 1-2-1）。

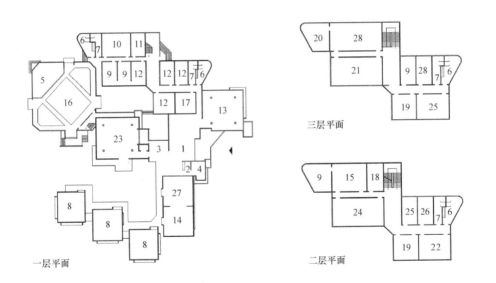

图 1-2-1 南京市南湖小区文化馆平面图

1—敞厅；2—问讯；3—小卖；4—售票；5—舞台；6—男厕所；7—女厕所；8—展览厅；9—工作间；10—会议室；11—休息室；12—办公室；13—阅览室；14—棋奕室；15—摄影室；16—观演厅；17—资料室；18—摄影办；19—裱画室；20—乐器室；21—话剧室；22—舞蹈室；23—音乐茶座；24—声乐活动；25—美术活动室；26—美术品库；27—电子游艺；28—乐器训练

1）文化馆各类用房在使用上应具有可调性和灵活性，并应便于分区使用和统一管理。

2）文化馆设置儿童、老年人的活动用房时，应布置在三层及三层以下，且朝向良好和出入安全、方便的位置。

3）群众活动用房宜包括门厅、展览陈列用房、报告厅、排演厅、文化教室、计算机与网络教室、多媒体视听教室、舞蹈排练室、琴房、美术书法教室、图书阅览室、游艺用房等。应采用易清洁、耐磨的地面；严寒地区的儿童和老年人的活动室宜做暖性地面。

（1）展览陈列用房：应由展览厅、陈列室、周转房及库房等组成，且每个展览厅的使用面积不宜小于 65m²；小型馆的展览厅、陈列室宜与门厅合并布置；大型馆的陈列室宜与门厅或走廊合并布置；展览厅内的参观路线应顺畅，并应设置可灵活布置的展板和照明设施；宜以自然采光为主，并应避免眩光及直射光；展览厅、陈列室的出入口的宽度和高度应满足安全疏散和搬运展品及大型版面的要求。

（2）报告厅：应具有会议、讲演、讲座、报告、学术交流等功能，也可用于娱乐活动和教学；规模宜控制在 300 座以下，并应设置活动座椅，且每座使用面积不应小于 1.0m²；应设置讲台、活动黑板、投影幕等，并宜配备标准主席台和贵宾休息室；当规模较小或条件不具备时，报告厅宜与小型排演厅合并为多功能厅。

（3）排演厅：排演厅宜包括观众厅、舞台、控制室、放映室、化妆间、厕所、淋浴更衣间等功能用房。观众厅的规模不宜大于 600 座，观众厅的座椅排列和每座使用面积指标符合《剧场建筑设计规范》的规定。当观众厅为 300 座以下时，可将观众厅做成水平地面、伸缩活动座椅。当观众厅规模超过 300 座时，观众厅的座位排列、走道宽度、视线及声学设计、放映室及舞台设计，应符合国家现行标准《剧场建筑设计规范》《剧场、电影院和多用途厅堂建筑声学设计规范》的有关规定。

（4）普通教室（小教室）和大教室：普通教室宜按每 40 人一间设置，大教室宜按每 80 人一间设置，且教室的使用面积不应小于 1.4m²/人；文化教室课桌椅的布置及有关尺寸，不宜小于现行国家标准《中小学校设计规范》有关规定；普通教室及大教室均应设黑板、讲台，并应预留电视、投影等设备的安装条件；大教室可根据使用要求设为阶梯地面，并应设置连排式桌椅。

（5）计算机与网络教室：平面布置应符合现行国家标准《中小学校设计规范》对计算机教室的规定，且计算机桌应采用全封闭双人单桌，操作台的布置应方便教学；50 座的教室使用面积不应小于 73m²，25 座的教室使用面积不应小于 54m²；室内净高不应小于 3.0m；宜北向开窗；宜配置相应的管理用房；宜与文化信息资源共享工程服务点、电子图书阅览室合并设置，且合并设置时，应设置国家共享资源接收终端，并应设置统一标识牌。

（6）多媒体视听教室：宜具备多媒体视听、数字电影、文化信息资源共享工程服务等功能，规模宜控制在每间 100~200 人，且当规模较小时，宜与报告厅等功能相近的空间合并设置；室内装修应满足声学要求，且房间门应采用隔声门。

(7) 舞蹈排练室：宜靠近排演厅后台布置，并应设置库房、器材储藏室等附属用房；每间的使用面积宜控制在 80~200m²；用于综合排练室使用时，每间的使用面积宜控制在 200~400m²；每间人均使用面积不应小于 6m²；室内净高不应低于 4.5m；地面应平整，且宜做有木龙骨的双层木地板；室内与采光窗相垂直的一面墙上，应设置高度不小于 2.10m（包括镜座）的通长照身镜，且镜座下方应设置不超过 0.30m 高的通长储物箱，其余三面墙上应设置高度不低于 0.90m 的可升降把杆，把杆距墙不宜小于 0.40m；舞蹈排练室的墙面应平直，室内不得设有独立柱及墙壁柱，墙面及顶棚不得有妨碍活动安全的突出物，采暖设施应暗装；舞蹈排练室的采光窗应避免眩光，或设置遮光设施。

(8) 琴房：琴房的数量可根据文化馆的规模进行确定，且使用面积不应小于 6m²/人；琴房墙面不应相互平行，墙体、地面及顶棚应采用隔声材料或做隔声处理，且房间门应为隔声门，内墙面及顶棚表面应做吸声处理；不宜设在温度、湿度常变的位置，且宜避开直射阳光，并应设具有吸声效果的窗帘。

(9) 美术书法教室：美术教室应为北向或顶部采光，并应避免直射阳光；人体写生的美术教室，应采取遮挡外界视线的措施；教室墙面应设挂镜线，且墙面宜设置悬挂投影幕的设施。室内应设洗涤池；教室的使用面积不应小于 2.8m²/人，教室容纳人数不宜超过 30 人，准备室的面积宜为 25m²；书法学习桌应采用单桌排列，其排距不宜小于 1.20m，且教室内的纵向走道宽度不应小于 0.70m；有条件时，美术教室、书法教室宜单独设置，且美术教室宜配备教具储存室、陈列室等附属房间，教具储存室宜与美术教室相通。

(10) 图书阅览室：宜包括开架书库、阅览室、资料室、书报储藏间等，应设于文化馆内静态功能区；阅览室应光线充足，照度均匀，并应避免眩光及直射光；宜设儿童阅览室，并宜临近室外活动场地；阅览桌椅的排列间隔尺寸及每座使用面积，可按现行行业标准《图书馆建筑设计规范》执行；阅览室使用面积可根据服务人群的实际数量确定，也可多点设置阅览角；室内应预留布置书刊架、条形码管理系统、复印机等的空间。

(11) 游艺室：文化馆应根据活动内容和实际需要设置大、中、小游艺室，并应附设管理及储藏空间，大游艺室的使用面积不应小于 100m²，中游艺室的使用面积不应小于 60m²，小游艺室的使用面积不应小于 30m²；大型馆的游艺室宜分别设置综合活动室、儿童活动室、老人活动室及特色文化活动室，且儿童活动室室外宜附设儿童活动场地。

4）业务用房部分一般由录音录像室、文艺创作室、研究整理室等组成。

（1）录音录像室：录音录像室应包括录音室和录像室，且录音室应由演唱演奏室和录音控制室组成；录像室宜由表演空间、控制室、编辑室组成，编辑室可兼作控制室；录音录像室应布置在静态功能区内最为安静的部位，且不得邻近变电室、空调机房、锅炉房、厕所等易产生噪声的地方，其功能分区宜自成一区。

（2）文艺创作室：文艺创作室宜由若干文学艺术创作工作间组成，且每个工作间的使用面积宜为 12m²；应设在静区，并宜与图书阅览室邻近；应设在适合自然采光的朝向，且外窗应设有遮光设施。

（3）研究整理室：应由调查研究室、文化遗产整理室和档案室等组成；有条件时，各部分宜单独设置；应设在静态功能区，并宜邻近图书阅览室集中布置；档案室应设在干燥、通风的位置；不宜设在建筑的顶层和底层。档案室应防止日光直射，并应避免紫外线对档案、资料的危害。

（4）计算机机房：应包括计算机网络管理、文献数字化、网站管理等用房，并应符合现行国家标准《电子信息系统机房设计规范》的有关规定。

1.2.1.2　中小学校建筑

中小学、中师、幼师建筑主要使用空间包括：普通教室、专用教室（自然教室、美术教室、书法教室、史地教室、语言教室、微型电子计算机教室、音乐教室、合班教室）、公共教学用房（合班教室、图书室、学生活动室、体质测试室、心理咨询室、德育展览室）（图 1-2-2）。

1）各类小学的主要教学用房不应设在四层以上，各类中学的主要教学用房不应设在五层以上。

2）中小学校的普通教室与专用教室、公共教学用房间应联系方便。教师休息室宜与普通教室同层设置。各专用教室宜与其教学辅助用房成组布置。教研组教师办公室宜设在其专用教室附近或与其专用教室成组布置。

3）化学实验室：宜设在建筑物首层。并应附设药品室。化学实验室、化学药品室的朝向不宜朝西或西南。化学实验室的外墙至少应设置 2 个机械排风扇，排风扇下沿应在距楼地面以上 0.10～0.15m 高度处。在排风扇的室内一侧应设置保护罩，采暖地区应为保温的保护罩。

4）物理实验室：当学校配置 2 个及以上物理实验室时，其中 1 个应为力学实验室。光学、热学、声学、电学等实验可共用同一实验室，并应配置各实验所需的设备和设施。

5）生物实验室：除应附设仪器室、实验员室、准备室。还应附设药品室、标本陈列室、标本储藏室，宜附设模型室，并宜在附近附设植物培养室，在校园下风方向附设种植园及小动物饲养园。标本陈列室与标本储藏室宜合并设置，实验员室、仪器室、模型室可合并设置。

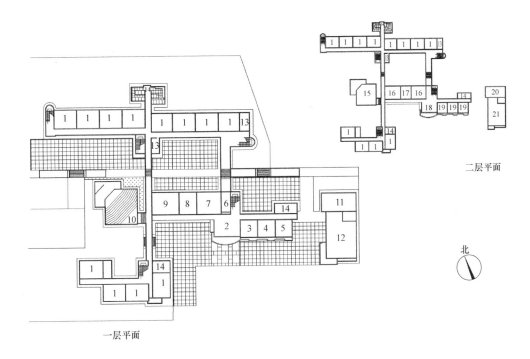

二层平面

一层平面

图 1-2-2　汕头市达濠华侨中学平面图

1—高中部教室；2—门厅；3—社团；4—医务；5—保管；6—过厅；7—电脑室；8—准备室；9—无线电活动室；

10—阶梯教室；11—学生阅览室；12—教师阅览室；13—教室休息室；14—厕所；15—屋顶花园；

16—化学实验室；17—实验准备室；18—小会议室兼接待室；19—办公室；20—书库；21—陈列室兼阅览室

6）综合实验室：当中学设有跨学科的综合研习课时，宜配置综合实验室。综合实验室应附设仪器室、准备室；当化学、物理、生物实验室均在邻近布置时，综合实验室可不设仪器室、准备室。

7）史地教室：应附设历史教学资料储藏室、地理教学资料储藏室和陈列室或陈列廊。

8）计算机教室：应附设一间辅助用房供管理员工作及存放资料。

9）语言教室：应附设视听教学资料储藏室。语言教室宜采用架空地板。不架空时，应铺设可敷设电缆槽的地面垫层。

10）美术教室：应附设教具储藏室，宜设美术作品及学生作品陈列室或展览廊。美术教室应有良好的北向天然采光。当采用人工照明时，应避免眩光。美术教室内应配置挂镜线，挂镜线宜设高低两组。美术教室的墙面及顶棚应为白色。

11）书法教室：可附设书画储藏室。小学书法教室可兼作美术教室。室内应配置挂镜线，挂镜线宜设高低两组。

12）音乐教室：应附设乐器存放室。音乐教室讲台上应布置教师用琴的位置。中小学校应有 1 间音乐教室能满足合唱课教学的要求，宜在紧接后墙处设置 2~3 排阶梯式合唱台。应设置五线谱黑板。门窗应隔声。墙面及顶棚应采取吸声措施。

13）舞蹈教室：宜满足舞蹈艺术课、体操课、技巧课、武术课的教学要求，并可开展形体训练活动。舞蹈教室应附设更衣室，宜附设卫生间、浴室和器材储藏室。应按男女学生分班上课的需要设置。舞蹈教室内应在与采光窗相垂直的一面墙上设通长镜面，镜面含镜座总高度不宜小于2.10m，镜座高度不宜大于0.30m。镜面两侧的墙上及后墙上应装设可升降的把杆，镜面上宜装设固定把杆。把杆升高时的高度应为0.90m；把杆与墙间的净距不应小于0.40m。宜采用木地板。当学校有地方或民族舞蹈课时，舞蹈教室设计宜满足其特殊需要。

14）合班教室：各类小学宜配置能容纳2个班的合班教室。当合班教室兼用于唱游课时，室内不应设置固定课桌椅，并应附设课桌椅存放空间。兼作唱游课教室的合班教室应对室内空间进行声学处理。各类中学宜配置能容纳一个年级或半个年级的合班教室。容纳3个班及以上的合班教室应设计为阶梯教室。

15）图书室：应包括学生阅览室、教师阅览室、图书杂志及报刊阅览室、视听阅览室、检录及借书空间、书库、登录、编目及整修工作室。并可附设会议室和交流空间。图书室应位于学生出入方便、环境安静的区域。教师与学生的阅览室宜分开设置，报刊阅览室可以独立设置，也可以在图书室内的公共交流空间设报刊架，开架阅览。

1.2.1.3　托儿所、幼儿园

托儿所、幼儿园建筑主要使用空间是幼儿生活用房，包括活动室、寝室、乳儿室、配乳室、喂奶室等（图1-2-3）。

1）托儿所、幼儿园建筑宜按幼儿生活单元组合方法进行设计，各班幼儿生活单元应保持使用的相对独立性。托儿所、幼儿园中的幼儿生活用房不应设置在地下室或半地下室，且不应布置在四层及以上；托儿所部分应布置在一层。

2）每个托儿班和乳儿班的生活用房均应为每班独立使用的生活单元。当托儿所和幼儿园合建时，托儿所生活部分应单独分区，并应设单独出入口。

3）幼儿园的生活用房应由幼儿生活单元和公共活动用房组成。幼儿生活单元应设置活动室、寝室、卫生间、衣帽储藏间等基本空间。

4）单侧采光的活动室进深不宜大于6.60m。活动室宜设阳台或室外活动平台，且不应影响幼儿生活用房的日照。

5）同一个班的活动室与寝室应设置在同一楼层内。寝室应保证每一幼儿设置一张床铺的空间，不应布置双层床。床位侧面或端部距外墙距离不应小于0.60m。

6）厕所、盥洗室、淋浴室地面不应设台阶，地面应防滑和易于清洗。

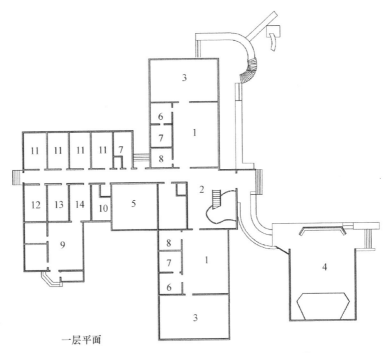

一层平面

图 1-2-3　天津市河西区第十七幼儿园平面图

1—活动室；2—门厅；3—卧室；4—音体室；5—锅炉房；6—盥洗间；7—厕所；8—储藏；
9—厨房；10—洗衣房；11—办公室；12—更衣间；13—淋浴；14—配餐

　　7）夏热冬冷和夏热冬暖地区，托儿所、幼儿园建筑的幼儿生活单元内宜设淋浴室；寄宿制幼儿生活单元内应设置淋浴室，并应独立设置。

　　8）封闭的衣帽储藏室宜设通风设施。

　　9）多功能活动室的位置宜临近幼儿生活单元，单独设置时宜与主体建筑用连廊连通，连廊应做雨篷，严寒和寒冷地区应做封闭连廊。

1.2.2　馆藏类建筑

1.2.2.1　图书馆建筑

　　图书馆建筑主要使用空间包括：藏书、借书、阅览、出纳、检索用房（图 1-2-4）。

　　1）图书馆建筑布局应与其管理方式和服务手段相适应，并应合理安排采编、收藏、借还、阅览之间的运行路线，使读者、管理人员和书刊运送路线便捷畅通，互不干扰。图书馆藏阅空间的柱网尺寸、层高、荷载设计应有较大的适应性和使用的灵活性。图书馆的四层及四层以上设有阅览室时，应设置为读者服务的电梯，并应至少设一台无障碍电梯。

　　2）藏书空间：包括基本书库、开架书库、特藏书库等形式。图书馆建筑设计可根据具体情况选择书库形式。书库的平面布局和书架排列应有利于天然采光和自然通风，并应缩短书刊取送距离。书架宜垂直于开窗的外墙布置。

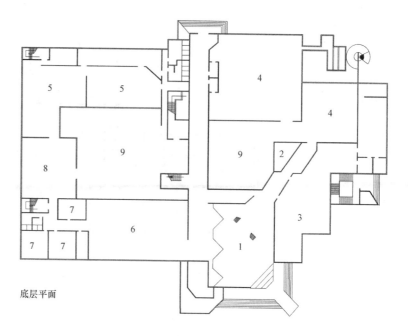

底层平面

图1-2-4　上海市华东师范大学图书馆平面图

1—大厅；2—出纳厅；3—目录厅；4—开架书库；5—编目；

6—检索；7—采购；8—拆包验收；9—内庭院

书库采用竖向条形窗时，窗口应正对行道，书架档头可靠墙。书库采用横向条形窗且窗宽大于书架之间的行道宽度时，书架档头不应靠墙，书架与外墙之间应留有通道。基本书库的结构形式和柱网尺寸应适合所采用的管理方式和所选书架的排列要求。特藏书库应单独设置。珍善本书库的出入口应设置缓冲间，并在其两侧分别设置密闭门。卫生间、开水间或其他经常有积水的场所不应设置在书库内部及其直接上方。二层至五层的书库应设置书刊提升设备，六层及六层以上的书库应设专用货梯。书刊提升设备的位置宜邻近书刊出纳台。同层的书库与阅览区的楼、地面宜采用同一标高。

3）阅览空间：图书馆应按其性质、任务及不同的读者对象设置相应的阅览室或阅览区。阅览室（区）应光线充足、照度均匀。阅览室（区）应根据管理模式在入口附近设置相应的管理设施。珍善本阅览室与珍善本书库应毗邻布置。舆图阅览室应能容纳大型阅览桌，并应有完整的大片墙面和悬挂大幅舆图的设施。缩微阅读应设专门的阅览区，并宜与缩微资料库相连通，其室内家具设施应满足缩微阅读的要求。音像视听室由视听室、控制室和工作间组成，并宜自成区域。珍善本书、舆图、音像资料和电子阅览室的外窗均应有遮光设施。少年儿童阅览室应与成人阅览区分隔。视障阅览室应方便视障读者使用，并应与盲文书库相连通。当阅览室（区）设置老年人及残障读者的专用座席时，应邻近管理台布置。

4）目录检索宜包括在线公共目录查询系统、书本目录和卡片目录等检索方式，可根据实际需要确定。目录检索空间宜靠近读者出入口，并应与出纳空间相毗邻，检索设施可分散设置。当目录检索与出纳共处同一空间时，应有明确的分区。中心出纳台（总出纳台）应毗邻基本书库设置。出纳台与基本书库之间的通道不应设置踏步；当高差不可避免时，应采用坡度不大于1∶8的坡道。

1.2.2.2　档案馆建筑

档案馆主要使用空间包括：档案库、查阅档案用房、档案业务和技术用房、办公用房等组成。档案馆应根据等级、规模和职能配置各类用房（图1-2-5）。

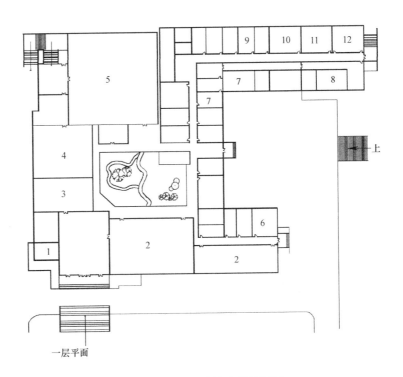

一层平面

图1-2-5　湖北省档案馆平面图

1—寄存；2—查阅；3—接待；4—卡片；5—库房；6—裱糊；7—摄影；

8—缩微；9—复印；10—计算机；11—化验；12—资料

1）档案库可包括纸质档案库、音像档案库、光盘库、缩微拷贝片库、母片库、特藏库、实物档案库、图书资料库、其他特殊载体档案库等，并应根据档案馆的等级、规模和实际需要选择设置或合并设置。档案库应集中布置、自成一区。除更衣室外，档案库区内不应设置其他用房，且其他用房之间的交通也不得穿越档案库区。档案库区或档案库入口处应设缓冲间，其面积不应小于6m²；当设专用封闭外廊时，可不再设缓冲间。档案库区内比库区外楼地面应高出 15mm，并应设置密闭排水口。每个档案库应设两个独立的出入口，且不宜采用串通或套间布置方式。

2）档案库净高不应低于 2.60m。档案库内档案装具布置应成行垂直于有窗的墙面。档案装具间的通道应与外墙采光窗相对应，当无窗时，应与管道通风孔开口方向相对应。当档案库与其他用房同层布置且楼地面有高差时，应满足无障碍通行的要求。母片库不应设外窗。珍贵档案存储应专设特藏库。

3）阅览室：自然采光的窗地面积比不应小于 1：5；应避免阳光直射和眩光，窗宜设遮阳设施；室内应能自然通风；每个阅览座位使用面积：普通阅览室每座不应小于 3.5m²；专用阅览室每座不应小于 4.0m²；若采用单间时，房间使用面积不应小于 12.0m²；阅览桌上应设置电源；室内应设置防盗监控系统。

4）缩微阅览室：应避免阳光直射；宜采用间接照明，阅览桌上应设局部照明；室内应设空调或机械通风设备。

5）档案业务和技术用房可由中心控制室、接收档案用房、整理编目用房、保护技术用房、翻拍洗印用房、缩微技术用房、音像档案技术用房、信息化技术用房组成，并应根据档案馆的等级、规模和实际需要选择设置或合并设置。

6）查阅档案用房可由接待室、查阅登记室、目录室、普通阅览室、专用阅览室、缩微阅览室、声像室、展览厅、复印室和休息室等组成。规模较小的档案馆根据使用要求可合并设置。阅览室设计应符合下列要求：天然采光的窗地面积比不应小于 1：5，应避免阳光直射和眩光，窗宜设遮阳设施。单面采光的阅览室进深与窗墙高度比不应大于 2：1，双面采光不应大于 4：1。室内应有自然通风，室内应设置自动防盗监控系统。

7）档案业务和技术用房可由缩微用房、翻拍洗印用房、计算机房、静电复印室、翻版胶印室、理化试验室、声像档案技术处理室、中心控制室、裱糊室、装订室、接收室、除尘室、熏蒸室、去酸室以及整理编目室、编研室、出版发行室等组成。应根据档案馆的等级、规模和实际需要选择设置上述用房。

1.2.3 博物馆建筑

博物馆建筑主要使用空间包括：陈列区、藏品库区（图 1-2-6）。

1）陈列展览区：应满足陈列内容的系统性、顺序性和观众选择性参观的需要；观众流线的组织应避免重复、交叉、缺漏，其顺序宜按顺时针方向；除小型馆外，临时展厅应能独立开放、布展、撤展；当个别展厅封闭维护或布展调整时，其他展厅应能正常开放。展厅的平面设计应符合分间及面积应满足陈列内容（或展项）完整性、展品布置及展线长度的要求，并应满足展

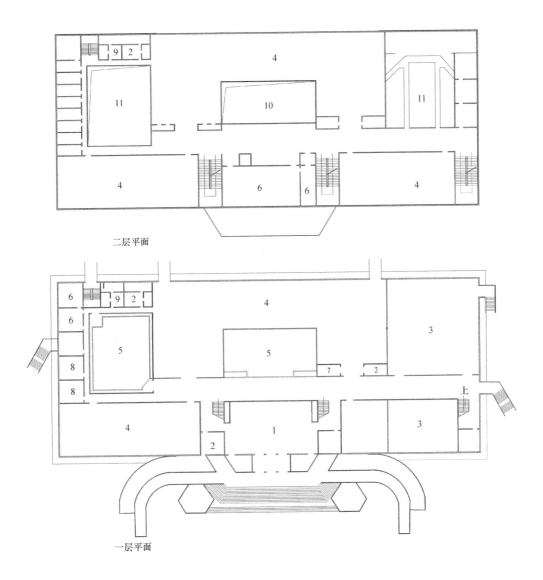

图 1-2-6 山西省革命历史博物馆平面图

1—门厅；2—讲解员；3—展厅；4—陈列室；5—天井；6—办公；7—贮藏；

8—接待室；9—厕所；10—天井上空；11—报告厅

陈设计适度调整的需要；应满足观众观展、通行、休息和抄录、临摹的需要；展厅单跨时的跨度不宜小于 8m，多跨时的柱距不宜小于 7m。展厅净高应满足展品展示、安装的要求，顶部灯光对展品入射角的要求，以及安全监控设备覆盖面的要求；顶部空调送风口边缘距藏品顶部直线距离不应少于 1.0m。特殊展厅的空间尺寸、设备、设施及附属设备间等应根据工艺要求设计。陈列展览区的合理观众人数应为其全部展厅合理限值之和，高峰时段最大容纳观众人数应为其全部展厅高峰限值之和。

2）藏品库区：应由库前区和库房区组成，建筑面积应满足现有藏品保管的需要，并应满足工艺确定的藏品增长预期的要求，或预留扩建的余地；当设置多层库房时，库前区宜设于地面层；体积较大或重量大于500kg的藏品库房宜设于地面层；开间或柱网尺寸不宜小于6m；当收藏对温湿度敏感的藏品时，应在库房区总门附近设置缓冲间。

3）采用藏品柜（架）存放藏品的库房应符合库房内主通道净宽应满足藏品运送的要求，并不应小于1.20m；两行藏品柜间通道净宽应满足藏品存取、运送的要求，并不应小于0.80m；藏品柜端部与墙面净距不宜小于0.60m；藏品柜背与墙面的净距不宜小于0.15m。

1.2.4 观演类建筑

1.2.4.1 剧场

剧场建筑主要使用空间包括：观众厅、舞台、乐池（图1-2-7）。

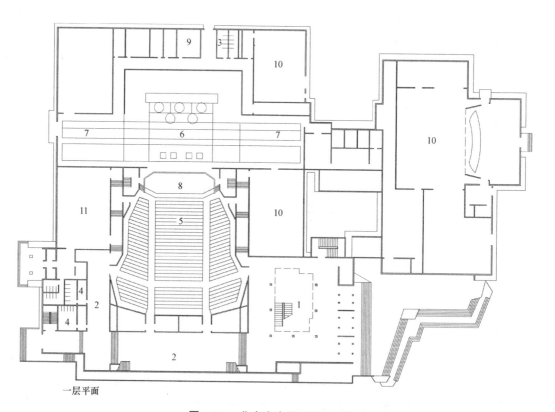

一层平面

图1-2-7 北京市中国剧院平面图

1—前厅；2—休息厅；3—演员用卫生间；4—观众用卫生间；5—观众厅；6—主台；
7—侧台；8—乐池；9—化妆；10—排练；11—贵宾

1）规范不适用于观众厅面积不超过200m²或观众容量不足300座的剧场建筑。剧场建筑根据使用性质及观演条件可分为歌舞、话剧、戏曲三类。剧场为多功能时，其技术规定应按其主要使用性质确定，其他用途应适当兼顾。

剧场建筑规模按观众容量可分为：特大型 1601 座以上；大型 1201～1600 座；中型 801～1200 座；小型 300～800 座。话剧、戏曲剧场不宜超过 1200 座。歌舞剧场不宜超过 1800 座。

2）剧场建筑设计应与舞台工艺设计紧密配合，互提设计参数。

3）视线设计：视线设计应使观众能看到舞台面表演区的全部。当受条件限制时，也应使视觉质量不良的座席的观众能看到 80% 表演区。观众席对视点的最远视距，歌舞剧场不宜大于 33m；话剧和戏曲剧场不宜大于 28m；伸出式、岛式舞台剧场不宜大于 20m。

4）座席：短排法，双侧有走道时不应超过 22 座，单侧有走道时不应超过 11 座；超过限额时，每增加一座位，排距增大 25mm。长排法，双侧有走道时不应超过 50 座，单侧有走道时不应超过 25 座。观众席应预留残疾人轮椅座席，位置应方便残疾人入席及疏散，并应设置国际通用标志。

5）舞台：镜框台口箱型舞台的台口宽度、高度和主台宽度、进深、净高均应与演出剧种、观众厅容量、舞台设备、使用功能及建筑等级相适应。主台和台唇、耳台的台面应做木地板，台面应平整防滑。主台两侧均应布置侧台，位置应靠近主台前部，便于演员和景物通向表演区。后舞台与主台之间的洞口宜设防火隔声幕。

6）乐池：歌舞剧场舞台必须设乐池，其他剧场可视需要而定。乐池面积按容纳乐队人数计算，乐池两侧都应设通往主台和台仓的通道，乐池也可做成升降乐池。

1.2.4.2 电影院

电影院建筑主要使用空间为观众厅（图 1-2-8）。

1）电影院的规模按总座位数可划分为特大型、大型、中型和小型四个规模。特大型电影院的总座位数应大于 1800 个，观众厅不宜少于 11 个；大型电影院的总座位数宜为 1201～1800 个，观众厅宜为 8～10 个；中型电影院的总座位数宜为 701～1200 个，观众厅宜为 5～7 个；小型电影院的总座位数宜小于等于 700 个，观众厅不宜少于 4 个。

2）观众厅设计应与银幕的设置空间统一考虑，观众厅的长度不宜大于 30m，观众厅长度与宽度的比例宜为（1.5±0.2）∶1；观众厅体形设计，应避免声聚焦、回声等声学缺陷；观众厅净高度不宜小于视点高度、银幕高度与银幕上方的黑框高度（0.5～1.0m）三者的总和；新建电影院的观众厅不宜设置楼座；乙级及以上电影院观众厅每座平均面积不宜小于 1.0m²，丙级电影院观众厅每座平均面积不宜小于 0.6m²。

3）观众厅视距、视点高度、视角、放映角及视线超高值。观众厅的地面升高应满足无遮挡视线的要求。

4）每排座位的数量：短排法，两侧有纵走道且硬椅排距不小于 0.80m 或

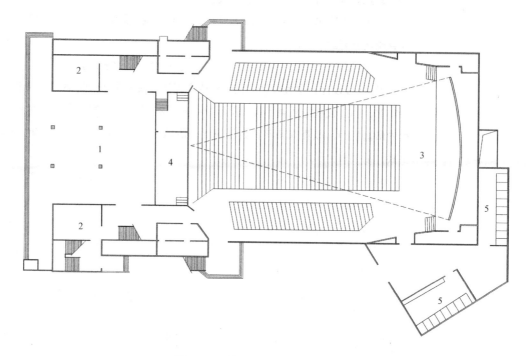

图 1-2-8　桂林市叠彩电影院平面图

1—门厅；2—办公；3—观众厅；4—放映厅；5—卫生间

软椅排距不小于 0.85m 时，每排座位的数量不应超过 22 个，在此基础上排距每增加 50mm，座位可增加 2 个；当仅一侧有纵走道时，上述座位数相应减半；长排法，两侧有走道且硬椅排距不小于 1.0m 或软椅排距不小于 1.1m时，每排座位的数量不应超过 44 个；当仅一侧有纵走道时，上述座位数相应减半。

5）观众厅内走道和座位排列：观众厅内走道的布局应与观众座位片区容量相适应，与疏散门联系顺畅，且其宽度应符合疏散宽度的规定；两条横走道之间的座位不宜超过 20 排，靠后墙设置座位时，横走道与后墙之间的座位不宜超过 10 排；小厅座位可按直线排列，大、中厅座位可按直线与弧线两种方法单独或混合排列；观众厅内座位楼地面宜采用台阶式地面，前后两排地坪相差不宜大于 0.45m；观众厅走道最大坡度不宜大于 1∶8。当坡度为1∶10～1∶8 时，应做防滑处理；当坡度大于 1∶8 时，应采用台阶式踏步；走道踏步高度不宜大于 0.16m 且不应大于 0.20m；供轮椅使用的坡道应符合现行行业标准《城市道路和建筑物无障碍设计规范》中的有关规定。

1.2.4.3　体育建筑

体育建筑主要使用空间包括：运动场地（比赛场地和训练场地）、看台（图 1-2-9）。

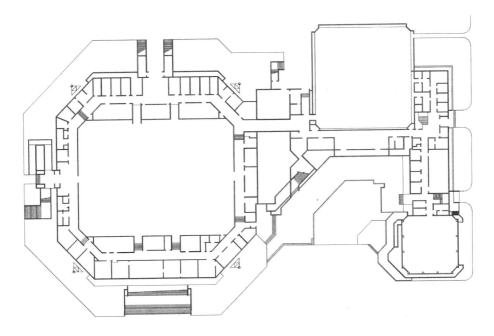

图 1-2-9　北京体育大学体育馆平面图

1) 运动场地：运动场地包括比赛场地和练习场地，其规格和设施标准应符合各运动项目规则的有关规定。

(1) 运动场地界线外围必须按照规则满足缓冲距离、通行宽度及安全防护等要求。裁判和记者工作区域要求、运动场地上空净高尺寸应满足比赛和练习的要求。比赛场地与观众看台之间应有分隔和防护，保证运动员和观众的安全，避免观众对比赛场地的干扰。室外练习场地外围及场地之间，应设置围网，以方便使用和管理。

(2) 场地地面材料应满足不同比赛和训练的要求并符合规则规定；在多功能使用时，应考虑地面材料变更和铺设的可能性；应满足运动项目对场地的背景、划线、颜色等方面的有关要求；场地应满足不同比赛项目的照度要求；应考虑场地运动器械的安装、固定、更换和搬运需求。

(3) 场地的对外出入口应不少于二处，其大小应满足人员出入方便、疏散安全和器材运输的要求。

(4) 室外运动场地布置方向（以长轴为准）应为南北向。室外场地应采取有效的排水措施，设置必要的洒水设备。

2) 看台

(1) 看台设计应使观众有良好的视觉条件和安全方便的疏散条件。看台平面布置应根据比赛场地和运动项目，使多数席位处于视距短、方位好的位置。在正式比赛时，根据各项比赛的特殊需要应考虑划分专用座席区。

(2) 观众席纵走道之间的连续座位数目，室内每排不宜超过 26 个；室外每排不宜超过 40 个。当仅一侧有纵走道时，座位数目应减半。

(3) 主席台的规模、包厢的设置和位置可根据使用情况决定，主席台和包厢宜设单独的出入口，并选择视线较佳的位置。主席台应与其休息室联系方便，并能直接通达比赛场地，与一般观众席之间宜适当分隔。

(4) 看台应进行视线设计，应根据运动项目的不同特点，使观众看到比赛场地的全部或绝大部分，且看到运动员的全身或主要部分；对于综合性比赛场地，应以占用场地最大的项目为基础；也可以主要项目的场地为基础，适当兼顾其他。

(5) 座席俯视角宜控制在 28°～30°范围内；视线升高差（C 值）应保证后排观众的视线不被前排观众遮挡，每排 C 值不应小于 0.06m；在技术、经济合理的情况下，视点位置及 C 值等可采用较高的标准，每排 C 值宜选用 0.12m。

(6) 室外看台罩棚的大小（覆盖观众看台的面积）可根据设施等级和使用要求等多种因素确定，主席台（贵宾席）、评论员和记者席等宜全部覆盖。

1.2.5 办公类建筑

办公建筑主要使用空间包括：办公用房和公共用房（图 1-2-10）。

1) 办公室用房宜包括普通办公室和专用办公室。专用办公室宜包括设计绘图室和研究工作室等。办公室用房宜有良好的天然采光和自然通风，并不宜布置在地下室。办公室宜有避免西晒和眩光的措施。

(1) 普通办公室：宜设计成单间式办公室、开放式办公室或半开放式办公室；特殊需要可设计成单元式办公室、公寓式办公室或酒店式办公室；开放式和半开放式办公室在布置吊顶上的通风口、照明、防火设施等时，宜为自行分隔或装修创造条件，有条件的工程宜设计成模块式吊顶；使用燃气的公寓式办公楼的厨房应有直接采光和自然通风；电炊式厨房如无条件直接对外采光通风，应有机械通风措施，并设置洗涤池、案台、炉灶及排油烟机等设施或预留位置；酒店式办公楼应符合现行行业标准《旅馆建筑设计规范》的相应规定；带有独立卫生间的单元式办公室和公寓式办公室的卫生间宜直接对外通风采光，条件不允许时，应有机械通风措施；机要部门办公室应相对集中，与其他部门宜适当分隔；值班办公室可根据使用需要设置；设有夜间值班室时，宜设专用卫生间；普通办公室每人使用面积不应小于 4m²，单间办公室净面积不应小于 10m²。

(2) 专用办公室：设计绘图室宜采用开放式或半开放式办公室空间，并用灵活隔断、家具等进行分隔；研究工作室（不含实验室）宜采用单间式；自然科学研究工作室宜靠近相关的实验室；设计绘图室，每人使用面积不应小于 6m²；研究工作室每人使用面积不应小于 5m²。

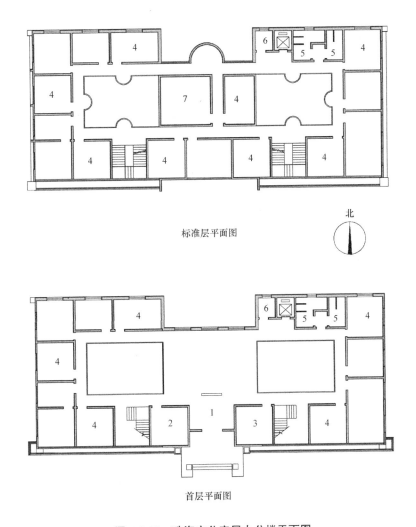

标准层平面图

北

首层平面图

图 1-2-10　珠海市公安局办公楼平面图

1—门厅；2—传达；3—接待；4—办公；5—厕所；6—库房；7—会议

2）公共用房宜包括会议室、对外办事厅、接待室、陈列室等。

(1) 会议室：根据需要可分设中、小会议室和大会议室；中、小会议室可分散布置；小会议室使用面积宜为 30m²，中会议室使用面积宜为 60m²；中小会议室每人使用面积：有会议桌的不应小于 1.80m²，无会议桌的不应小于 0.80m²；大会议室应根据使用人数和桌椅设置情况确定使用面积，平面长宽比不宜大于 2∶1，宜有扩声、放映、多媒体、投影、灯光控制等设施，并应有隔声、吸声和外窗遮光措施；大会议室所在层数、面积和安全出口的设置等应符合国家现行有关防火规范的要求；会议室应根据需要设置相应的贮藏及服务空间。

(2) 对外办事大厅宜靠近出入口或单独分开设置，并与内部办公人员出入口分开。

（3）接待室：应根据需要和使用要求设置接待室；专用接待室应靠近使用部门；行政办公建筑的群众来访接待室宜靠近基地出入口，与主体建筑分开单独设置；宜设置专用茶具室、洗消室、卫生间和贮藏空间等。

（4）陈列室应根据需要和使用要求设置。专用陈列室应对陈列效果进行照明设计，避免阳光直射及眩光，外窗宜设遮光设施。

1.2.6 医疗类建筑

1.2.6.1 综合医院

综合医院主要使用空间包括：门诊用房、急诊用房、住院用房、医技用房（图 1-2-11）。

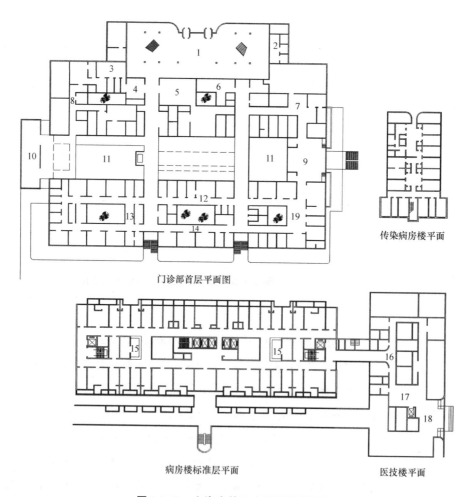

图 1-2-11 上海市第六人民医院平面图

1—门诊大厅；2—挂号；3—注射；4—中药；5—西药；6—收费；7—放射科；8—中药库房；9—急诊厅；10—配电；11—天井；12—急诊手术；13—观察；14—输液室；15—护士台；16—放射科；17—医技厅；18—门厅；19—急诊室

1）门诊用房：公共部分应设置门厅、挂号、问讯、病历、预检分诊、记账、收费、药房、候诊、采血、检验、输液、注射、门诊办公、卫生间等用房和为患者服务的公共设施；门诊部应设在靠近医院交通入口处，应与医技用房邻近，并应处理好门诊内各部门的相互关系，流线应合理并避免院内感染。

(1) 候诊用房：门诊宜分科候诊，门诊量小时可合科候诊；利用走道单侧候诊时，走道净宽不应小于2.40m，两侧候诊时，走道净宽不应小于3.00m；双人诊查室的开间净尺寸不应小于3.00m。

(2) 诊查用房：使用面积不应小于12.00m²；单人诊查室的开间净尺寸不应小于2.50m，使用面积不应小于8.00m²。

(3) 妇科、产科和计划生育用房：应自成一区，设单独出入口。妇科应增设隔离诊室、妇科检查室及专用卫生间，宜采用不多于2个诊室合用1个妇科检查室的组合方式。产科和计划生育应增设休息室及专用卫生间。妇科可增设手术室、休息室；产科可增设人流手术室、咨询室。各室应有阻隔外界视线的措施。

(4) 儿科用房：应自成一区，可设单独出入口。应增设预检、候诊、儿科专用卫生间、隔离诊查和隔离卫生间等用房。隔离区宜有单独对外出口。可单独设置挂号、药房、注射、检验和输液等用房。候诊处面积每患儿不应小于1.50m²。

(5) 耳鼻喉科：应增设内镜检查（包括食道镜等）、治疗的用房；可设置手术、测听、前庭功能、内镜检查（包括气管镜、食道镜等）等用房。

(6) 眼科用房：应增设初检（视力、眼压、屈光）、诊查、治疗、检查、暗室等用房；初检室和诊查室宜具备明暗转换装置；宜设置专用手术室。

(7) 口腔科：应增设X线检查、镶复、消毒洗涤、矫形等用房；诊查单元每椅中距不应小于1.80m，椅中心距墙不应小于1.20m；镶复室宜考虑有良好的通风；可设资料室。

(8) 门诊手术用房：门诊手术用房可与手术部合并设置；门诊手术用房应由手术室、准备室、更衣室、术后休息室和污物室组成。手术室平面尺寸不宜小于3.60m×4.80m。

(9) 预防保健用房：应设宣教、档案、儿童保健、妇女保健、免疫接种、更衣、办公等用房；可增设心理咨询用房。

(10) 感染疾病门诊：消化道、呼吸道等感染疾病门诊均应自成一区，并应单独设置出入口。感染门诊应根据具体情况设置分诊、接诊、挂号、收费、药房、检验、诊查、隔离观察、治疗、医护人员更衣、缓冲、专用卫生间等功能用房。

2) 急诊部应自成一区，应单独设置出入口，便于急救车、担架车、轮椅车的停放；急诊、急救应分区设置；急诊部与门诊部、医技部、手术部应有便捷的联系；设置直升机停机坪时，应与急诊部有快捷的通道。

急诊用房应设接诊分诊、护士站、输液、观察、污洗、杂物贮藏、值班更衣、卫生间等用房；急救部分应设抢救、抢救监护等用房；急诊部分应设诊查、治疗、清创、换药等用房；可独立设挂号、收费、病历、药房、检验、X线检查、功能检查、手术、重症监护等用房；输液室应由治疗间和输液间组成。

3）住院用房

(1) 住院部应自成一区，设置单独或共用出入口，并应设在医院环境安静、交通方便处，与医技部、手术部和急诊部应有便捷的联系，同时应靠近医院的能源中心、营养厨房、洗衣房等辅助设施。

(2) 1个护理单元宜设40～50张病床，专科病房或因教学科研需要可根据具体情况确定。设传染病房时，应单独设置，并应自成一区。护理单元应设病房、抢救、患者和医护人员卫生间、盥洗、浴室、护士站、医生办公、处置、治疗、更衣、值班、配餐、库房、污洗等用房；可设患者就餐、活动、换药、患者家属谈话、探视、示教等用房。

(3) 污洗室应邻近污物出口处，并应设倒便设施和便盆、痰杯的洗涤消毒设施。病房不应设置开敞式垃圾井道。

(4) 监护用房：重症监护病房（ICU）宜与手术部、急诊部邻近，并应有快捷联系；心血管监护病房（CCU）宜与急诊部、介入治疗科室邻近，并应有快捷联系；应设监护病房、治疗、处置、仪器、护士站、污洗等用房；护士站的位置宜便于直视观察患者；监护病床的床间净距不应小于1.20m；单床间不应小于12.00m²。

(5) 儿科病房：宜设配奶室、奶具消毒室、隔离病房和专用卫生间等用房；可设监护病房、新生儿病房、儿童活动室；每间隔离病房不应多于2床；浴室、卫生间设施应适合儿童使用；窗和散热器等设施应采取安全防护措施。

(6) 妇产科病房：妇科应设检查和治疗用房。产科应设产前检查、待产、分娩、隔离待产、隔离分娩、产期监护、产休室等用房。隔离待产和隔离分娩用房可兼用。妇科、产科两科合为1个单元时，妇科的病房、治疗室、浴室、卫生间与产科的产休室、产前检查室、浴室、卫生间应分别设置。产科宜设手术室。产房应自成一区，入口处应设卫生通过和浴室、卫生间。待产室应邻近分娩室，宜设专用卫生间。分娩室平面净尺寸宜为4.20m×4.80m，剖腹产手术室宜为5.40m×4.80m。洗手池的位置应使医护人员在洗手时能观察临产产妇的动态。母婴同室或家庭产房应增设家属卫生通过，并应与其他区域分隔。家庭产房的病床宜采用可转换为产床的病床。

(7) 婴儿室：应邻近分娩室；应设婴儿间、洗婴池、配奶室、奶具消毒室、隔离婴儿室、隔离洗婴池、护士室等用房；婴儿间宜朝南，应设观察窗，并应有防鼠、防蚊蝇等措施；洗婴池应贴邻婴儿间，水龙头离地面高度宜为1.20m，并应有防止蒸气窜入婴儿间的措施；配奶室与奶具消毒室不应与护士室合用。

(8) 烧伤病房：应设在环境良好、空气清洁的位置，可设于外科护理单元的尽端，宜相对独立或单独设置；应设换药、浸浴、单人隔离病房、重点护理病房及专用卫生间、护士室、洗涤消毒、消毒品贮藏等用房；入口处应设包括换鞋、更衣、卫生间和淋浴的医护人员卫生通过通道；可设专用处置室、洁净病房。

(9) 血液病房：血液病房可设于内科护理单元内，亦可自成一区。可根据需要设置洁净病房，洁净病房应自成一区。洁净病区应设准备、患者浴室和卫生间、护士室、洗涤消毒用房、净化设备机房。入口处应设包括换鞋、更衣、卫生间和淋浴的医护人员卫生通道。患者浴室和卫生间可单独设置，并应同时设有淋浴器和浴盆。洁净病房应仅供一位患者使用，洁净标准应符合规范规定，并应在入口处设第二次换鞋、更衣处。洁净病房应设观察窗，并应设置家属探视窗及对讲设备。

(10) 血液透析室：可设于门诊部或住院部内，应自成一区；应设患者换鞋与更衣、透析、隔离透析治疗、治疗、复洗、污物处理、配药、水处理设备等用房；入口处应设包括换鞋、更衣的医护人员卫生通过通道；治疗床(椅)之间的净距不宜小于1.20m，通道净距不宜小于1.30m。

4) 医技用房

医技用房包括手术部用房、放射科、核医学科、检验科、病理科、功能检查室、内窥镜室、理疗科、输血科、药剂科用房、中心(消毒)供应室。

(1) 手术部用房：手术部应自成一区，宜与外科护理单元邻近，并宜与相关的急诊、介入治疗科、重症监护科(ICU)、病理科、中心(消毒)供应室、血库等路径便捷；手术部不宜设在首层；平面布置应符合功能流程和洁污分区要求；入口处应设医护人员卫生通过，且换鞋处应采取防止洁污交叉的措施；通往外部的门应采用弹簧门或自动启闭门。

(2) 手术室：应根据需要选用手术室平面尺寸，特大型：7.50m×5.70m；大型：5.70m×5.40m；中型：5.40m×4.80m；小型：4.80m×4.20m。每2~4间手术室宜单独设立1间刷手间，可设于清洁区走廊内。刷手间不应设门。洁净手术室的刷手间不得和普通手术室共用。每间手术室不得少于2个洗手水龙头，并应采用非手动开关。推床通过的手术室门，净宽不宜小于1.40m，且宜设置自动启闭装置。手术室可采用天然光源或人工照明，当采用天然光源时，窗洞口面积与地板面积之比不得大于1/7，并应采取遮阳措施。

(3) 放射科：应设放射设备机房(CT扫描室、透视室、摄片室)、控制、暗室、观片、登记存片和候诊等用房；可设诊室、办公、患者更衣等用房；胃肠透视室应设调钡处和专用卫生间。照相室最小净尺寸宜为 4.50m×5.40m，透视室最小净尺寸宜为 6.00m×6.00m。放射设备机房门的净宽不应小于 1.20m，净高不应小于 2.80m，计算机断层扫描（CT）室的门净宽不应小于 1.20m，控制室门净宽宜为 0.90m。透视室与 CT 室的观察窗净宽不应小于 0.80m，净高不应小于 0.60m。照相室观察窗的净宽不应小于 0.60m，净高不应小于 0.40m。

(4) 核医学科：应自成一区，并应符合国家现行有关防护标准的规定。放射源应设单独出入口。平面布置应按"控制区、监督区、非限制区"的顺序分区布置。控制区应设于尽端，并应有贮运放射性物质及处理放射性废弃物的设施。非限制区进监督区和控制区的出入口处均应设卫生通过。

(5) 检验科：应自成一区，微生物学检验应与其他检验分区布置；微生物学检验室应设于检验科的尽端。应设临床检验、生化检验、微生物检验、血液实验、细胞检查、血清免疫、洗涤、试剂和材料库等用房；可设更衣、值班和办公等用房。检验科应设通风柜、仪器室（柜）、试剂室（柜）、防振天平台，并应有贮藏贵重药物和剧毒药品的设施。细菌检验的接种室与培养室之间应设传递窗。

(6) 病理科：应自成一区，宜与手术部有便捷联系。病理解剖室宜和太平间合建，与停尸房宜有内门相通，并应设工作人员更衣及淋浴设施。应设置取材、标本处理（脱水、染色、蜡包埋、切片）、制片、镜检、洗涤消毒和卫生通过等用房；设置病理解剖和标本库用房。

(7) 功能检查科：超声、电生理、肺功能检查室宜各成一区，与门诊部、住院部应有便捷联系。应设检查室（肺功能、脑电图、肌电图、脑血流图、心电图、超声等）、处置、医生办公、治疗、患者、医护人员更衣和卫生间等用房。检查床之间的净距不应小于 1.50m，宜有隔断设施。心脏运动负荷检查室应设氧气终端。

(8) 内窥镜室：应设内窥镜（上消化道内窥镜、下消化道内窥镜、支气管镜、胆道镜等）检查、准备、处置、等候、休息、卫生间、患者和医护人员更衣等用房。下消化道检查应设置卫生间、灌肠室。可设观察室。检查室应设置固定于墙上的观片灯，宜配置医疗气体系统终端。内窥镜科区域内应设置内镜洗涤消毒设施，且上、下消化道镜应分别设置。

(9) 输血科：宜自成一区，并宜邻近手术部；贮血与配血室应分别设置。输血科应设置配血、贮血、发血、清洗、消毒、更衣、卫生间等用房。

(10) 药剂科：门诊药房应设发药、调剂、药库、办公、值班和更衣等用房；住院药房应设摆药、药库、发药、办公、值班和更衣等用房；中药房应设置中成药库、中草药库和煎药室；可设一级药品库、办公、值班和卫生间等用房。发药窗口的中距不应小于 1.20m。贵重药、剧毒药、麻醉药、限量药的库房，以及易燃、易爆药物的贮藏处，应有安全设施。

（11）中心（消毒）供应室：污染区应设收件、分类、清洗、消毒和推车清洗中心（消毒）用房；清洁区应设敷料制备、器械制备、灭菌、质检、一次性用品库、卫生材料库和器械库等用房；无菌区应设无菌物品储存用房；应设办公、值班、更衣和浴室、卫生间等用房。中心（消毒）供应室应满足清洗、消毒、灭菌、设备安装、室内环境要求。

1.2.6.2 疗养院

疗养院建筑主要使用空间包括：疗养用房、理疗用房和医技用房（图1-2-12）。

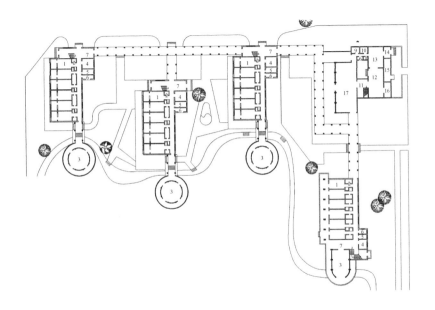

图 1-2-12 天津市干部疗养院平面图

1—疗养室；2—疗养室卫生间；3—疗养员活动室；4—护士站；5—开水间；6—厕所；
7—门厅；8—淋浴室；9—男休息室；10—女休息室；11—备餐室；12—副食加工；
13—主食加工；14—主食库；15—涤火间；16—副食库；17—餐厅

1) 疗养院的建筑布局应功能分区明确，联系方便，并必须保证疗养用房光线充足，朝向和通风良好，并有良好的室内外环境。疗养院建筑不宜超过四层，若超过四层应设置电梯。主要建筑物的坡道、出入口、走道应满足使用轮椅者的要求。

2) 疗养用房：疗养用房按病种及规模分成若干个互不干扰的护理单元，一般由以下房间组成：疗养室、疗养员活动室；医生办公室、护士站、治疗室、监测室（心血管疗区设）、护士值班室；污洗室、库房、疗养员用厕所、浴室及盥洗室、开水间、医护人员专用厕所。

3）理疗部分一般由电疗、光疗、水疗、体疗、蜡疗、泥疗、针灸、按摩等疗室组成。各疗室的设置应视疗养院的性质、规模及天然疗养因子资源等情况确定。各疗室宜集中组合成独立区，各疗室宜有等候空间。

4）医技用房：由放射科用房、检验科用房、功能检查用房、药剂用房和供应室组成，这部分空间的设计要求基本和综合医院类似，内容相对简单一些。

1.2.7　交通枢纽类建筑

1.2.7.1　交通客运站

交通客运站主要使用空间包括：候乘厅和售票厅。设计应做到功能分区明确，人流、物流安排合理，有利安全营运和方便使用（图 1-2-13）。

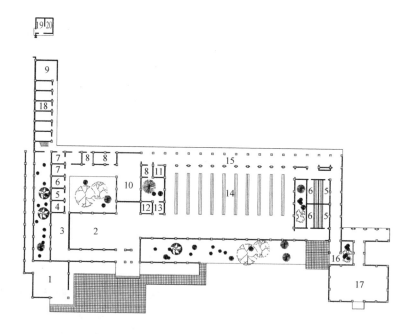

图 1-2-13　淮安市公路客运站平面图

1—短途厅；2—售票厅；3—售票室；4—票务；5—女厕；6—男厕；7—办公；
8—司助休息；9—调度；10—行包托运；11—广播；12—问讯；13—治安；14—候车厅；
15—站台；16—检票；17—零担；18—宿舍；19—门卫；20—值班

1）候乘厅：普通旅客候乘厅的使用面积应按旅客最高聚集人数计算，且每人不应小于 1.1m²；一、二级交通客运站应设重点旅客候乘厅，其他站级可根据需要设置；一、二级交通客运站应设母婴候乘厅，其他站级可根据需要设置，并应邻近检票口。母婴候乘厅内宜设置婴儿服务设施和专用厕所；候乘厅内应设无障碍候乘区，并应邻近检票口；候乘厅与站台或上下船廊道之间应满足无障碍通行要求；候乘厅座椅排列方式应有利于组织旅客检票；

候乘厅每排座椅不应超过 20 座，座椅之间走道净宽不应小于 1.3m，并应在两端设不小于 1.5m 通道；港口客运站候乘厅座椅的数量不宜小于旅客最高聚集人数的 40%；当候乘厅与入口不在同层时，应设置自动扶梯和无障碍电梯或无障碍坡道；候乘厅的检票口应设导向栏杆，通道应顺直，且导向栏杆应采用柔性或可移动栏杆，栏杆高度不应低于 1.2m；候乘厅内应设饮水设施，并应与盥洗间和厕所分设。

2) 售票厅：售票厅的位置应方便旅客购票。四级及以下站级的客运站，售票厅可与候乘厅合用，其余站级的客运站宜单独设置售票厅，并应与候乘厅、行包托运厅联系方便。

1.2.7.2 铁路旅客车站

铁路旅客车站主要使用空间包括：集散厅、候车室、售票用房、行李、包裹用房（图 1-2-14）。

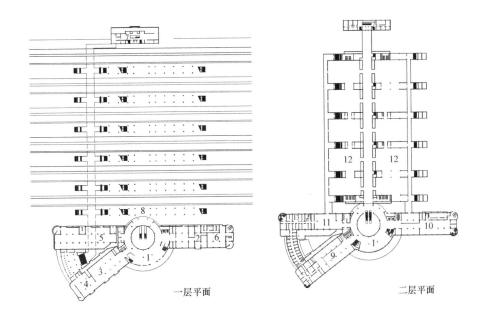

一层平面　　　　　　　　　　　　二层平面

图 1-2-14　天津市铁路客运站平面图

1—中央大厅；2—软席候车；3—售票厅；4—中转签字；5—中转行包房；6—热力站；7—子站房；
8—站台；9—餐厅；10—商场；11—团体候车；12—候车厅；13—办公

1) 中型及以上的旅客车站宜设进站、出站集散厅。客货共线铁路车站应按最高聚集人数确定其使用面积，客运专线铁路车站应按高峰小时发送量确定其使用面积，且均不宜小于 $0.2m^2$/人。集散厅应有快速疏导客流的功能。特大型、大型站的站房内应设置自动扶梯和电梯，中型站的站房宜设置自动扶梯和电梯。进站集散厅内应设置问询、邮政、电信等服务设施。大型及以上站的出站集散厅内应设置电信、厕所等服务设施。

2）候车室：客货共线铁路旅客车站站房可根据车站规模设普通、软席、军人（团体）、无障碍候车区及贵宾候车室。

3）集散厅：特大型、大型站可设进站广厅，进站广厅入口处应至少设一处方便残疾人使用的坡道。最高聚集人数4000人及以上的旅客车站，且站房楼层高差6m及以上时，宜设自动扶梯和电梯，其数量各不宜少于两台，其中应至少有一台能满足残疾人使用的电梯。

4）候车室：根据旅客车站建筑规模，可设普通、母婴、软席、贵宾、军人（团体）和老弱残等候车室。普通、软席、军人（团体）和无障碍候车区宜布置在大空间下，并可采用低矮轻质隔断划分各类候车区。利用自然采光和通风的候车区（室），其室内净高宜根据高跨比确定，并不宜小于3.6m。窗地比不应小于1∶6，上下窗宜设开启扇，并应有开闭设施。候车室座椅的排列方向应有利于旅客通向进站检票口。普通候车室的座椅间走道净宽度不得小于1.3m。候车区（室）应设进站检票口。候车区应设饮水处，并应与盥洗间和厕所分开设置。

5）贵宾候车室：中型及以上站宜设贵宾候车室。特大型站宜设两个贵宾候车室，每个使用面积不宜小于150㎡；大型站宜设一个贵宾候车室，使用面积不宜小于120㎡；中型站可设一个贵宾候车室，使用面积不宜小于60㎡。贵宾候车室应设置单独出入口和直通车站广场的车行道。贵宾候车室内应设厕所、盥洗间、服务员室和备品间。

1.2.8 旅馆类建筑

旅馆建筑主要使用空间包括：公共部分和客房部分（图1-2-15）。

1）公共部分：旅馆建筑应根据其等级、类型、规模、服务特点、经营管理要求以及当地气候、旅馆建筑周边环境和相关设施情况，设置客房部分、公共部分及辅助部分。

（1）旅馆建筑门厅（大堂）：门厅（大堂）内各功能分区应清晰、交通流线应明确，有条件时可设分门厅；门厅（大堂）内或附近应设总服务台、旅客休息区、公共卫生间、行李寄存空间或区域；总服务台位置应明显，其形式应与旅馆建筑的管理方式、等级、规模相适应，台前应有等候空间，前台办公室宜设在总服务台附近；乘客电梯厅的位置应方便到达，不宜穿越客房区域。

（2）餐厅：旅馆建筑应根据性质、等级、规模、服务特点和附近商业饮食设施条件设置餐厅。

（3）旅馆建筑的宴会厅、会议室、多功能厅等应根据用地条件、布局特点、管理要求设置。

（4）旅馆建筑应按等级、需求等配备商务、商业设施。三级至五级旅馆

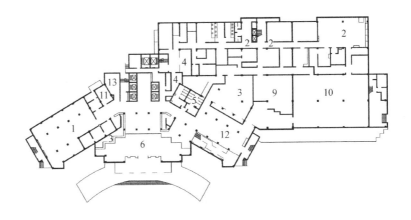

一层平面

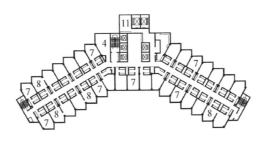

标准层平面

图 1-2-15 上海市千鹤宾馆平面图

1—商场；2—厨房；3—舞厅；4—机场；5—厕所；6—门厅；7—客房；8—套房；

9—西餐厅；10—中餐厅；11—储藏室；12—咖啡酒吧；13—垃圾处理室

建筑宜设商务中心、商店或精品店；一级和二级旅馆建筑宜设零售柜台、自动售货机等设施。

（5）健身、娱乐设施应根据旅馆建筑类型、等级和实际需要进行设置，四级和五级旅馆建筑宜设健身、水疗、游泳池等设施。

2）客房类型分为：套间、单床间、双床间（双人床间）、多床间。多床间内床位数不宜多于 4 床。不宜设置在无外窗的建筑空间内；客房、会客厅不宜与电梯井道贴邻布置；客房内应设有壁柜或挂衣空间。无障碍客房应设置在距离室外安全出口最近的客房楼层，并应设在该楼层进出便捷的位置。公寓式旅馆建筑客房中的卧室及采用燃气的厨房或操作间应直接采光、自然通风。度假旅馆建筑客房宜设阳台。相邻客房之间、客房与公共部分之间的阳台应分隔，且应避免视线干扰。

1.2.9 商业建筑

1.2.9.1 商店建筑

商店建筑主要使用空间包括：营业区、仓储区两部分（图 1-2-16）。

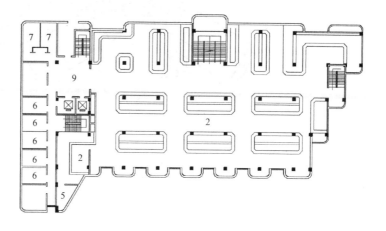

二层平面

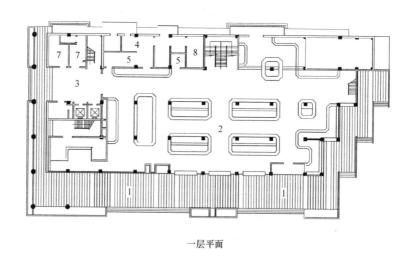

一层平面

图 1-2-16 昆明市五华商场平面图

1—顾客入口；2—营业厅；3—门厅；4—配电；5—库房；

6—办公；7—厕所；8—消防中心；9—电梯厅

建筑内外应组织好交通，人流、货流应避免交叉，并应有防火、安全分区。

1）营业厅：应按商品的种类、选择性和销售量进行分柜、分区或分层，且顾客密集的销售区应位于出入方便的区域；营业厅内的柱网尺寸应根据商店规模大小、零售业态和建筑结构选型等进行确定，应便于商品展示和柜台、货架布置，并应具有灵活性。通道应便于顾客流动，并应设有均匀的出入口。营业厅内通道的最小净宽度应符合规范规定。

营业厅内或近旁宜设置附加空间或场地，服装区宜设试衣间；宜设检修钟表、电器、电子产品等的场地；销售乐器和音响器材等的营业厅宜设试音室，且面积不应小于 2m²。

自选营业厅：营业厅内宜按商品的种类分开设置自选场地；厅前应设置顾客物品寄存处、进厅闸位、供选购用的盛器堆放位及出厅收款位等，且面积之和不宜小于营业厅面积的 8%；应根据营业厅内可容纳顾客人数，在出厅处按每 100 人设收款台 1 个（含 0.60m 宽顾客通过口）；面积超过 1000m² 的营业厅宜设闭路电视监控装置。

2）仓储：商店建筑应根据规模、零售业态和需要等设置供商品短期周转的储存库房、卸货区、商品出入库及与销售有关的整理、加工和管理等用房。储存库房可分为总库房、分部库房、散仓。

3）仓储部分应根据商店规模大小、经营需要而设置供商品短期周转的储存库房（总库房、分部库房、散仓）和与商品出入库、销售有关的整理、加工和管理等用房，分部库房、散仓应靠近营业厅内有关售区，便于商品的搬运，少干扰顾客。单建的储存库房或设在建筑内的储存库房应符合国家现行有关防火标准的规定，并应满足防盗、通风、防潮和防鼠等要求；分部库房、散仓应靠近营业厅内的相关销售区，并宜设置货运电梯。

1.2.9.2 饮食建筑

饮食建筑主要使用空间包括：餐厅、厨房（图 1-2-17）。

餐馆建筑分为三级。一级餐馆，为接待宴请和零餐的高级餐馆，餐厅座位布置宽畅、环境舒适，设施、设备完善。二级餐馆，为接待宴请和零餐的中级餐馆，餐厅座位布置比较舒适，设施、设备比较完善。三级餐馆，以零餐为主的一般餐馆。饮食店建筑分为二级。一级饮食店，为有宽畅、舒适环境的高级饮食店，设施、设备标准较高；二级饮食店，为一般饮食店。食堂建筑分为二级。一级食堂，餐厅座位布置比较舒适；二级食堂，餐厅座位布置满足基本要求。餐馆、饮食店、食堂由餐厅、公用部分、厨房和辅助部分组成。100 座及 100 座以上餐馆、食堂中的餐厅与厨房（包括辅助部分）的面积比（简称餐厨比）宜为 1：1.1。

1）餐厅：采光、通风应良好。天然采光时，窗洞口面积不宜小于该厅地面面积的 1/6。自然通风时，通风开口面积不应小于该厅地面面积的 1/16。

2）厨房：应按原料处理、主食加工、副食加工、备餐、食具洗存等工艺流程合理布置，严格做到原料与成品分开，生食与熟食分隔加工和存放，垂直运输的食梯应生、熟分设。

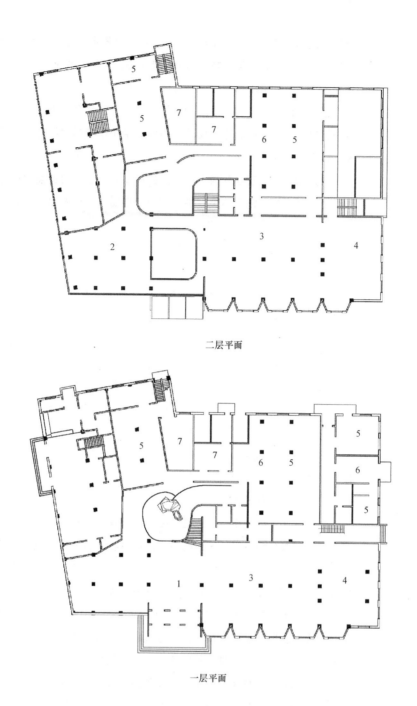

二层平面

一层平面

图 1-2-17　济南市聚丰德饭庄平面图

1—门厅；2—餐厅；3—大餐厅；4—小餐厅；5—主食间；6—副食间；7—库房

1.3　交通空间

对于建筑的内部空间来说，交通空间是空间组合不可缺少的部分。交通空间的位置和大小直接对建筑的使用和安全产生影响。交通空间的形态在空间组合方面，使各种空间联系更加合理、更加紧密。交通空间是建筑空间组合中的组织者。交通空间的形式、大小和部位，主要取决于功能关系和建筑空间处理的需要。交通空间要求有适宜的高度、宽度和形状，流线简单明确，能够对人流活动起着明确的导向作用。概括起来，建筑的交通空间，一般可以分为水平交通、垂直交通和枢纽交通等三种基本的空间形式，本节将分别进行介绍。

1.3.1　水平交通的要求（过道、过厅、通廊）

水平交通空间主要包括过道、过厅、通廊等部分，是联系同一标高空间的交通手段。其位置和形式由不同建筑类型的功能和形式决定，如幼儿园的走道地面有高差时，幼儿经常通行和安全疏散的走道不应设有台阶，当有高差时，应设置防滑坡道，其坡度不应大于1∶12。通行推床的通道，净宽不应小于2.40m。有高差者应用坡道相接，坡道坡度应按无障碍坡道设计。利用走道单侧候诊时，走道净宽不应小于2.40m，两侧候诊时，走道净宽不应小于3.00m。康复病房走道两侧墙面宜装扶墙拉手。疗养院主要建筑物的走道应满足使用轮椅者的要求。

1.3.2　垂直交通的要求（楼梯、坡道、电梯、自动扶梯）

垂直交通的构件或设备主要包括楼梯、坡道、电梯、自动扶梯等，是联系不同标高空间的交通手段。随着建筑层数的增加，垂直交通愈显重要。对于高层建筑尤其是超高层建筑，垂直交通成为主要的交通形式。这时候，规范的约束性也更加明显，主要表现在对交通空间的设置条件和形式做出了明确要求。

1.3.2.1　楼梯

1）楼梯是多层建筑空间中最常见也是必不可少的垂直交通形式，楼梯的数量、位置、宽度和楼梯间形式应满足使用方便和安全疏散的要求。

2）墙面至扶手中心线或扶手中心线之间的水平距离即楼梯梯段宽度，除应符合防火规范的规定外，供日常主要交通用的楼梯的梯段宽度应根据建筑物使用特征，按每股人流0.55＋（0～0.15）m的人流股数确定，并不应少于两股人流。0～0.15m为人流在行进中人体的摆幅，公共建筑人流众多的场所应取上限值。梯段改变方向时，扶手转向端处的平台最小宽度不应小于梯段宽度，并不得小于1.20m，当有搬运大型物件需要时应适量加宽（图1-3-1）。每个梯段的踏步不应超过18级，亦不应少于3级。楼梯平台上部及下部过道处的净高不应小于2m，梯段净高不宜小于2.20m（图1-3-2）。楼梯应至少于一侧设扶手，梯段净宽达三股人流时应两侧设扶手，达四股人流时宜加设中

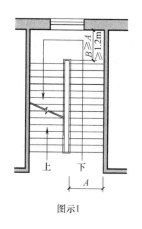

图示1

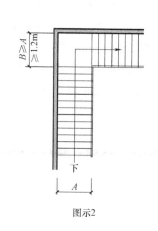

图示2

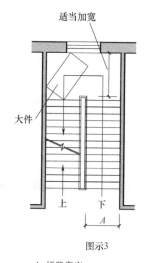

A－梯段宽度

B－扶手转向端处平台最小宽度

图 1-3-1　楼梯

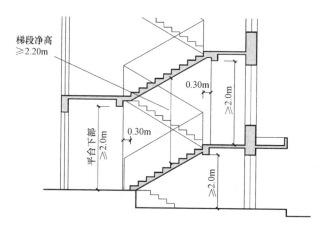

图 1-3-2　楼梯净高

间扶手。室内楼梯扶手高度自踏步前缘线量起不宜小于 0.90m（图 1-3-3）。
靠楼梯井一侧水平扶手长度超过 0.50m 时，其高度不应小于 1.05m（图
1-3-4）。踏步应采取防滑措施。托儿所、幼儿园梯井净宽大于 0.11m 时，中
小学及少年儿童专用活动场所的楼梯，梯井净宽大于 0.20m 时，必须采取防
止少年儿童攀滑的措施，楼梯栏杆应采取不易攀登的构造，当采用垂直杆件
做栏杆时，其杆件净距不应大于 0.11m。供老年人、残疾人使用及其他专用
服务楼梯还应符合专用建筑设计规范的规定。

　　3）托儿所、幼儿园的楼梯、扶手、栏杆和踏步还应符合下列规定：

　　（1）幼儿使用的楼梯，当楼梯井净宽度大于 0.11m 时，必须采取防止幼
儿攀滑措施。楼梯栏杆应采取不易攀爬的构造，当采用垂直杆件做栏杆时，
其杆件净距不应大于 0.11m（图 1-3-5）。

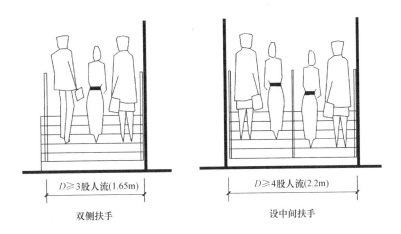

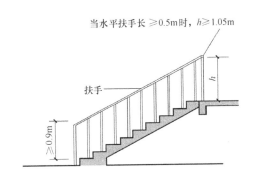

图 1-3-3 扶手设置位置示意

图 1-3-4 扶手高度示意

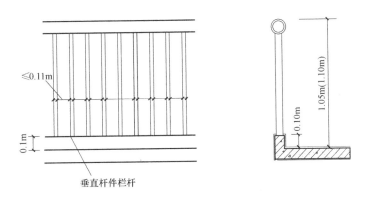

图 1-3-5 楼梯栏杆

(2) 楼梯除设成人扶手外，应在梯段两侧设幼儿扶手，其高度宜为 0.60m。

(3) 供幼儿使用的楼梯踏步高度宜为 0.13m，宽度宜为 0.26m。

(4) 严寒地区不应设置室外楼梯。

（5）幼儿使用的楼梯不应采用扇形、螺旋形踏步。楼梯踏步面应采用防滑材料。

4）通廊式宿舍和单元式宿舍楼梯间的设置应符合下列规定：

（1）通廊式宿舍，七层至十一层应设封闭楼梯间，十二层及十二层以上的应设防烟楼梯间。

（2）单元式宿舍，十二层至十八层应设封闭楼梯间，十九层及十九层以上应设防烟楼梯间。七层及七层以上各单元的楼梯间均应通至平屋顶。但十层以下的宿舍，在每层居室通向楼梯间的出入口处有乙级防火门分隔时，则该楼梯间可不通至单屋顶。

（3）宿舍安全出口数不应少于两个，但九层及九层以下，每层建筑面积不超过300m²、每层总人数不超过30人的宿舍，可设一个楼梯。

5）商业建筑中营业部分的公用楼梯每梯段净宽不应小于1.40m，踏步高度不应大于0.16m，踏步宽度不应小于0.28m。

6）医院中楼梯的设置应符合下列规定：

（1）楼梯的位置，应同时符合防火疏散和功能分区的要求。

（2）主楼梯宽度不得小于1.65m，踏步宽度不得小于0.28m，高度不应大于0.16m。

（3）主楼梯和疏散楼梯的平台深度，不宜小于2m。

1.3.2.2 坡道

坡道以其连续性的优点广泛应用于多种建筑空间内，坡道设置应符合下列规定：

1）室内坡道坡度不宜大于1:8，室外坡道坡度不宜大于1:10。

2）室内坡道水平投影长度超过15m时，宜设休息平台，平台宽度应根据使用功能或设备尺寸所需缓冲空间而定（图1-3-6）。

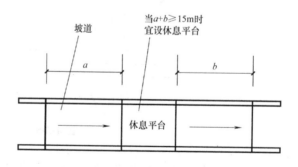

图1-3-6 室内坡道示意

3）供轮椅使用的坡道不应大于1:12，困难地段不应大于1:8。

4）自行车推行坡道每段坡长不宜超过6m，坡度不宜大于1:5。

5) 坡道应采取防滑措施。

对于不同的建筑类型还有各自的特殊要求：比如博物馆建筑内藏品、展品的运送通道为坡道时，坡道的坡度不应大于 1∶20。老年人建筑出入口门前平台与室外地面高差不宜大于 0.40m，并应采用缓坡台阶和坡道过渡，坡道两侧应设栏杆扶手。中小学校边演示边实验的阶梯式实验室的纵向走道应有便于仪器药品车通行的坡道，宽度不应小于 0.70m。当展览建筑的主要展览空间在二层或二层以上时，应设置自动扶梯或大型客梯运送人流，并应设置货梯或货运坡道。

1.3.2.3 电梯

1) 电梯因其快速、省力的特点被应用在高层建筑或有特殊要求的多层建筑中，电梯设置应符合下列规定：

(1) 以电梯为主要垂直交通的高层公共建筑和 12 层及 12 层以上的高层住宅，每栋楼设置电梯的台数不应少于 2 台。

(2) 建筑物每个服务区单侧排列的电梯不宜超过 4 台，双侧排列的电梯不宜超过 2×4 台；电梯不应在转角处贴邻布置（图 1-3-7）。

(3) 电梯井道和机房不宜与有安静要求的用房贴邻布置，否则应采取隔振、隔声措施。

(4) 建筑内设有电梯时，至少应设置 1 部无障碍电梯。

2) 不同的建筑类型在设置电梯时有一些差别：

(1) 大型和中型商店的营业区宜设乘客电梯、自动扶梯、自动人行道；多层商店宜设置货梯或提升机。

(2) 七层及七层以上宿舍或居室最高入口层楼面距室外设计地面的高度大于 21m 时，应设置电梯。

(3) 博物馆建筑内当藏品、展品需要垂直运送时应设专用货梯，专用货梯不应与观众、员工电梯或其他工作货梯合用，且应设置可关闭的候梯间。

(4) 位于三层及三层以上的一级餐馆与饮食店和四层及四层以上的其他各级餐馆与饮食店均宜设置乘客电梯。

(5) 四级、五级旅馆建筑 2 层宜设乘客电梯，3 层及 3 层以上应设乘客电梯。一级、二级、三级旅馆建筑 3 层宜设乘客电梯，4 层及 4 层以上应设乘客电梯；乘客电梯的台数、额定载重量和额定速度应通过设计和计算确定；主要乘客电梯位置应有明确的导向标识，并应能便捷抵达；客房部分宜至少设置两部乘客电梯，四级及以上旅馆建筑公共部分宜设置自动扶梯或专用乘客电梯。服务电梯应根据旅馆建筑等级和实际需要设置，且四级、五级旅馆建筑应设服务电梯；电梯厅深度应符合现行国家标准《民用建筑设计通则》的规定，且当客房与电梯厅正对面布置时，电梯厅的深度不应包括客房与电梯厅之间的走道宽度。

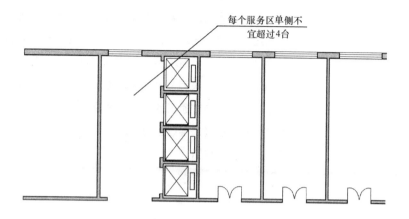

每个服务区单侧不宜超过4台

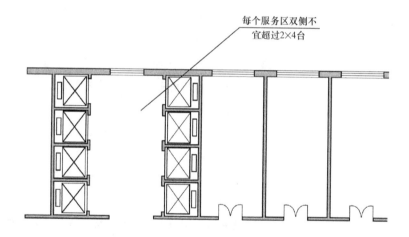

每个服务区双侧不宜超过2×4台

图 1-3-7 电梯布置

(6) 医院建筑中二层医疗用房宜设电梯；三层及三层以上的医疗用房应设电梯，且不得少于 2 台。供患者使用的电梯和污物梯，应采用病床梯。医院住院部宜增设供医护人员专用的客梯、送餐和污物专用梯。疗养院建筑不宜超过四层，若超过四层应设置电梯。

(7) 货梯、电梯井道不应与有安静要求的用房贴邻。

(8) 五层及五层以上办公建筑应设电梯。电梯数量应满足使用要求，按办公建筑面积每 5000m² 至少设置 1 台。超高层办公建筑的乘客电梯应分层分区停靠。

(9) 四层及以上的多层机动车库或地下三层及以下机动车库应设置乘客电梯，电梯的服务半径不宜大于 60m。

(10) 传染病医院两层的医疗用房宜设电梯，三层及三层以上的医疗用房应设电梯，且不得少于两台。当病房楼高度超过 24m 时，应单设专用污物梯。供病人使用的电梯和污物梯，应采用专用病床规格电梯。

（11）档案馆建筑四层及四层以上的对外服务用房、档案业务和技术用房应设电梯。两层或两层以上的档案库应设垂直运输设备。

（12）电影院设置电梯或自动扶梯不宜贴邻观众厅设置。当贴邻设置时，应采取隔声、减振等措施。

（13）四层及以上的科学实验建筑宜设电梯。

（14）老年人建筑层数宜为三层及三层以下；四层及四层以上应设电梯。设电梯的老年人建筑，电梯厅及轿厢尺度必须保证轮椅和急救担架进出方便，轿厢沿周边离地 0.90m 和 0.65m 高处设介助安全扶手。电梯速度宜选用慢速度，梯门宜采用慢关闭，并内装电视监控系统。

（15）图书馆的四层及四层以上设有阅览室时，应设置为读者服务的电梯，并应至少设一台无障碍电梯。

（16）铁路旅客车站特大型、大型站的站房内应设置自动扶梯和电梯，中型站的站房宜设置自动扶梯和电梯。

1.3.2.4 自动扶梯、自动人行道

自动扶梯具有连续快速输送大量人流的优点，自动扶梯设置应符合下列规定：

1）自动扶梯和自动人行道不得计作安全出口。

2）出入口畅通区的宽度不应小于 2.50m，畅通区有密集人流穿行时，其宽度应加大。

3）栏板应平整、光滑和无突出物；扶手带顶面距自动扶梯前缘、自动人行道踏板面或胶带面的垂直高度不应小于 0.90m；扶手带外边至任何障碍物不应小于 0.50m，否则应采取措施防止障碍物引起人员伤害（图 1-3-8）。

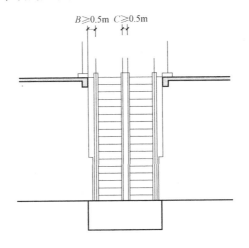

图 1-3-8 自动扶梯 1

4）扶手带中心线与平行墙面或楼板开口边缘间的距离、相邻平行交叉设置时两梯（道）之间扶手带中心线的水平距离不宜小于 0.50m，否则应采取措施防止障碍物引起人员伤害。

5）自动扶梯的梯级、自动人行道的踏板或胶带上空，垂直净高不应小于 2.30m（图 1-3-9）。

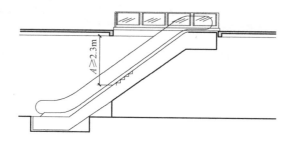

图 1-3-9　自动扶梯 2

6）自动扶梯的倾斜角不应超过 30°，当提升高度不超过 6m，额定速度不超过 0.50m/s 时，倾斜角允许增至 35°；倾斜式自动人行道的倾斜角不应超过 12°。

7）自动扶梯和层间相通的自动人行道单向设置时，应就近布置相匹配的楼梯。

8）设置自动扶梯或自动人行道所形成的上下层贯通空间，应符合防火规范所规定的有关防火分区等要求。

1.3.3　交通枢纽的要求

交通枢纽作为满足人流集散、方向转换、空间过渡等功能要求的空间，在建筑中占有重要地位。主要包括门厅和出入口等空间形式。不同建筑类型的交通枢纽空间在具体功能和设置要求方面有各自的特点。

1.3.3.1　门厅

一般情况下，门厅是建筑的主要交通枢纽空间，除了交通转换等作用外，通常还设置一些辅助空间或设施，有很具体的使用功能。

1）办公建筑的门厅内可附设传达、收发、会客、服务、问讯、展示等功能房间（场所）。根据使用要求也可设商务中心、咖啡厅、警卫室、衣帽间、电话间等；楼梯、电梯厅宜与门厅邻近，并应满足防火疏散的要求；严寒和寒冷地区的门厅应设门斗或其他防寒设施。

2）旅馆建筑门厅（大堂）内各功能分区应清晰、交通流线应明确，有条件时可设分门厅；旅馆建筑门厅（大堂）内或附近应设总服务台、旅客休息区、公共卫生间、行李寄存空间或区域；乘客电梯厅的位置应方便到达，不宜穿越客房区域（图 1-3-10）。

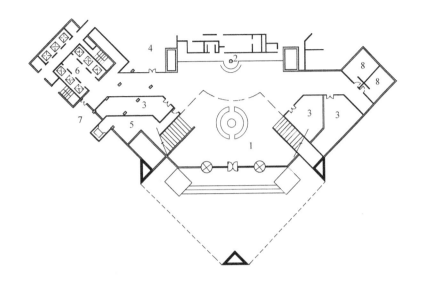

图 1-3-10　南京市金陵酒店门厅平面图

1—大堂；2—总服务台；3—商店；4—酒吧；5—行李间；

6—电梯厅；7—美容；8—卫生间

3）图书馆门厅应根据管理和服务的需要设置验证、咨询、收发、寄存和门禁监控等功能设施；多雨地区，门厅内应设置存放雨具的设施；严寒地区门厅应设门斗或采取其他防寒措施，寒冷地区门厅宜设门斗或采取其他防寒措施（图 1-3-11）。

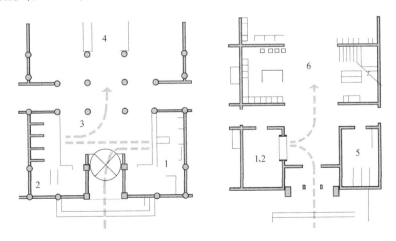

图 1-3-11　图书馆门厅功能组织示例

1—登记；2—存物；3—验证；4—陈列；5—值班；6—目录厅

1.3.3.2　出入口

出入口是建筑的室内外过渡空间，与建筑的使用性质密切相关，例如在医院建筑中门诊、急诊、急救和住院应分别设置无障碍出入口。门诊、急诊、急救和住院主要出入口处，应有机动车停靠的平台，并应设雨篷。严寒地区宿舍的出入口应设防寒门斗、保温门或其他防寒设施。严寒、寒冷地区幼儿园建筑主体建筑的主要出入口应设挡风门斗，其双层门中心距离不应小于 1.6m。

Chapter2　The stipulation of code on fire protection design

第2章　规范在防火设计方面的规定

第 2 章　规范在防火设计方面的规定

　　防火设计是建筑设计的重要内容之一。建筑火灾的发生往往会带来巨大的经济损失，甚至会造成使用者的重大人身伤亡。在建筑设计中，设计师既要依据使用功能、空间与平面特征和人员的特点，采取提高本质安全的工艺防火措施和控制火源的措施，防止发生火灾，也要合理确定建筑物的平面布局、耐火等级和构件的耐火极限，进行必要的防火分隔，设置合理的安全疏散设施与有效的灭火、报警与防排烟等设施，以控制和扑灭火灾，实现保护人身安全，减少火灾危害。因此，一个好的建筑方案从设计之初就应该将建筑防火设计作为重要因素考虑在内。

　　在进行建筑设计时主要遵守的建筑设计防火规范是《建筑设计防火规范》。另外，建筑设计还应符合《建筑内部装修设计防火规范》和《汽车库、修车库、停车场设计防火规范》等有关规定。

　　建筑设计防火规范在防火要求方面复杂而且严格，涉及防火设计的各个方面。考虑到本教材的篇幅和编写目的是为了配合高校学生的建筑设计课程而进行的，所以只选择与公共建筑有关部分，将规范内过细部分和计算部分去掉，而选取概念部分和骨架部分作为论述的主要内容。

　　建筑设计防火对策大致可分为两类，一类是通过预防失火、早期发现、及时扑救初起的火灾等积极的防火策略；另一类是在火灾后不使火灾扩大，利用建筑构件划分防火分区的消极防火策略。建筑设计防火基本流程是从总图防火、建筑平面布置防火、划分防火分区、安全疏散、室内装修防火以及设置防烟防火设备几个方面展开。

　　希望通过对本章的学习能够了解防火设计的基本概念，建立防火设计的基本知识框架，掌握建筑方案设计阶段防火设计要点。为了便于对防火规范的学习和理解，本章依据建筑设计防火的基本流程，将其归纳为建筑分类和耐火等级、总平面布局防火设计、建筑平面布置防火设计、建筑防火分区设计、安全疏散和灭火救援、构造防火与消防设施、停车空间防火设计、建筑内部装修防火设计，八个方面来阐述建筑防火设计。

　　基本概念：

　　建筑防火设计基本概念包括：材料的燃烧性能、材料的耐火极限、建筑的耐火等级、建筑的防火间距、防火墙、防火门、封闭楼梯间、防烟楼梯间、地下室、半地下室等。

　　1) 材料的燃烧性能：分为非燃烧体、难燃烧体和燃烧体三种状态。

　　(1) 非燃烧体：用非燃烧材料做成的构件，非燃烧材料指在空气中受到火烧或高温作用时不起火、不微燃、不炭化的材料，如金属材料和天然或人工的无机矿物材料。

(2) 难燃烧体：用难燃烧材料做成的构件或用燃烧材料做成而用非燃烧材料做保护层的构件。难燃烧材料指在空气中受到火烧或高温作用时难起火、难微燃、难碳化，当火源移走后燃烧或微燃立即停止的材料。如沥青混凝土、经过防火处理的木材、用有机物填充的混凝土和水泥刨花板等。

(3) 燃烧体：用燃烧材料做成的构件。燃烧材料指在空气中受到火烧或高温作用时立即起火或微燃，且火源移走后仍继续燃烧或微燃的材料。如木材等。

2) 材料的耐火极限：对建筑构件按时间—温度标准曲线进行耐火试验，从受到火的作用时起，到失去支持能力或完整性被破坏或失去隔火作用时为止的这段时间，用小时表示。

3) 建筑的耐火等级：组成建筑物的基本构件包括：墙、柱、梁、楼板、屋顶承重构件、疏散楼梯、吊顶，建筑物按照这些基本构件的燃烧性能和耐火极限，将建筑分为四个耐火等级。

4) 建筑的防火间距：指建筑之间为了防火而必须保证留有一定的距离，一般为 6～12m，特殊情况可为 3.5m。

5) 防火墙：在建筑内将空间划分为几个防火分区，并起到隔离明火、高温、烟气的专用墙体。

6) 防火门：用不燃材料制作，起到隔离明火和高温的专用门，按照耐火极限分为三级：

(1) 甲级防火门：耐火极限不低于 1.2h 的防火门。

(2) 乙级防火门：耐火极限不低于 0.9h 的防火门。

(3) 丙级防火门：耐火极限不低于 0.6h 的防火门。

7) 封闭楼梯间：设有能阻挡烟气的双向弹簧门的楼梯间（图 2-1-1）。

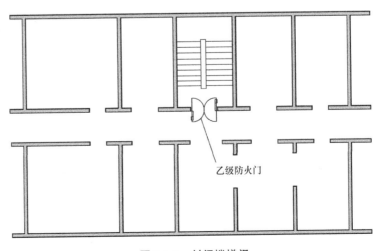

乙级防火门

图 2-1-1 封闭楼梯间

8）防烟楼梯间：在楼梯间入口处设有前室（面积不小于6m²，并设有防排烟设施）或设专供排烟用的阳台、凹廊等，且通向前室和楼梯间的门均为乙级防火门的楼梯间（图2-1-2）。

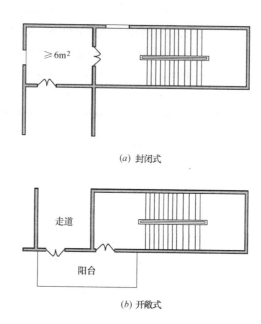

（a）封闭式

走道

阳台

（b）开敞式

图 2-1-2　防烟楼梯间

9）地下室：房间地坪面低于室外地坪面的高度超过该房间净高一半者。

10）半地下室：房间地坪面低于室外地坪面高度超过该房间净高1/3，且不超过1/2者（图2-1-3）。

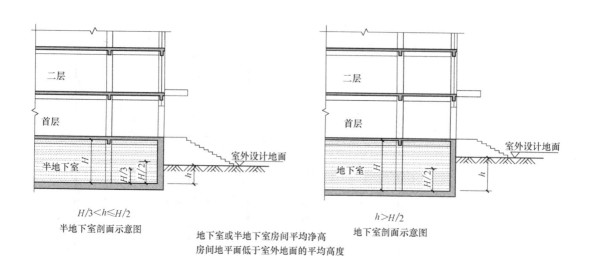

$H/3 < h \leqslant H/2$
半地下室剖面示意图

$h > H/2$
地下室剖面示意图

地下室或半地下室房间平均净高
房间地平面低于室外地面的平均高度

图 2-1-3　地下室示意

2.1 民用建筑分类和耐火等级

在进行建筑设计时，首先要确定建筑的防火类别和耐火等级，然后才能依据其建筑分类与耐火等级进行相应的防火设计。《建筑设计防火规范》首先将民用建筑划分为住宅建筑和公共建筑两大类，并进一步根据其建筑高度、功能、火灾危险性和扑救难易程度等进行了分类。

2.1.1 民用建筑的分类

民用建筑根据其建筑高度和层数可分为单、多层民用建筑和高层民用建筑。对于公共建筑，规范以 24m 作为区分多层和高层公共建筑的标准。建筑高度大于 24m 的单层公共建筑，不按高层建筑进行防火设计。对于住宅建筑，以 27m 作为区分多层和高层住宅建筑的标准；对于高层住宅建筑，又以 54m 划分为一类和二类。高层民用建筑根据其建筑高度、使用功能和楼层的建筑面积可分为一类和二类。民用建筑的分类应符合表 2-1-1 的规定。

民用建筑的分类   表 2-1-1

名称	高层民用建筑		单、多层民用建筑
	一类	二类	
住宅建筑	建筑高度大于 54m 的住宅建筑（包括设置商业服务网点的住宅建筑）	建筑高度大于 27m,但不大于 54m 的住宅建筑（包括设置商业服务网点的住宅建筑）	建筑高度不大于 27m 的住宅建筑（包括设置商业服务网点的住宅建筑）
公共建筑	1. 建筑高度大于 50m 的公共建筑 2. 建筑高度 24m 以上部分任一楼层建筑面积大于 1000m² 的商店、展览、电信、邮政、财贸金融建筑和其他多种功能组合的建筑 3. 医疗建筑、重要公共建筑 4. 省级及以上的广播电视和防灾指挥调度建筑、网局级和省级电力调度建筑 5. 藏书超过 100 万册的图书馆、书库	除一类高层公共建筑外的其他高层公共建筑	1. 建筑高度大于 24m 的单层公共建筑 2. 建筑高度不大于 24m 的其他公共建筑

2.1.2 民用建筑的耐火等级

民用建筑的耐火等级分级是为了便于根据建筑自身结构的防火性能来确定该建筑的其他防火要求。相反，根据这个分级及其对应建筑构件的耐火性能，也可以用于确定既有建筑的耐火等级。民用建筑的耐火等级可分为一、二、三、四级。不同耐火等级建筑相应构件的燃烧性能和耐火极限不应低于规范规定。

(1) 地下或半地下建筑（室）和一类高层建筑的耐火等级不应低于一级。

(2) 单、多层重要公共建筑和二类高层建筑的耐火等级不应低于二级。

2.2 总平面布局防火设计

在进行群体建筑组合时，除了要考虑总体功能分区、流线组织、建筑与环境的关系之外。为确保各建筑的消防安全，要从合理确定建筑位置远离危险源、保持建筑之间适当的防火间距、设置消防车道以及便于消防扑救预留救援场地和入口等方面考虑，进行总平面布局。

2.2.1 建筑布局与防火间距

首先，要避免在发生火灾危险性大的建筑附近布置民用建筑，以从根本上防止和减少这些建筑发生火灾时对民用建筑的影响。这类建筑主要包括：甲、乙类厂房和仓库，可燃液体和可燃气体储罐以及可燃材料堆场等。

其次，对于民用建筑之间，各幢建筑物间要留出足够的安全距离。设计时要综合考虑灭火救援时需要的扑救和人员疏散场地，防止火势向邻近建筑蔓延以及节约用地等因素，规范规定了民用建筑之间的防火间距要求。民用建筑之间的防火间距不应小于表 2-2-1 的规定（图 2-2-1、图 2-2-2）。

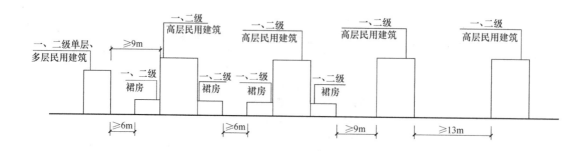

图 2-2-1 一、二级民用建筑之间的防火间距

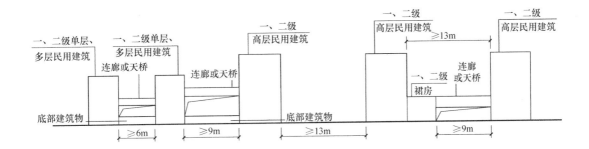

图 2-2-2　相邻建筑通过连廊、天桥或底部的建筑等连接时的防火间距

民用建筑之间的防火间距（m）　　　　　　　表 2-2-1

建筑类别		高层民用建筑	裙房和其他民用建筑		
		一、二级	一、二级	三级	四级
高层民用建筑	一、二级	13	9	11	14
裙房和其他民用建筑	一、二级	9	6	7	9
	三级	11	7	8	10
	四级	14	9	10	12

注：① 相邻两座单、多层建筑，当相邻外墙为不燃性墙体且无外露的可燃性屋檐，每面外墙上无防火保护的门、窗、洞口不正对开设且该门、窗、洞口的面积之和不大于外墙面积的 5% 时，其防火间距可按本表的规定减少 25%。

② 两座建筑相邻较高一面外墙为防火墙，或高出相邻较低一座一、二级耐火等级建筑的屋面 15m 及以下范围内的外墙为防火墙时，其防火间距不限。

③ 相邻两座高度相同的一、二级耐火等级建筑中相邻任一侧外墙为防火墙，屋顶的耐火极限不低于 1.00h 时，其防火间距不限。

④ 相邻两座建筑中较低一座建筑的耐火等级不低于二级，相邻较高一面外墙为防火墙且屋顶无天窗，屋顶的耐火极限不低于 1.00h 时，其防火间距不应小于 3.5m；对于高层建筑，不应小于 4m。

⑤ 相邻两座建筑中较低一座建筑的耐火等级不低于二级且屋顶无天窗，相邻较高一面外墙高出较低一座建筑的屋面 15m 及以下范围内的开口部位设置甲级防火门、窗，或设置防火分隔水幕或防火卷帘时，其防火间距不应小于 3.5m；对于高层建筑，不应小于 4m。

⑥ 相邻建筑通过连廊、天桥或底部的建筑物等连接时，其间距不应小于本表的规定。

⑦ 防火等级低于四级的既有建筑，其耐火等级可按四级确定。

除高层民用建筑外，数座一、二级耐火等级的住宅建筑或办公建筑，当建筑物的占地面积总和不大于 2500m² 时，建筑可成组布置，但组内建筑物之间的间距不宜小于 4m。组与组或组与相邻建筑物的防火间距不应小于表2-2-1 的规定（图 2-2-3）。

2.2.2 　消防车道与登高操作场地

在总体布局设计和建筑设计中，合理布局和保持适当的防火间距是个体

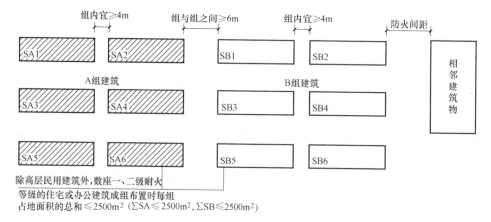

组内宜≥4m　　组与组之间≥6m　　组内宜≥4m　　防火间距

SA1　　SA2　　　SB1　　SB2　　相邻建筑物

A组建筑　　　　B组建筑

SA3　　SA4　　　SB3　　SB4

SA5　　SA6　　　SB5　　SB6

除高层民用建筑外,数座一、二级耐火等级的住宅或办公建筑成组布置时每组占地面积的总和≤2500m²（ΣSA≤2500m²、ΣSB≤2500m²）

[注释]SA1、SA2……为A组单栋建筑占地面积，SB1、SB2……为B组单栋建筑占地面积，当ΣSA≤2500m²且ΣSB≤2500m²时，防火间距如图所示。

图 2-2-3　平面示意图

建筑的有效防火措施。但是当火灾发生时，消防救援也是重要措施之一。当火灾发生后为了扑救工作创造便利条件，在总平面设计时要合理设计消防车道与登高操作场地。

对于总长度和沿街的长度过长的沿街建筑，特别是 U 形或 L 形的建筑，如果不对其长度进行限制，会给灭火救援和内部人员的疏散带来不便，延误灭火时机。街区内的道路应考虑消防车的通行，道路中心线间的距离不宜大于 160m。当建筑物沿街道部分的长度大于 150m 或总长度大于 220m 时，应设置穿过建筑物的消防车道。确有困难时，应设置环形消防车道（图 2-2-4）。

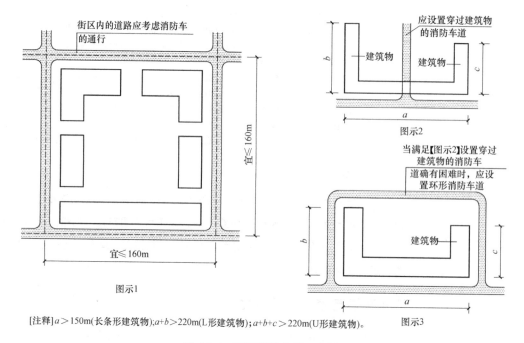

[注释]a＞150m(长条形建筑物);a+b＞220m(L形建筑物);a+b+c＞220m(U形建筑物)。

图 2-2-4　环形消防车道示意图

高层民用建筑，超过 3000 个座位的体育馆，超过 2000 个座位的会堂，占地面积大于 3000m² 的商店建筑、展览建筑等单、多层公共建筑店设置环形消防车道，确有困难时，可沿建筑的两个长边设置消防车道；对于高层住宅建筑和山坡地或河道边临空建造的高居民用建筑，可沿建筑的一个长边设置消防车道，但该长边所在建筑立面应为消防车登高操作面（图 2-2-5）。

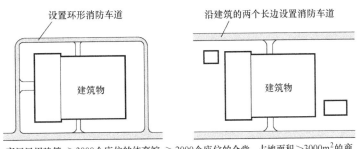

图 2-2-5 环形消防车道平面示意图

有封闭内院或天井的建筑物，当内院或天井的短边长度大于 24m 时，宜设置进入内院或天井的消防车道；当该建筑物沿街时，应设置连通街道和内院的人行通道（可利用楼梯间），其间距不宜大于 80m（图 2-2-6）。

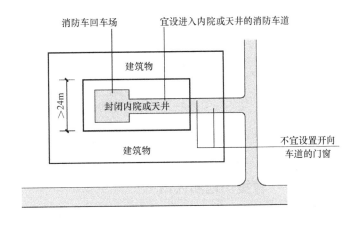

图 2-2-6 进入内院或天井的消防车道

消防车道应符合下列要求：车道的净宽度和净空高度均不应小于 4.0m；转弯半径应满足消防车转弯的要求；消防车道与建筑之间不应设置妨碍消防车操作的树木、架空管线等障碍物；消防车道靠建筑外墙一侧的边缘距离建筑外墙不宜小于 5m；消防车道的坡度不宜大于 8%。

环形消防车道至少应有两处与其他车道连通。尽头式消防车道应设置回车道或回车场，回车场的面积不应小于 12m×12m；对于高层建筑，不宜小于 15m×15m；供重型消防车使用时，不宜小于 18m×18m（图 2-2-7）。

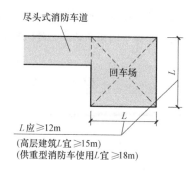

图 2-2-7　消防车回车场平面示意图

消防车道不宜与铁路正线平交，确需平交时，应设置备用车道，且两车道的间距不应小于一列火车的长度（图 2-2-8）。

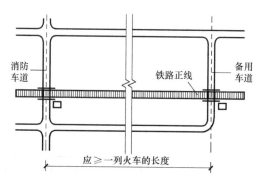

【注释】据成都铁路局提供的数据，目前一列火车的长度≤900m。对于存在通行特殊超长火车的地方，需根据铁路部门提供的数据确定。

图 2-2-8　消防车与铁道平交平面示意图

2.2.3　救援场地和入口

对于高层建筑，特别是布置有裙房的高层建筑，要认真考虑合理布置，确保登高消防车能够靠近高层建筑主体，便于登高消防车开展灭火救援。高层建筑应至少沿一个长边或周边长度的 1/4 且不小于一个长边长度的底边连续布置消防车登高操作场地，该范围内的裙房进深不应大于 4m。

建筑高度不大于 50m 的建筑，连续布置消防车登高操作场地确有困难时，可间隔布置，但间隔距离不宜大于 30m，且消防车登高操作场地的总长度仍应符合上述规定（图 2-2-9）。

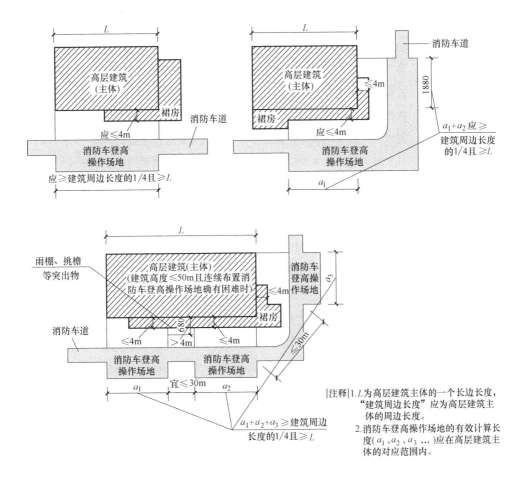

图 2-2-9　消防车登高场地平面示意图

消防车登高操作场地应符合下列规定：

(1) 场地与厂房、仓库、民用建筑之间不应设置妨碍消防车操作的树木、架空管线等障碍物和车库出入口。

(2) 场地的长度和宽度分别不应小于 15m 和 10m。对于建筑高度大于 50m 的建筑，场地的长度和宽度分别不应小于 20m 和 10m。

(3) 场地应与消防车道连通，场地靠建筑外墙一侧的边缘距离建筑外墙不宜小于 5m，且不应大于 10m，场地的坡度不宜大于 3%。

为使消防员能尽快安全到达着火层，在建筑与消防车登高操作场地相对应的范围内设置直通室外的楼梯或直通楼梯间的入口十分必要，特别是高层建筑和地下建筑。建筑物与消防车登高操作场地相对应的范围内，应设置直通室外的楼梯或直通楼梯间的入口。

过去，绝大部分建筑均开设有外窗。而现在，不仅仓库、洁净厂房无外窗或外窗开设少，而且一些大型公共建筑，如商场、商业综合体、设置玻璃幕墙或金属幕墙的建筑等，在外墙上均很少设置可直接开向室外并可供人员进入的外窗。而在实际火灾事故中，大部分建筑的火灾在消防队到达时均已发展到比较大的规模，从楼梯间进入有时难以直接接近火源，但灭火时只有将灭火剂直接作用于火源或燃烧的可燃物，才能有效灭火。因此，在建筑的外墙设置可供专业消防人员使用的入口，对于方便消防员灭火救援十分必要。救援窗口的设置既要结合楼层走道在外墙上的开口、还要结合避难层、避难间以及救援场地，在外墙上选择合适的位置进行设置。

供消防救援人员进入的窗口的净高度和净宽度均不应小于 1.0m，下沿距室内地面不宜大于 1.2m，间距不宜大于 20m 且每个防火分区不应少于 2 个，设置位置应与消防车登高操作场地相对应。窗口的玻璃应易于破碎，并应设置可在室外易于识别的明显标志。

2.3　建筑平面布置防火设计

民用建筑的功能多样，往往有多种用途或功能的房间布置在同一座建筑内。不同使用功能空间的火灾危险性及人员疏散要求也各不相同，通常要进行分隔。设计时重点关注危险的设备、危险的房间、特殊的场所、特殊人群和救援设施场所等在建筑平面、空间的位置。通过合理组合布置建筑内不同用途的房间以及疏散走道、疏散楼梯间等，可以将火灾危险性大的空间相对集中并方便划分为不同的防火分区，或将这样的空间布置在对建筑结构、人员疏散影响较小的部位等，以尽量降低火灾的危害。

危险的设备主要指燃油或燃气的锅炉、油浸电力变压器、充有可燃油的高压电容器、多油开关等；危险的房间是指锅炉房、变压器室、储油间、高压电容器室、多油开关室、柴油发动机房等；特殊的场所是指商店、观众厅、会议厅、多功能厅、歌舞厅、卡拉 OK 厅、放映厅、网吧、厨房等；特殊人群空间是指幼儿、老人、病人等；救援场所是指消防控制室、泵房、灭火装置设备间、储藏间等。

2.3.1　危险的房间

除为满足民用建筑使用功能所设置的附属库房外，民用建筑内不应设置生产车间和其他库房。经营、存放和使用甲、乙类火灾危险性物品的商店、作坊和储藏间，严禁附设在民用建筑内。

燃油或燃气锅炉、油浸变压器、充有可燃油的高压电容器和多油开关等。宜设置在建筑外的专用房间内；确需贴邻民用建筑布置时，应采用防火墙与所贴邻的建筑分隔，且不应贴邻人员密集场所，该专用房间的耐火等级不应低于二级；确需布置在民用建筑内时，不应布置在人员密集场所的上一层、下一层或贴邻（图 2-3-1）。

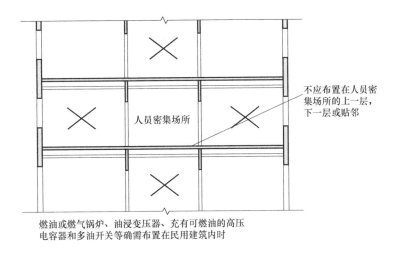

不应布置在人员密集场所的上一层，下一层或贴邻

人员密集场所

燃油或燃气锅炉、油浸变压器、充有可燃油的高压电容器和多油开关等确需布置在民用建筑内时

图 2-3-1　危险房间布置剖面示意图

2.3.2　特殊的场所

商店建筑、展览建筑采用三级耐火等级建筑时，不应超过 2 层；采用四级耐火等级建筑时，应为单层。营业厅、展览厅设置在三级耐火等级的建筑内时，应布置在首层或二层；设置在四级耐火等级的建筑内时，应布置在首层。营业厅、展览厅不应设置在地下三层及以下楼层。地下或半地下营业厅、展览厅不应经营、储存和展示甲、乙类火灾危险性物品。

教学建筑、食堂、菜市场采用三级耐火等级建筑时，不应超过二层；采用四级耐火等级建筑时，应为单层；设置在三级耐火等级的建筑内时，应布置在首层或二层；设置在四级耐火等级的建筑内时，应布置在首层。

1）剧场、电影院、礼堂宜设置在独立的建筑内；采用三级耐火等级建筑时，不应超过 2 层；确需设置在其他民用建筑内时，至少应设置 1 个独立的安全出口和疏散楼梯，并应符合下列规定：

（1）应采用耐火极限不低于 2.00h 的防火隔墙和甲级防火门与其他区域分隔。

（2）设置在一、二级耐火等级的建筑内时，观众厅宜布置在首层、二层或三层；确需布置在四层及以上楼层时，一个厅、室的疏散门不应少于 2 个，且每个观众厅的建筑面积不宜大于 400m²。

（3）设置在三级耐火等级的建筑内时，不应布置在三层及以上楼层。

（4）设置在地下或半地下时，宜设置在地下一层，不应设置在地下三层及以下楼层。

2）建筑内的会议厅、多功能厅等人员密集的场所，宜布置在首层、二层或三层。设置在三级耐火等级的建筑内时，不应布置在三层及以上楼层。确需布置在一、二级耐火等级建筑的其他楼层时，应符合下列规定：

(1) 一个厅、室的疏散门不应少于 2 个，且建筑面积不宜大于 400m²。

(2) 设置在地下或半地下时，宜设置在地下一层，不应设置在地下三层及以下楼层。

3) 歌舞厅、录像厅、夜总会、卡拉 OK 厅（含具有卡拉 OK 功能的餐厅）、游艺厅（含电子游艺厅）、桑拿浴室（不包括洗浴部分）、网吧等歌舞娱乐放映游艺场所（不含剧场、电影院）的布置应符合下列规定：

(1) 不应布置在地下二层及以下楼层。

(2) 宜布置在一、二级耐火等级建筑内的首层、二层或三层的靠外墙部位。

(3) 不宜布置在袋形走道的两侧或尽端。

(4) 确需布置在地下一层时，地下一层的地面与室外出入口地坪的高差不应大于 10m。

(5) 确需布置在地下或四层及以上楼层时，一个厅、室的建筑面积不应大于 200m²。

除商业服务网点外，住宅建筑与其他使用功能的建筑合建时，住宅部分与非住宅部分的安全出口和疏散楼梯应分别独立设置；为住宅部分服务的地上车库应设置独立的疏散楼梯或安全出口。

设置商业服务网点的住宅建筑，其居住部分与商业服务网点之间应采用耐火极限不低于 2.00h 且无门、窗、洞口的防火隔墙和 1.50h 的不燃性楼板完全分隔，住宅部分和商业服务网点部分的安全出口和疏散楼梯应分别独立设置。

2.3.3 特殊人群空间

托儿所、幼儿园的儿童用房，老年人活动场所和儿童游乐厅等儿童活动场所宜设置在独立的建筑内，且不应设置在地下或半地下；当采用一、二级耐火等级的建筑时，不应超过 3 层；采用三极耐火等级的建筑时，不应超过 2 层；采用四级耐火等级的建筑时，应为单层；确需设置在其他民用建筑内时，应符合下列规定：

(1) 设置在一、二级耐火等级的建筑内时，应布置在首层、二层或三层。

(2) 设置在三级耐火等级的建筑内时，应布置在首层或二层。

(3) 设置在四级耐火等级的建筑内时，应布置在首层。

(4) 设置在高层建筑内时，应设置独立的安全出口和疏散楼梯。

(5) 设置在单、多层建筑内时，宜设置独立的安全出口和疏散楼梯。

医院和疗养院的住院部分不应设置在地下或半地下。医院或疗养院的住院部分采用三级耐火等级建筑时，不应超过 2 层；采用四级耐火等级建筑时，应为单层；设置在三级耐火等级的建筑内时，应布置在首层或二层；设置在四级耐火等级的建筑内时，应布置在首层。

2.3.4 救援场所

1) 设置火灾自动报警系统和需要联动控制的消防设备的建筑（群）应设置消防控制室。消防控制室的设置应符合下列规定：

(1) 单独建造的消防控制室，其耐火等级不应低于二级。

(2) 附设在建筑内的消防控制室，宜设置在建筑内首层或地下一层，并宜布置在靠外墙部位。

(3) 不应设置在电磁场干扰较强及其他可能影响消防控制设备正常工作的房间附近。

(4) 疏散门应直通室外或安全出口。

2) 消防水泵房的设置应符合下列规定：

(1) 单独建造的消防水泵房，其耐火等级不应低于二级。

(2) 附设在建筑内的消防水泵房，不应设置在地下三层及以下或室内地面与室外出入口地坪高差大于10m的地下楼层。

(3) 疏散门应直通室外或安全出口。

2.4 建筑防火分区设计

建筑防火分区是指采用防火分隔措施划分出的，能在一定时间内防止火灾向同一建筑的其余部分蔓延的空间区域。把建筑划分为若干个防火分区，这样一旦有火灾发生，就能有效地把火势控制在一定范围内，减少火灾损失，同时可以为人员疏散、消防扑救提供有利条件。

防火分区是空间分区，但为了理解方便，可以按水平防火分区、垂直防火分区、特殊和重要房间的防火分隔，三个层次来认识。水平防火分区指用防火墙、防火门或防火卷帘等防火分隔物，按规定的面积标准，将各楼层的水平方向分隔出的防火区域。它可以阻止火灾在楼层的水平方向蔓延。竖向防火分区是指用耐火性能好的钢筋混凝土楼板及窗间墙，在建筑物的垂直方向对每个楼层进行的防火分隔，以防止火灾从起火楼层向其他楼层蔓延。特殊部位和重要房间的防火分隔是指用具有一定耐火能力的分隔物将建筑内部某些特殊部位和重要房间等加以分隔，可以使其不受到火灾蔓延的影响，为火灾扑救、人员疏散创造条件。特殊部位和重要房间主要有各种竖向井道、附设在建筑物中的消防控制室、设置贵重设备和贵重物品的房间，火灾危险性大的房间以及通风空调机房等。

不同耐火等级建筑的允许建筑高度或层数、防火分区最大允许建筑面积应符合表2-4-1的规定（图2-4-1）。

不同耐火等级建筑的允许建筑高度或层数、防火分区最大允许建筑面积

表 2-4-1

名称	耐火	允许建筑高度或层数	防火分区的最大允许建筑面积（m²）	备注
高层民用建筑	一、二级	按表 2-1-1 确定	1500	对于体育馆、剧场的观众厅，防火分区的最大允许建筑面积可适当增加
单、多层民用建筑	一、二级	按表 2-1-1 确定	2500	
	三级	5 层	1200	
	四级	2 层	600	
地下或半地下建筑（室）	一级	—	500	设备用房的防火分区最大允许建筑面积不应大于 1000m²

注：① 表中规定的防火分区最大允许建筑面积，当建筑内设置自动灭火系统时，可按本表的规定增加 1.0 倍；局部设置时，防火分区的增加面积可按该局部面积的 1.0 倍计算。

② 裙房与高层建筑主体之间设置防火墙时，裙房的防火分区可按单、多层建筑的要求确定。

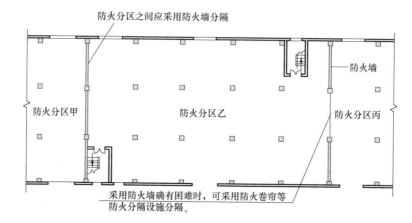

图 2-4-1　防火分区平面示意图

2.5　安全疏散和灭火救援

建筑发生火灾时，为避免室内人员由于火烧、烟雾中毒和房屋倒塌而造成伤害，必须尽快撤离现场；室内物资也要尽快抢救出来，以减少火灾损失；同时，消防人员也要迅速接近起火部位。为此，在建筑设计时交通组织设计的内容中包括安全疏散设计。安全疏散设计应根据建筑物的用途、容纳人数、面积大小和人们在火灾时心理状态等情况，合理布置安全设施，为人们安全疏散提供有利条件，这对避免或减少伤亡事故有着十分重要的意义。安全疏散的设计内容包括依据建筑的防火等级确定安全出口和疏散门的位置、数量、宽度，疏散楼梯的形式和疏散距离，避难区域的防火保护措施。

2.5.1 安全疏散与避难

民用建筑应根据其建筑高度、规模、使用功能和耐火等级等因素合理设置安全疏散和避难设施。安全出口和疏散门的位置、数量、宽度及疏散楼梯间的形式，应满足人员安全疏散的要求。

建筑的安全疏散和避难设施主要包括疏散门、疏散走道、安全出口或疏散楼梯（包括室外楼梯）、避难走道、避难间或避难层、疏散指示标志和应急照明，有时还要考虑疏散诱导广播等。

2.5.1.1 安全出口和疏散门

疏散门是房间直接通向疏散走道的房门、直接开向疏散楼梯间的门（如住宅的户门）或室外的门，不包括套间内的隔间门或住宅套内的房间门；安全出口是直接通向室外的房门或直接通向室外疏散楼梯、室内的疏散楼梯间及其他安全区的出口，是疏散门的一个特例。设计时要符合以下规定：

1) 建筑内的安全出口和疏散门应分散布置，且建筑内每个防火分区或一个防火分区的每个楼层、每个住宅单元每层相邻两个安全出口以及每个房间相邻两个疏散门最近边缘之间的水平距离不应小于5m（图2-5-1）。

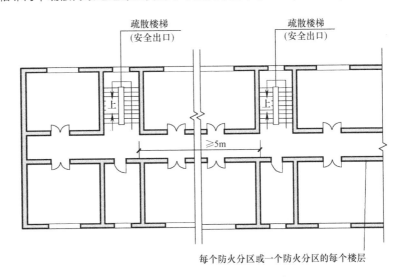

图 2-5-1　疏散门最近边缘平面示意图

2) 除人员密集场所外，建筑面积不大于 500m² 、使用人数不超过 30 人且埋深不大于 10m 的地下或半地下建筑（室），当需要设置 2 个安全出口时，其中一个安全出口可利用直通室外的金属竖向梯。除歌舞娱乐放映游艺场所外，防火分区建筑面积不大于 200m² 的地下或半地下设备间、防火分区建筑面积不大于 50m² 且经常停留人数不超过 15 人的其他地下或半地下建筑（室），可设置 1 个安全出口或 1 部疏散楼梯。建筑面积不大于 200m² 的地下或半地下设备间、建筑面积不大于 50m² 且经常停留人数不超过 15 人的其他地下或半地下房间，可设置 1 个疏散门。

3) 直通建筑内附设汽车库的电梯，应在汽车库部分设置电梯候梯厅，并应采用耐火极限不低于 2.00h 的防火隔墙和乙级防火门与汽车库分隔（图 2-5-2）。

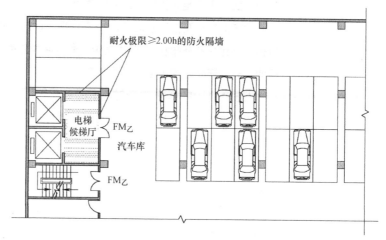

图 2-5-2　汽车库部分电梯平面示意图

4) 高层建筑直通室外的安全出口上方，应设置挑出宽度不小于 1.0m 的防护挑檐（图 2-5-3）。

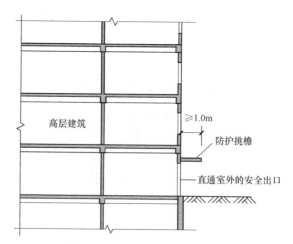

图 2-5-3　防火桃檐剖面示意图

5) 公共建筑内每个防火分区或一个防火分区的每个楼层，其安全出口的数量应经计算确定，且不应少于 2 个。符合下列条件之一的公共建筑，可设置 1 个安全出口或 1 部疏散楼梯：

（1）除托儿所、幼儿园外，建筑面积不大于 200m² 且人数不超过 50 人的单层公共建筑或多层公共建筑的首层。

（2）除医疗建筑，老年人建筑，托儿所、幼儿园的儿童用房，儿童游乐厅等儿童活动场所和歌舞娱乐放映游艺场所等外，符合表 2-5-1 规定的公共建筑。

可设置 1 部疏散楼梯的公共建筑　　　　　　表 2-5-1

耐火等级	最多层数	每层最大建筑面积（m²）	人数
一、二级	3 层	200	第二、三层的人数之和不超过 50 人
三级	3 层	200	第二、三层的人数之和不超过 25 人
四级	2 层	200	第二层的人数之和不超过 15 人

6) 公共建筑内房间的疏散门数量应经计算确定且不应少于 2 个。除托儿所、幼儿园、老年人建筑、医疗建筑、教学建筑内位于走道尽端的房间外，符合下列条件之一的房间可设置 1 个疏散门：

(1) 位于两个安全出口之间或袋形走道两侧的房间，对于托儿所、幼儿园、老年人建筑，建筑面积不大于 50m²；对于医疗建筑、教学建筑，建筑面积不大于 75m²；对于其他建筑或场所，建筑面积不大于 120m²。

(2) 位于走道尽端的房间，建筑面积小于 50m² 且疏散门的净宽度不小于 0.90m，或由房间内任一点至疏散门的直线距离不大于 15m、建筑面积不大于 200m² 且疏散门的净宽度不小于 1.40m。

(3) 歌舞娱乐放映游艺场所内建筑面积不大于 50m² 且经常停留人数不超过 15 人的厅、室。

7) 剧场、电影院、礼堂和体育馆的观众厅或多功能厅，其疏散门的数量应经计算确定且不应少于 2 个，并应符合下列规定：

(1) 对于剧场、电影院、礼堂的观众厅或多功能厅，每个疏散门的平均疏散人数不应超过 250 人；当容纳人数超过 2000 人时，其超过 2000 人的部分，每个疏散门的平均疏散人数不应超过 400 人。

(2) 对于体育馆的观众厅，每个疏散门的平均疏散人数不宜超过 400～700 人。

8) 建筑内的疏散门应符合下列规定：

(1) 民用建筑和厂房的疏散门，应采用向疏散方向开启的平开门，不应采用推拉门、卷帘门、吊门、转门和折叠门。除甲、乙类生产车间外，人数不超过 60 人且每樘门的平均疏散人数不超过 30 人的房间，其疏散门的开启方向不限。

(2) 仓库的疏散门应采用向疏散方向开启的平开门，但丙、丁、戊类仓库首层靠墙的外侧可采用推拉门或卷帘门。

(3) 开向疏散楼梯或疏散楼梯间的门，当其完全开启时，不应减少楼梯平台的有效宽度。

(4) 人员密集场所内平时需要控制人员随意出入的疏散门和设置门禁系统的住宅、宿舍、公寓建筑的外门，应保证火灾时不需使用钥匙等任何工具即能从内部易于打开，并应在显著位置设置具有使用提示的标识。

2.5.1.2 疏散楼梯

疏散楼梯是供人们在火灾发生的紧急情况下安全疏散的安全通道，也是消防员进入建筑进行灭火救援的主要路径。依据其楼梯间形式可分为防烟楼梯间、封闭楼梯间、室外疏散楼梯、敞开楼梯等。在设置疏散楼梯应依据建筑的性质、规模、高度、容纳人数等情况合理确定楼梯的形式、数量、宽度。

1) 在布置疏散楼梯时要注意以下几点：

(1) 建筑的楼梯间宜通至屋面，通向屋面的门或窗应向外开启（图 2-5-4）。

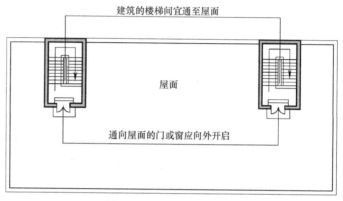

图 2-5-4　屋顶平面示意图

(2) 自动扶梯和电梯不应计作安全疏散设施。

(3) 疏散用楼梯和疏散通道上的阶梯不宜采用螺旋楼梯和扇形踏步；确需采用时，踏步上、下两级所形成的平面角度不应大于 10°，且每级离扶手 250mm 处的踏步深度不应小于 220mm（图 2-5-5）。

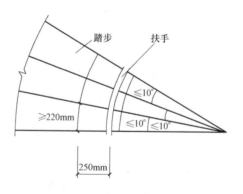

图 2-5-5　扇形踏步示意图

(4) 建筑内的公共疏散楼梯，其两梯段及扶手间的水平净距不宜小于 150mm（图 2-5-6）。

(5) 高层公共建筑的疏散楼梯，当分散设置确有困难且从任一疏散门至最近疏散楼梯间入口的距离不大于 10m 时，可采用剪刀楼梯间（图 2-5-7），

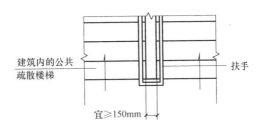

图 2-5-6　扶手水平净距示意图

但应符合下列规定:

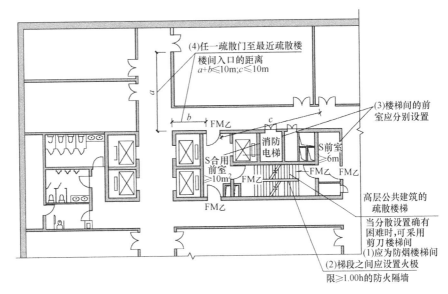

图 2-5-7　高层公共建筑剪刀楼梯间平面示意图

① 楼梯间应为防烟楼梯间。

② 梯段之间应设置耐火极限不低于 1.00h 的防火隔墙。

③ 楼梯间的前室应分别设置。

(6) 设置不少于 2 部疏散楼梯的一、二级耐火等级多层公共建筑,如顶层局部升高,当高出部分的层数不超过 2 层、人数之和不超过 50 人且每层建筑面积不大于 200m² 时,高出部分可设置 1 部疏散楼梯,但至少应另外设置 1 个直通建筑主体上人平屋面的安全出口,且上人屋面应符合人员安全疏散的要求 (图 2-5-8)。

(7) 一类高层公共建筑和建筑高度大于 32m 的二类高层公共建筑,其疏散楼梯应采用防烟楼梯间。裙房和建筑高度不大于 32m 的二类高层公共建筑,其疏散楼梯应采用封闭楼梯间。当裙房与高层建筑主体之间设置防火墙时,裙房的疏散楼梯可按有关单、多层建筑的要求确定。

(8) 下列多层公共建筑的疏散楼梯,除与敞开式外廊直接相连的楼梯间外,均应采用封闭楼梯间:

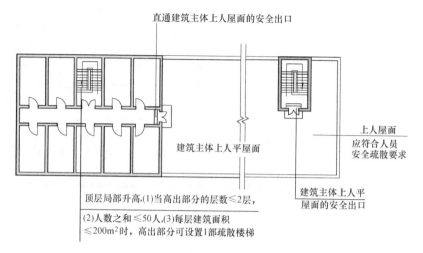

图 2-5-8 一、二级耐火等级多层公共建筑平面示意图

① 医疗建筑、旅馆、老年人建筑及类似使用功能的建筑。

② 设置歌舞娱乐放映游艺场所的建筑。

③ 商店、图书馆、展览建筑、会议中心及类似使用功能的建筑。

④ 6 层及以上的其他建筑。

(9) 公共建筑内的客、货电梯宜设置电梯候梯厅，不宜直接设置在营业厅、展览厅、多功能厅等场所内。

(10) 除通向避难层错位的疏散楼梯外，建筑内的疏散楼梯间在各层的平面位置不应改变。除住宅建筑套内的自用楼梯外，地下或半地下建筑 (室) 的疏散楼梯间，应符合下列规定：

① 室内地面与室外出入口地坪高差大于 10m 或 3 层及以上的地下、半地下建筑 (室)，其疏散楼梯应采用防烟楼梯间；其他地下或半地下建筑 (室)，其疏散楼梯应采用封闭楼梯间。

② 应在首层采用耐火极限不低于 2.00h 的防火隔墙与其他部位分隔并应直通室外，确需在隔墙上开门时，应采用乙级防火门。

(11) 建筑的地下或半地下部分与地上部分不应共用楼梯间，确需共用楼梯间时，应在首层采用耐火极限不低于 2.00h 的防火隔墙和乙级防火门将地下或半地下部分与地上部分的连通部位完全分隔，并应设置明显的标志 (图 2-5-9)。

2) 疏散楼梯间应符合下列规定：

(1) 楼梯间应能天然采光和自然通风，并宜靠外墙设置。靠外墙设置时，楼梯间、前室及合用前室外墙上的窗口与两侧门、窗、洞口最近边缘的水平距离不应小于 1.0m (图 2-5-10)。

① 楼梯间内不应设置烧水间、可燃材料储藏室、垃圾道。

② 楼梯间内不应有影响疏散的凸出物或其他障碍物。

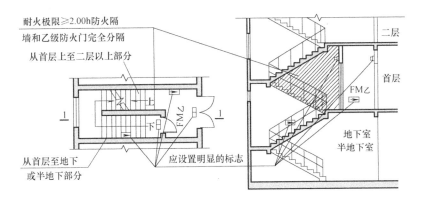

图 2-5-9　地下室、半地下室与地上共用楼梯间

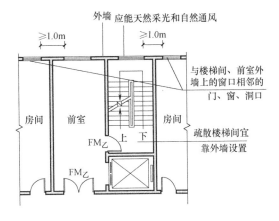

图 2-5-10　楼梯间示意图

③ 封闭楼梯间、防烟楼梯间及其前室，不应设置卷帘。

④ 楼梯间内不应设置甲、乙、丙类液体管道。

⑤ 封闭楼梯间、防烟楼梯间及其前室内禁止穿过或设置可燃气体管道。敞开楼梯间内不应设置可燃气体管道，当住宅建筑的敞开楼梯间内确需设置可燃气体管道和可燃气体计量表时，应采用金属管和设置切断气源的阀门（图 2-5-11）。

（2）封闭楼梯间除应符合以上的规定外，尚应符合下列规定：

① 不能自然通风或自然通风不能满足要求时，应设置机械加压送风系统或采用防烟楼梯间。

② 除楼梯间的出入口和外窗外，楼梯间的墙上不应开设其他门、窗、洞口（图 2-5-12）。

③ 高层建筑、人员密集的公共建筑、人员密集的多层丙类厂房、甲、乙类厂房，其封闭楼梯间的门应采用乙级防火门，并应向疏散方向开启；其他建筑，可采用双向弹簧门。

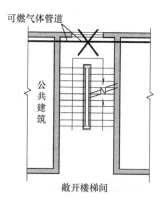

图 2-5-11　图示

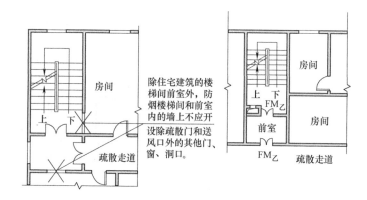

能自然通风或自然通风能　　　　　　不能自然通风或自然通风不能
满足要求的防烟楼梯间　　　　　　　满足要求的防烟楼梯间

图 2-5-12　封闭楼梯间

④ 楼梯间的首层可将走道和门厅等包括在楼梯间内形成扩大的封闭楼梯间，但应采用乙级防火门等与其他走道和房间分隔（图 2-5-13）。

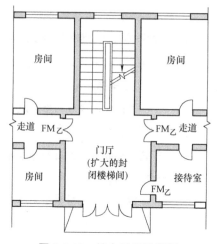

图 2-5-13　扩大封闭楼梯间

(3) 防烟楼梯间除应符合以上的规定外，尚应符合下列规定：

① 应设置防烟设施。

② 前室可与消防电梯间前室合用。

③ 前室的使用面积：公共建筑、高层厂房（仓库），不应小于 6.0m²；住宅建筑，不应小于 4.5m²。与消防电梯间前室合用时，合用前室的使用面积：公共建筑、高层厂房（仓库），不应小于 10.0m²；住宅建筑，不应小于 6.0m²（图 2-5-14）。

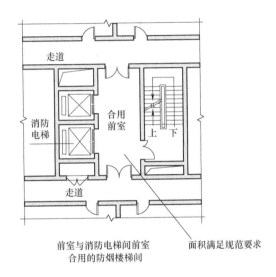

图 2-5-14　合用前室

④ 疏散走道通向前室以及前室通向楼梯间的门应采用乙级防火门。

⑤ 除住宅建筑的楼梯间前室外，防烟楼梯间和前室内的墙上不应开设除疏散门和送风口外的其他门、窗、洞口。

⑥ 楼梯间的首层可将走道和门厅等包括在楼梯间前室内形成扩大的前室，但应采用乙级防火门等与其他走道和房间分隔。

(4) 室外疏散楼梯应符合下列规定：

① 栏杆扶手的高度不应小于 1.10m，楼梯的净宽度不应小于 0.90m。

② 倾斜角度不应大于 45°。

③ 梯段和平台均应采用不燃材料制作。平台的耐火极限不应低于 1.00h，梯段的耐火极限不应低于 0.25h。

④ 通向室外楼梯的门应采用乙级防火门，并应向外开启。

⑤ 除疏散门外，楼梯周围 2m 内的墙面上不应设置门、窗、洞口。疏散门不应正对梯段（图 2-5-15）。

2.5.1.3　疏散宽度

为了保证建筑发生火灾后人员能够快速有效的疏散到安全区域，根据人员疏散的基本需要，确定民用建筑中疏散门、安全出口与疏散走道和疏散楼

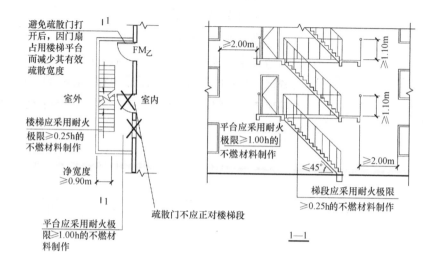

图 2-5-15　室外疏散楼梯

梯的最小净宽度。计算出的总疏散宽度，在确定不同位置的门洞宽度或梯段宽度时，需要仔细分配其宽度并根据通过的人流股数进行校核和调整，尽量均匀设置并满足本条的要求。

1）公共建筑内疏散门和安全出口的净宽度不应小于 0.90m，疏散走道和疏散楼梯的净宽度不应小于 1.10m（图 2-5-16）。

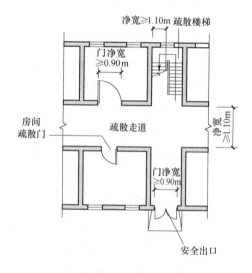

图 2-5-16　疏散宽度 1

高层公共建筑内楼梯间的首层疏散门、首层疏散外门、疏散走道和疏散楼梯的最小净宽度应符合表 2-5-2 的规定。

2）人员密集的公共场所、观众厅的疏散门不应设置门槛，其净宽度不应小于 1.40m，且紧靠门口内外各 1.40m 范围内不应设置踏步（图 2-5-17）。

高层公共建筑内楼梯间的首层疏散门、首层疏散外门、
疏散走道和疏散楼梯的最小净宽度（m）　　　　表 2-5-2

建筑类别	楼梯间的首层疏散门、首层疏散外门	走道		疏散楼梯
		单面布房	双面布房	
高层医疗建筑	1.30	1.40	1.50	1.30
其他高层公共建筑	1.20	1.30	1.40	1.20

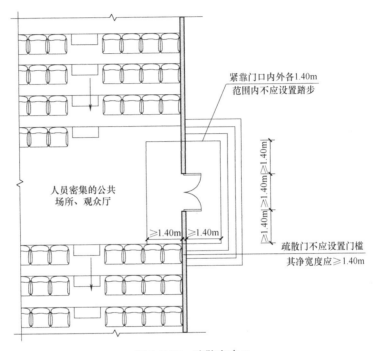

图 2-5-17　疏散宽度 2

人员密集的公共场所的室外疏散通道的净宽度不应小于 3.00m，并应直接通向宽敞地带。

3）剧场、电影院、礼堂、体育馆等场所的疏散走道、疏散楼梯、疏散门、安全出口的各自总净宽度，应符合下列规定：

（1）观众厅内疏散走道的净宽度应按每 100 人不小于 0.60m 计算，且不应小于 1.00m；边走道的净宽度不宜小于 0.80m。

布置疏散走道时，横走道之间的座位排数不宜超过 20 排；纵走道之间的座位数：剧场、电影院、礼堂等，每排不宜超过 22 个；体育馆，每排不宜超过 26 个；前后排座椅的排距不小于 0.90m 时，可增加 1.0 倍，但不得超过 50 个；仅一侧有纵走道时，座位数应减少一半（图 2-5-18）。

（2）剧场、电影院、礼堂等场所供观众疏散的所有内门、外门、楼梯和走道的各自总净宽度，应根据疏散人数按每 100 人的最小疏散净宽度另行计算确定。

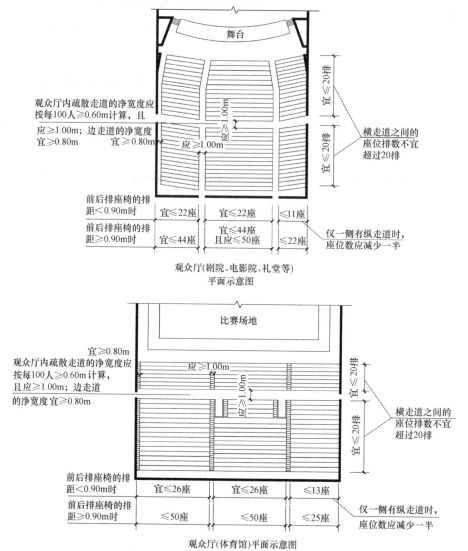

图 2-5-18 观众厅示意图

(3) 体育馆供观众疏散的所有内门、外门、楼梯和走道的各自总净宽度，应根据疏散人数按每 100 人的最小疏散净宽度另行计算确定。

(4) 有等场需要的入场门不应作为观众厅的疏散门。

4) 除剧场、电影院、礼堂、体育馆外的其他公共建筑，其房间疏散门、安全出口、疏散走道和疏散楼梯的各自总净宽度，应符合下列规定：

(1) 每层的房间疏散门、安全出口、疏散走道和疏散楼梯的各自总净宽度，应根据疏散人数按每 100 人的最小疏散净宽度不小于表 2-5-3 的规定计算确定。当每层疏散人数不等时，疏散楼梯的总净宽度可分层计算，地上建筑内下层楼梯的总净宽度应按该层及以上疏散人数最多一层的人数计算；地下建筑内上层楼梯的总净宽度应按该层及以下疏散人数最多一层的人数计算。

每层的房间疏散门、安全出口、疏散走道和疏散楼梯的

每100人最小疏散净宽度（m/百人） 表 2-5-3

建筑层数		建筑耐火等级		
		一、二级	三级	四级
地上楼层	1~2层	0.65	0.75	1.00
	3层	0.75	1.00	—
	≥4层	1.00	1.25	—
地下楼层	与地面出入口地面的高差 $\Delta H \leqslant 10$m	0.75	—	—
	与地面出入口地面的高差 $\Delta H > 10$m	1.00	—	—

(2) 地下或半地下人员密集的厅、室和歌舞娱乐放映游艺场所，其房间疏散门、安全出口、疏散走道和疏散楼梯的各自总净宽度，应根据疏散人数按每100人不小于1.00m计算确定。

(3) 首层外门的总净宽度应按该建筑疏散人数最多一层的人数计算确定，不供其他楼层人员疏散的外门，可按本层的疏散人数计算确定。

(4) 歌舞娱乐放映游艺场所中录像厅的疏散人数，应根据厅、室的建筑面积按不小于1.0人/m²计算；其他歌舞娱乐放映游艺场所的疏散人数，应根据厅、室的建筑面积按不小于0.5人/m²计算。

(5) 有固定座位的场所，其疏散人数可按实际座位数的1.1倍计算。

(6) 展览厅的疏散人数应根据展览厅的建筑面积和人员密度计算，展览厅内的人员密度不宜小于0.75人/m²。

5) 人员密集的公共建筑不宜在窗口、阳台等部位设置封闭的金属栅栏，确需设置时，应能从内部易于开启；窗口、阳台等部位宜根据其高度设置适用的辅助疏散逃生设施。

2.5.1.4 疏散距离

安全疏散距离是控制安全疏散设计的基本要素，疏散距离越短，人员的疏散过程越安全。该距离的确定既要考虑人员疏散的安全，也要兼顾建筑功能和平面布置的要求，对不同火灾危险性场所和不同耐火等级建筑有所区别。

公共建筑的安全疏散距离应符合下列规定：

直通疏散走道的房间疏散门至最近安全出口的直线距离不应大于表2-5-4的规定。

直通疏散走道的房间疏散门至最近安全出口的直线距离（m） 表 2-5-4

名称	位于两个安全出口之间的疏散门			位于袋形走道两侧或尽端的疏散门		
	一、二级	三级	四级	一、二级	三级	四级
托儿所、幼儿园老年人建筑	25	20	15	20	15	10
歌舞娱乐放映游艺场所	25	20	15	9	—	—

名称		位于两个安全出口之间的疏散门			位于袋形走道两侧或尽端的疏散门		
		一、二级	三级	四级	一、二级	三级	四级
医疗建筑	单、多层	35	30	25	20	15	10
高层、病房部分高层	病房部分	24	—	—	12	—	—
	高层	30	—	—	15	—	—
高层旅馆、展览建筑		30			15		
其他建筑	单、多层	40	35	25	22	20	15
	高层	40	—	—	20	—	—

注：① 建筑内开向敞开式外廊的房间疏散门至最近安全出口的直线距离可按本表的规定增加 5m。

② 直通疏散走道的房间疏散门至最近敞开楼梯间的直线距离，当房间位于两个楼梯间之间时，应按本表的规定减少 5m；当房间位于袋形走道两侧或尽端时，应按本表的规定减少 2m。

③ 建筑物内全部设置自动喷水灭火系统时，其安全疏散距离可按本表的规定增加 25%。

楼梯间应在首层直通室外，确有困难时，可在首层采用扩大的封闭楼梯间或防烟楼梯间前室。当层数不超过 4 层且未采用扩大的封闭楼梯间或防烟楼梯间前室时，可将直通室外的门设置在离楼梯间不大于 15m 处。

房间内任一点至房间直通疏散走道的疏散门的直线距离，不应大于表 2-5-4 规定的袋形走道两侧或尽端的疏散门至最近安全出口的直线距离。

一、二级耐火等级建筑内疏散门或安全出口不少于 2 个的观众厅、展览厅、多功能厅、餐厅、营业厅等。其室内任一点至最近疏散门或安全出口的直线距离不应大于 30m；当疏散门不能直通室外地面或疏散楼梯间时，应采用长度不大于 10m 的疏散走道通至最近的安全出口。当该场所设置自动喷水灭火系统时，室内任一点至最近安全出口的安全疏散距离可分别增加 25%（图 2-5-19）。

2.5.2 灭火救援设施

2.5.2.1 消防楼梯

当高层建筑发生火灾时，常常会因为电源中断把人困在电梯里，一旦火势蔓延至此，将会危及人员安全。未设置防烟前室、防水设施和备用电源的普通电梯，既不能用于紧急情况下的人流疏散，又难以供消防人员扑救。对于高层建筑，消防电梯能节省消防员的体力，使消防员能快速接近着火区域，提高战斗力和灭火效果。对于地下建筑，由于排烟、通风条件很差，受当前装备的限制，消防员通过楼梯进入地下的困难较大，设置消防电梯，有利于满足灭火作战和火场救援的需要。

下列高层建筑应设消防电梯：建筑高度大于 33m 的住宅建筑、一类高层公共建筑和建筑高度大于 32m 的二类高层公共建筑、设置消防电梯的建筑的地下或半地下室，埋深大于 10m 且总建筑面积大于 3000m² 的其他地下或半

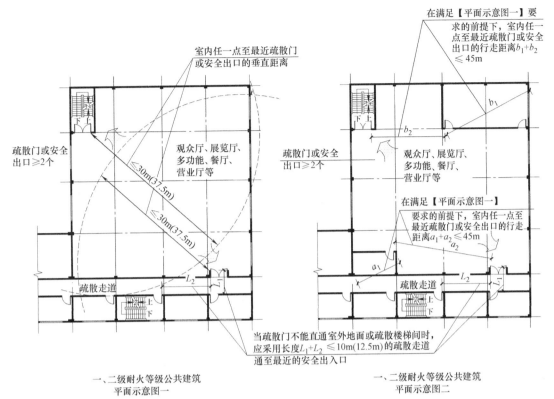

图 2-5-19 观众厅疏散示意图

地下建筑（室）。

消防电梯应分别设置在不同防火分区内，且每个防火分区不应少于 1 台。消防电梯应能每层停靠；电梯的载重量不应小于 800kg；电梯从首层至顶层的运行时间不宜大于 60s；电梯的动力与控制电缆、电线、控制面板应采取防水措施；在首层的消防电梯入口处应设置供消防队员专用的操作按钮；电梯轿厢的内部装修应采用不燃材料；电梯轿厢内部应设置专用消防对讲电话。

符合消防电梯要求的客梯或货梯可兼作消防电梯。

消防电梯应设置前室，并应符合下列规定：

(1) 前室宜靠外墙设置，并应在首层直通室外或经过长度不大于 30m 的通道通向室外。

(2) 前室的使用面积不应小于 6.0m²；与防烟楼梯间合用的前室，应符合防火分隔和最小面积的规定。

(3) 除前室的出入口、前室内设置的正压送风口，前室内不应开设其他门、窗、洞口。

(4) 前室或合用前室的门应采用乙级防火门，不应设置卷帘。

消防电梯井、机房与相邻电梯井、机房之间应设置耐火极限不低于 2.00h 的防火隔墙，隔墙上的门应采用甲级防火门。消防电梯的井底应设置排水设施，排水井的容量不应小于 2m³，排水泵的排水量不应小于 10L/s。消防电梯间前室的门口宜设置挡水设施。

2.5.2.2 直升机停机坪

对于高层建筑，特别是建筑高度超过 100m 且标准层建筑面积大于 2000m² 的公共建筑的高层建筑，人员疏散及消防救援难度大，设置屋顶直升机停机坪，可为消防救援提供条件。屋顶直升机停机坪的设置要尽量结合城市消防站建设和规划布局。宜在屋顶设置直升机停机坪或供直升机救助的设施，并应符合下列规定：

（1）设置在屋顶平台上时，距离设备机房、电梯机房、水箱间、共用天线等突出物不应小于5m。

（2）建筑通向停机坪的出口不应少于 2 个，每个出口的宽度不宜小于 0.90m。

（3）四周应设置航空障碍灯，并应设置应急照明。

（4）在停机坪的适当位置应设置消火栓。

（5）其他要求应符合国家现行航空管理有关标准的规定（图 2-5-20）。

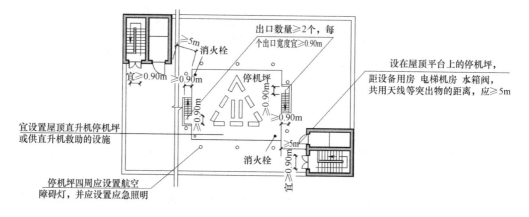

图 2-5-20 停机坪示意图

2.6 构造防火与消防设施

构造防火和消防设施分别属于消极的和积极的防火策略。在建筑防火设计中起到不可替代的作用。由于消防给水和灭火设备的专业性很强，在此不做详述。本节将重点介绍防火分隔物、防烟与排烟设备设计要求。

2.6.1 防火分隔物

1）防火分隔物的作用

在建筑物内设置耐火极限较高的防火分隔物，能起到阻止火势蔓延的作用。建筑设计必须按房屋耐火等级限制的占地面积和防火分隔物间距长度设置防火分隔物。

2）防火分隔物的类型

室内防火分隔物的类型有：防火墙、防火门、防火卷帘、舞台防火幕等。

（1）防火墙

为保证建筑物的防火安全，防止火势由外部向内部、或由内部向外部、或内部之间的蔓延，就要用防火墙把建筑物的空间分隔成若干防火区，限制燃烧面积，并在防火分隔墙或楼板上必须开设的孔洞处安装可靠的防火门窗。从建筑平面看，防火墙有纵横之分。与屋脊方向垂直的是横向防火墙，与屋脊方向一致的是纵向防火墙。从防火墙的位置分，有内墙防火墙、外墙防火墙和室外独立的防火墙等。内墙防火墙是将房屋内部划分成若干防火分区的内部分隔墙；外墙防火墙是在两幢建筑物间因防火间距不够而设置无门窗的外墙；室外独立的防火墙是当建筑物间的防火间距不够，又不便于使用外防火墙时，可采用室外独立防火墙，用以遮盖对面的热辐射和冲击波的作用。

防火墙能在火灾初期和灭火过程中，将火灾有效地限制在一定空间内，阻断火灾在防火墙一侧而不蔓延到另一侧。防火墙应直接设置在建筑的基础或框架、梁等承重结构上，框架、梁等承重结构的耐火极限不应低于防火墙的耐火极限（图2-6-1）。

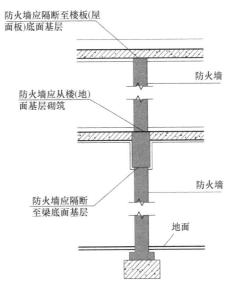

图2-6-1　防火墙示意图

防火墙应从楼地面基层隔断至梁、楼板或屋面板的底面基层。当高层厂房（仓库）屋顶承重结构和屋面板的耐火极限低于1.00h，其他建筑屋顶承重结构和屋面板的耐火极限低于0.50h时，防火墙应高出屋面0.5m以上。

通常屋顶是不开口的，一旦开口则有可能成为火灾蔓延的通道，因而也需要进行有效的防护。否则,防火墙的作用将被削弱,甚至失效。防火墙横截面中心线水平距离天窗端面不小于 4.0m,能在一定程度上阻止火势蔓延,但设计还是要尽可能加大该距离,或设置不可开启窗扇的乙级防火窗或火灾时可自动关闭的乙级防火窗等,以防止火灾蔓延 (图 2-6-2)。

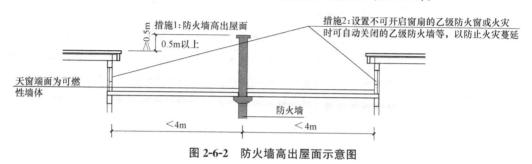

图 2-6-2 防火墙高出屋面示意图

对于难燃或可燃外墙,为阻止火势通过外墙横向蔓延,要求防火墙凸出外墙外表面 0.4m 以上,且应在防火墙两侧每侧各不小于 2.0m 范围内的外墙和屋面采用不燃性的墙体,并不得开设孔洞。不燃性外墙具有一定耐火极限且不会被引燃,允许防火墙不凸出外墙。建筑外墙为不燃性墙体时,防火墙可不凸出墙的外表面,紧靠防火墙两侧的门、窗、洞口之间最近边缘的水平距离不应小于 2.0m;采取设置乙级防火窗等防止火灾水平蔓延的措施时,该距离不限。

为了防止火势从一个防火分区通过窗口烧到另一个防火分区,不宜在 U、L 形等建筑物的转脚处设置防火墙,如必须设置在转脚处附近,则内转脚两侧墙上的门、窗、洞口之间最近的水平距离不要小于 4m,采取设置乙级防火窗等防止火灾水平蔓延的措施时,则可不受 4m 距离的限制 (图 2-6-3)。

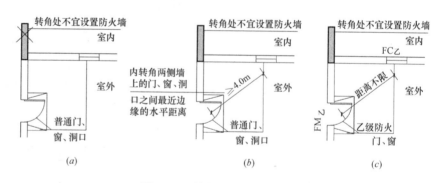

图 2-6-3 转角处防火墙示意图

为了有效地保证一个防火分区起火时不致蔓延到另一个防火分区。在防火墙上最好不要开门、窗、洞口,如必须开设时,应设置不可开启或火灾时能自动关闭的甲级防火门、窗。可燃气体和甲、乙、丙类液体的管道严禁穿过防火墙。防火墙内不应设置排气道。

为防止建筑物内的高温烟气和火势穿过防火墙上的开口和孔隙等蔓延扩

散，以保证防火分区的防火安全。如水管、输送无火灾危险的液体管道等因条件限制必须穿过防火墙时，要用弹性较好的不燃材料或防火封堵材料将管道周围的缝隙紧密填塞，穿过防火墙处的管道保温材料，应采用不燃材料。对于采用塑料等遇高温或火焰易收缩变形或烧蚀的材质的管道，要采取措施使该类管道在受火后能被封闭，以防止火势和烟气穿过防火分隔体。

防火墙的构造应该使其能在火灾中保持足够的稳定性能，以发挥隔烟阻火作用，不会因高温或邻近结构破坏而引起防火墙的倒塌，致使火势蔓延。耐火等级较低一侧的建筑结构或其中燃烧性能和耐火极限较低的结构，在火灾中易发生垮塌，从而可能以侧向力或下拉力作用于防火墙，设计应考虑这一因素。此外，在建筑物室内外建造的独立防火墙，也要考虑其高度与厚度的关系以及墙体的内部加固构造，使防火墙具有足够的稳固性与抗力。

(2) 防火门

防火门是一种防火分隔物，按其防火极限分，可分为 1.2h、0.90h、0.60h 三级。按其燃烧性能分，可分为非燃烧体防火门和难燃烧体防火门两类（图 2-6-4）。

一般来说，为保证防火墙的工作效能，消灭薄弱部位，在防火墙上最好不要开门，但为了工作联系或运输需要，便要在开门窗处用防火门窗来补救。然而，对此门窗要求不能像防火墙那样有 4.00h 的耐火极限，这是因为材料和构造限制所至。如果要满足 4.00h 耐火极限的防火门，这样的门必然过于笨重，不便于正常使用；另一方面一般具有 1.00h 以上耐火极限的防火门，对争取时间等待消防队到达火场已经足够。所以在防火墙上开门，安装具有 1.20h 以上的耐火极限的防火门便能基本保证安全。

防火门不仅要有较高的耐火极限，而且还应能保证关闭严密，使之不窜火，不窜烟。以下是防火门使用的几点规定：1.20h 耐火极限的防火门，适用于防火墙及防火分隔墙上。0.90h 耐火极限的防火门，适用于封闭楼梯间、通向楼梯间前室和楼梯的门。以及单元住宅内，开向公共楼梯间的户门。耐火极限 0.60h 的防火门，可用于电缆井、管道井、排烟道等管井壁上，用作检查门。

在一般情况下，为了便于防火分隔、疏散与正常通行，规定了防火门的耐火极限和开启方式等。建筑内设置防火门的部位，一般为火灾危险性大或性质重要房间的门以及防火墙、楼梯间及前室上的门等。为避免烟气或火势通过门洞窜入疏散通道内，保证疏散通道在一定时间内的相对安全，防火门在平时要尽量保持关闭状态；为方便平时经常有人通行而需要保持常开的防火门，要采取措施使之能在着火时以及人员疏散后能自行关闭，如设置与报警系统联动的控制装置和闭门器等。除允许设置常开防火门的位置外，其他位置的防火门均应采用常闭防火门。常闭防火门应在其明显位置设置"保持

构件部位		结构厚度或截面最小尺寸(cm)	燃烧性能耐火极限(h)
	木板内填充非燃烧材料的门:		
	1.门扇内填充岩棉	4.1	0.6
	2.门扇内填充硅酸铝纤维	4.1	0.6
	3.门扇内填充硅酸铝纤维	4.7	0.9
	4.门扇内填充矿棉板	4.7	0.9
	5.门扇内填充无机轻体板	4.7	0.9
	木板铁皮门:		
	1.木板铁皮门,外包镀锌铁皮	4.1	1.2
	2.双层木板,单面包石棉板,外包镀锌铁皮	4.1	1.6
	3.双层木板,中间夹石棉板外包镀锌铁皮	4.7	1.5
	4.双层木板,双层石棉板外包镀锌铁皮	4.7	2.1
	骨架填充门:		
	1.木骨架,内填矿棉,外包镀锌铁皮	5	0.9
	2.薄壁型钢骨架,内填矿棉外包薄铁皮	6	1.5
	型钢金属门:		
	1.型钢门框,外包1mm厚的薄钢板,内填充硅酸铝纤维或岩棉	4.7	0.6
	2.型钢门框,外包1mm厚的薄钢板,内填充硅酸钙或硅酸铝	4.6	1.2
	3.型钢门框,外包1mm厚的薄钢板,内填充硅酸铝纤维	4.6	0.9
	4.型钢门框,外包1mm厚的薄钢板,内填充硅酸铝纤维和岩棉	4.6	0.9
	5.薄壁型钢骨架,外包薄钢板	6	0.6

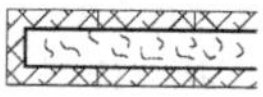

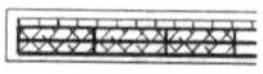

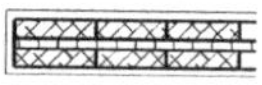

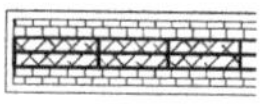

图 2-6-4 防火门构造

防火门关闭"等提示标识。除管井检修门和住宅的户门外,防火门应具有自行关闭功能。双扇防火门应具有按顺序自行关闭的功能。设置在建筑变形缝附近时,防火门应设置在楼层较多的一侧,并应保证防火门开启时门扇不跨越变形缝。在现实中,防火门因密封条在未达到规定的温度时不会膨胀,不能有效阻止烟气侵入,这会对宾馆、住宅、公寓、医院住院部等场所在发生火灾后的人员安全带来隐患。故要求防火门在正常使用状态下关闭后具备防烟性能(图 2-6-5)。

(3) 防火卷帘

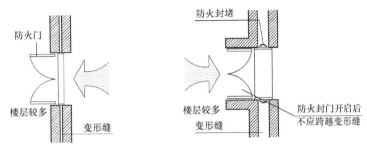

图 2-6-5　变形缝附近的防火门

在设置防火墙确有困难的场所，可采用防火卷帘作防火分区分隔。防火卷帘是一种防火分隔物，一般用钢板或铝合金板等金属材料制成。通常被设置在建筑物的外墙门、窗、洞口的部位，尤其是敞开的电梯间、商场的大型营业厅、潮湿的卖场、展览馆的外门、大厅及某些高层建筑的外墙门、窗、洞口等部位（当防火间距不能满足要求时）。面积较大的防火卷帘，宜设水幕保护（图 2-6-6）。

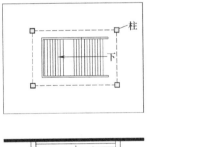

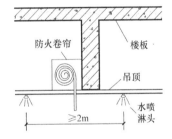

采用单版防火卷帘代替防火墙作防火分隔时，在其两侧应设自动喷水灭火系统保护，其喷头间距不应小于2m；当采用耐火极限不小于3.0h的复合防火卷帘，且两侧在50cm范围内无可燃构件和可燃物时，可不设自动喷头保护

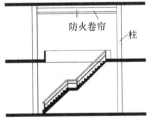

开敞楼梯的防火分隔　　　　　　　　防火卷帘作防火分隔

图 2-6-6　防火卷帘 1

防火分隔部位设置防火卷帘时，应符合下列规定：除中庭外，当防火分隔部位的宽度不大于 30m 时，防火卷帘的宽度不应大于 10m；当防火分隔部位的宽度大于 30m 时，防火卷帘的宽度不应大于该部位宽度的 1/3，且不应大于 20m（图 2-6-7）。

防火卷帘应具有火灾时靠自重自动关闭功能。除另有规定外，防火卷帘的耐火极限不应低于所设置部位墙体的耐火极限要求。防火卷帘应具有防烟性能，与楼板、梁、墙、柱之间的空隙应采用防火封堵材料封堵。需在火灾

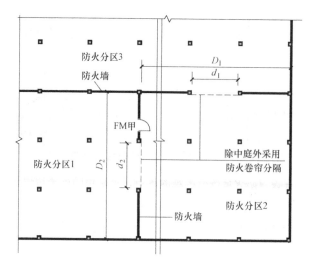

[注释]

D：某一防火分隔区域与相邻防火分隔区域两两之间需要进行分隔的部位的总宽度；

d：防火卷帘的宽度

当 $D_1(D_2) \leq 30\text{m}$，$d_1(d_2) \leq 10\text{m}$；

当 $D_1(D_2) > 30\text{m}$ 时，$d_1(d_2) \leq 1/3D_1(D_2)$，且 $d_1(d_2) \leq 20\text{m}$

图 2-6-7　防火卷帘 2

时自动降落的防火卷帘，应具有信号反馈的功能。

(4) 舞台防火幕

甲等及乙等的大型、特大型剧场舞台台口应设防火幕。超过 800 个座位的特等、甲等剧场及高层民用建筑中超过 800 个座位的剧场舞台台口宜设防火幕。舞台主台通向各处洞口均应设甲级防火门，或按规范规定设置水幕 (图 2-6-8)。

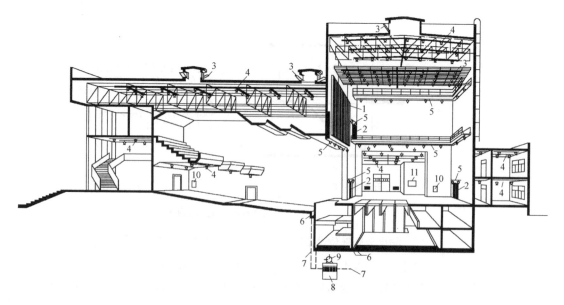

图 2-6-8　剧场防火、排烟系统示意图

1—防火幕；2—防火门；3——排烟窗；4—闭式喷头；5—开式喷头与水幕喷头；

6—消防排水明沟；7—消防排水管；8—消防污水池；9—消防污水泵；

10—消火栓；11—消防控制室观察窗

(5) 公共建筑入口的防火分隔

大型公共建筑中的主要楼梯和电梯，多与入口处的门斗、门厅、走廊以及其他有关房间直接连通。为了阻挡烟火通过门厅沿着楼梯四散蔓延，并能利用楼梯进行疏散，但又不能把楼梯单独设计成封闭式的楼梯间时，可将门廊、门厅和楼梯看作一个整体，当作一个大型楼梯间进行分隔。此时在门厅与走廊交界处，各层均设防火门，用以保障楼梯及入口部位的防火安全（图2-6-9）。

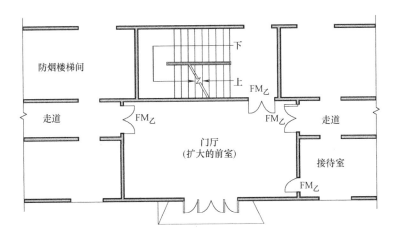

图 2-6-9　底层扩大封闭楼梯间

(6) 公共建筑中某些大厅的防火分隔

超市的卖场、展览馆的展厅、商场的营业大厅等，不便设置防火墙或防火分隔墙的地方，起火后，往往因为没有防火分隔而造成巨大损失，为了减少火灾损失，最好利用防火卷帘，在起火时把大厅隔成较小的防火段。

在穿堂式建筑内，可在房间之间的开口处设置上下开启或横向开启的卷帘。在多跨的大厅内，可将防火段的界线设在一排中柱的轴线上，在柱间把卷帘固定在梁底，起火后，放下卷帘以形成一道临时性的防火分隔墙。

(7) 变形缝的防火分隔

高层建筑物的变形缝由于抗震的要求，留得比较宽，一般在500mm以上。因此有很大的助长烟火的作用；还有些高层建筑利用变形缝的框架填充墙作为防火分区的分隔墙，而内走道通过该隔墙的洞口，不利于阻止火灾蔓延。因此，在设计时必须注意以下防火问题：要求变形缝内的填充材料、变形缝在外墙上的连接与封堵构造处理和在楼层位置的连接与封盖的构造基层采用不燃烧材料（图2-6-10）。变形缝内不应敷设电缆和可燃或易燃气体管道，以保证安全。

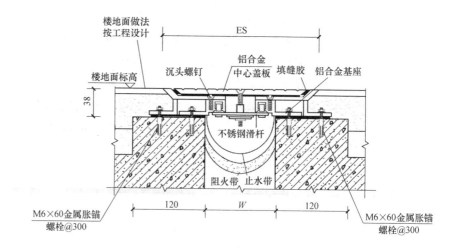

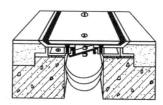

图 2-6-10　变形缝防火构造（单位：mm）

2.6.2　防烟与排烟

火灾烟气中所含一氧化碳、二氧化碳、氟化氢、氯化氢等多种有毒成分，以及高温缺氧等都会对人体造成极大的危害。及时排除烟气，对保证人员安全疏散，控制烟气蔓延，便于扑救火灾具有重要作用。对于一座建筑，当其中某部位着火时，应采取有效的排烟措施排除可燃物燃烧产生的烟气和热量，使该局部空间形成相对负压区；对非着火部位及疏散通道等应采取防烟措施，以阻止烟气侵入，以利人员的疏散和灭火救援。因此，在建筑内设置防排烟设施十分必要。

建筑物内的防烟楼梯间、消防电梯间前室或合用前室、避难区域等，都是建筑物着火时的安全疏散、救援通道。火灾时，可通过开启外窗等自然排烟设施将烟气排出，亦可采用机械加压送风的防烟设施，使烟气不致侵入疏散通道或疏散安全区内（图 2-6-11）。

对于建筑高度小于或等于 50m 的公共建筑、工业建筑和建筑高度小于或等于 100m 的住宅建筑，由于这些建筑受风压作用影响较小，可利用建筑本身的采光通风，基本起到防止烟气进一步进入安全区域的作用。

当采用凹廊、阳台作为防烟楼梯间的前室或合用前室，或者防烟楼梯间前室或合用前室具有两个不同朝向的可开启外窗且有满足需要的可开启窗面积时，可以认为该前室或合用前室的自然通风能及时排出漏入前室或合用前

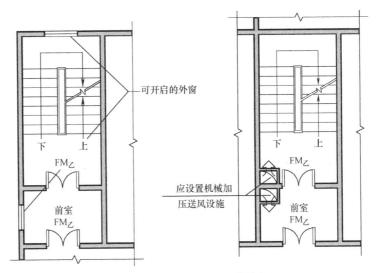

图 2-6-11　防烟楼梯间及其前室 1

室的烟气，并可防止烟气进入防烟楼梯间（图 2-6-12）。

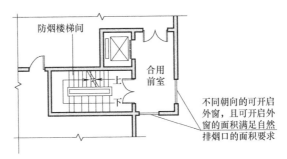

图 2-6-12　防烟楼梯间及其前室 2

设置在一、二、三层且房间建筑面积大于 100m² 的歌舞娱乐放映游艺场所，设置在四层及以上楼层、地下或半地下的歌舞娱乐放映游艺场所；公共建筑内建筑面积大于 100m² 且经常有人停留的地上房间；公共建筑内建筑面积大于 300m² 且可燃物较多的地上房间；应当设置排烟设施。

中庭在建筑中往往贯通数层，在火灾时会产生一定的烟囱效应，能使火势和烟气迅速蔓延，易在较短时间内使烟气充填或弥散到整个中庭，并通过中庭扩散到相连通的邻近空间。设计需结合中庭和相连通空间的特点、火灾荷载的大小和火灾的燃烧特性等，采取有效的防烟、排烟措施。中庭烟控的基本方法包括减少烟气产生和控制烟气运动两方面。设置机械排烟设施，能使烟气有序运动和排出建筑物，使各楼层的烟气层维持在一定的高度以上，为人员赢得必要的逃生时间。

根据试验观测，人在浓烟中低头掩鼻的最大行走距离为 20～30m。为此，建筑内长度大于 20m 的疏散走道应设排烟设施。

地下、半地下建筑（室）不同于地上建筑，地下空间的对流条件、自然采光和自然通风条件差，可燃物在燃烧过程中缺乏充足的空气补充，可燃物燃烧慢、产烟量大、温升快、能见度降低很快，不仅增加人员的恐慌心理，而且对安全疏散和灭火救援十分不利。因此，地下或半地下建筑（室）、地上建筑内的无窗房间，当总建筑面积大于 200m² 或一个房间建筑面积大于 50m²，且经常有人停留或可燃物较多时，应设置排烟设施。

2.7 停车空间防火设计

随着我国人民生活水平的不断提高，城市汽车的保有量正逐年递增，为了适应城市建设发展的需要，各类建筑中的停车空间已成为必不可少的组成内容，而且规模也越来越大，由于汽车自身的特点，为了保护人身和财产的安全，停车空间也成为建筑中防火设计的重点场所。

2.7.1 汽车库的防火分类

汽车库、修车库、停车场的分类应根据停车（车位）数量和总建筑面积确定，并应符合表 2-7-1 的规定。

汽车库、修车库、停车场的分类　　　　表 2-7-1

名称		Ⅰ	Ⅱ	Ⅲ	Ⅳ
汽车库	停数量（辆）	>300	151~300	51~150	≤50
	总建筑面积 S(m²)	S>10000	5000<S≤10000	2000<S≤5000	S≤2000
修车库	车位数（个）	>15	6~15	3~5	≤2
	总建筑面积 S(m²)	S>3000	1000<S≤3000	500<S≤1000	S≤500
停车场	停数量（辆）	>400	251~400	101~250	≤100

注：① 当屋面露天停车场与下部汽车库共用汽车坡道时，其停车数量应计算在汽车库的车辆总数内。
② 室外坡道、屋面露天停车场的建筑面积可不计入汽车库的建筑面积之内。
③ 公交汽车库的建筑面积可按本表的规定值增加 2.0 倍。

2.7.2 总平面布局和平面布置

汽车库、修车库、停车场的选址和总平面设计，应根据城市规划要求，合理确定汽车库、修车库、停车场的位置、防火间距、消防车道和消防水源等。

2.7.2.1 平面布局

汽车库、修车库、停车场不应布置在易燃、可燃液体或可燃气体的生产装置区和贮存区内。汽车库不应与火灾危险性为甲、乙类的厂房、仓库贴邻或组合建造。

汽车库不应与托儿所、幼儿园，老年人建筑，中小学校的教学楼，病房楼等组合建造。当符合下列要求时，汽车库可设置在托儿所、幼儿园，老年人建筑，中小学校的教学楼，病房楼等的地下部分：

(1) 汽车库与托儿所、幼儿园，老年人建筑，中小学校的教学楼，病房楼等建筑之间，应采用耐火极限不低于2.00h的楼板完全分隔。

(2) 汽车库与托儿所、幼儿园，老年人建筑，中小学校的教学楼，病房楼等的安全出口和疏散楼梯应分别独立设置。

(3) 甲、乙类物品运输车的汽车库、修车库应为单层建筑，且应独立建造。当停车数量不大于3辆时，可与一、二级耐火等级的Ⅳ类汽车库贴邻，但应采用防火墙隔开。

Ⅰ类修车库应单独建造；Ⅱ、Ⅲ、Ⅳ类修车库可设置在一、二级耐火等级建筑的首层或与其贴邻，但不得与甲、乙类厂房、仓库，明火作业的车间或托儿所、幼儿园、中小学校的教学楼，老年人建筑，病房楼及人员密集场所组合建造或贴邻（图2-7-1）。

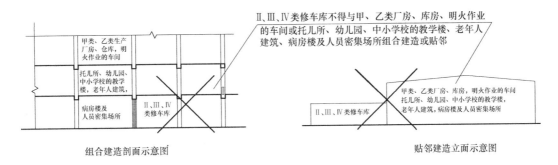

图 2-7-1　组合与贴邻建造示意图

2.7.2.2　防火间距

汽车库、修车库、停车场之间及汽车库、修车库、停车场与除甲类物品仓库外的其他建筑物的防火间距，不应小于表2-7-2的规定。其中，高层汽车库与其他建筑物，汽车库、修车库与高层建筑的防火间距应按表2-7-2的规定值增加3m；汽车库、修车库与甲类厂房的防火间距应按表2-7-2的规定值增加2m（图2-7-2）。

汽车库、修车库、停车场之间及汽车库、修车库、停车场与除甲类物品

仓库外的其他建筑物的防火间距（m）　　　表 2-7-2

名称和耐火等级	汽车库、修车库		厂房、仓库、民用建筑		
	一、二级	三级	一、二级	三级	四级
一、二级汽车库、修车库	10	12	10	12	14
三级汽车库、修车库	12	14	12	14	16
停车场	6	8	6	8	10

注：防火间距应按相邻建筑物外墙的最近距离算起，如外墙有凸出的可燃物构件时，则应从其凸出部分外缘算起，停车场从靠近建筑物的最近停车位置边缘算起。

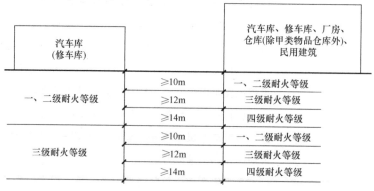

汽车库(修车库)		汽车库、修车库、厂房、仓库(除甲类物品仓库外)、民用建筑
一、二级耐火等级	≥10m	一、二级耐火等级
	≥12m	三级耐火等级
	≥14m	四级耐火等级
三级耐火等级	≥10m	一、二级耐火等级
	≥12m	三级耐火等级
	≥14m	四级耐火等级

图 2-7-2　防火间距示意图

2.7.2.3　消防车道

汽车库、修车库周围应设置消防车道。消防车道的设置应符合下列要求：

(1) 除Ⅳ类汽车库和修车库以外，消防车道应为环形，当设置环形车道有困难时，可沿建筑物的一个长边和另一边设置（图 2-7-3）。

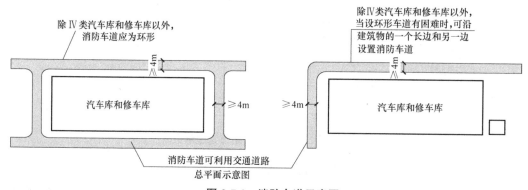

图 2-7-3　消防车道示意图

(2) 尽头式消防车道应设置回车道或回车场，回车场的面积不应小于 12m×12m（图 2-7-4）。

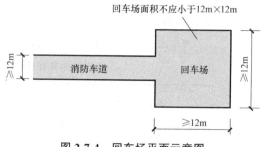

图 2-7-4　回车场平面示意图

(3) 消防车道的宽度不应小于 4m。

穿过汽车库、修车库、停车场的消防车道，其净空高度和净宽度均不应小于 4m；当消防车道上空遇有障碍物时，路面与障碍物之间的净空高度不应小于 4m。

2.7.2.4 防火分隔

汽车库防火分区的最大允许建筑面积应符合表 2-7-3 的规定。其中，敞开式、错层式、斜楼板式汽车库的上下连通层面积应叠加计算，每个防火分区的最大允许建筑面积不应大于表 2-7-3 规定的 2.0 倍；室内有车道且有人员停留的机械式汽车库，其防火分区最大允许建筑面积应按表 2-7-3 的规定减少 35%。

汽车库防火分区的最大允许建筑面积（m²）   表 2-7-3

耐火等级	单层汽车库	多层汽车库、半地下汽车库	地下汽车库、高层汽车库
一、二级	3000	2500	2000
三级	1000	不允许	不允许

注：除另有规定外，防火分区之间应采用符合本规范规定的防火墙、防火卷帘等分隔。

设置自动灭火系统的汽车库，其每个防火分区的最大允许建筑面积不应大于本规范表 2-7-3 条规定的 2.0 倍（图 2-7-5）。

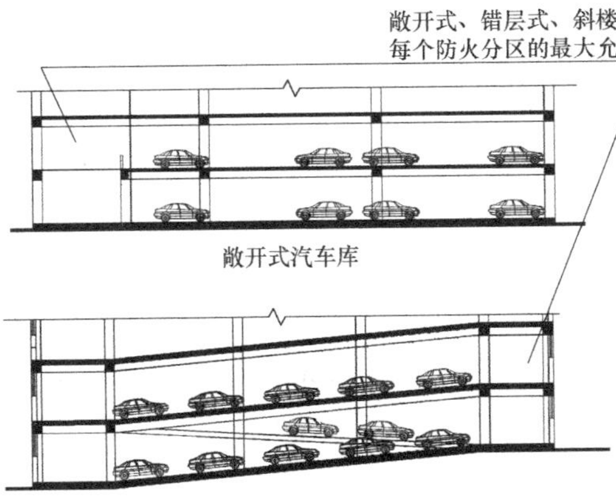

敞开式、错层式、斜楼板式汽车库的上下连通层面积应叠加计算，
每个防火分区的最大允许建筑面积不应大于表2-7-3规定的2.0倍

敞开式汽车库

错层式汽车库

斜楼板式汽车库

图 2-7-5 汽车库防火分区示意图

汽车库、修车库与其他建筑合建时，应符合下列规定：

(1) 当贴邻建造时，应采用防火墙隔开。

(2) 设在建筑物内的汽车库（包括屋顶停车场）、修车库与其他部位之间时，应采用防火墙和耐火极限不低于 2.00h 的不燃性楼板分隔。

(3) 汽车库、修车库的外墙门、洞口的上方，应设置耐火极限不低于 1.00h、宽度不小于 1.0m、长度不小于开口宽度的不燃性防火挑檐。

(4) 汽车库、修车库的外墙上、下层开口之间墙的高度，不应小于 1.2m 或设置耐火极限不低于 1.00h、宽度不小于 1.0m 的不燃性防火挑檐（图 2-7-6）。

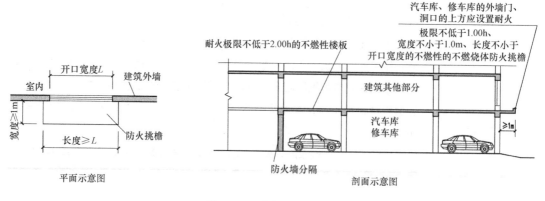

图 2-7-6　防火挑檐示意图

2.7.3　安全疏散

设置在工业与民用建筑内的汽车库,其车辆疏散出口应与其他场所的人员安全出口分开设置。除室内无车道且无人员停留的机械式汽车库外,汽车库、修车库内每个防火分区的人员安全出口不应少于 2 个,Ⅳ类汽车库和Ⅲ、Ⅳ类修车库可设置 1 个。汽车库、修车库的疏散楼梯应符合下列规定:

(1) 建筑高度大于 32m 的高层汽车库、室内地面与室外出入口地坪的高差大于 10m 的地下汽车库应采用防烟楼梯间,其他汽车库、修车库应采用封闭楼梯间。

(2) 楼梯间和前室的门应采用乙级防火门,并应向疏散方向开启。

(3) 疏散楼梯的宽度不应小于 1.1m。

室外疏散楼梯可采用金属楼梯,并应符合下列规定:

(4) 倾斜角度不应大于 45°,栏杆扶手的高度不应小于 1.1m。

(5) 每层楼梯平台应采用耐火极限不低于 1.00h 的不燃材料制作。

(6) 在室外楼梯周围 2m 范围内的墙面上,不应开设除疏散门外的其他门、窗、洞口。

(7) 通向室外楼梯的门应采用乙级防火门。

汽车库室内任一点至最近人员安全出口的疏散距离不应大于 45m,当设置自动灭火系统时,其距离不应大于 60m。对于单层或设置在建筑首层的汽车库,室内任一点至室外最近出口的疏散距离不应大于 60m (图 2-7-7)。

与住宅地下室相连通的地下汽车库、半地下汽车库,人员疏散可借用住宅部分的疏散楼梯;当不能直接进入住宅部分的疏散楼梯间时,应在汽车库与住宅部分的疏散楼梯之间设置连通走道,走道应采用防火隔墙分隔,汽车库开向该走道的门均应采用甲级防火门。

汽车库、修车库的汽车疏散出口应符合下列规定:

汽车库、修车库的汽车疏散出口总数不应少于 2 个,且应分散布置。当

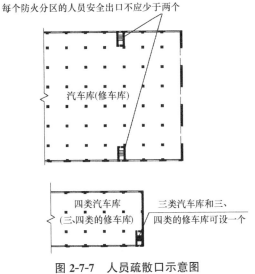

图 2-7-7　人员疏散口示意图

符合下列条件之一时，汽车库、修车库的汽车疏散出口可设置 1 个
(图 2-7-8)：

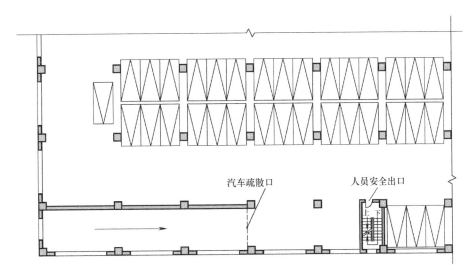

图 2-7-8　汽车疏散口示意图

(1) Ⅳ类汽车库。

(2) 设置双车道汽车疏散出口的Ⅲ类地上汽车库。

(3) 设置双车道汽车疏散出口、停车数量小于或等于 100 辆且建筑面积
小于 4000m² 的地下或半地下汽车库。

(4) Ⅱ、Ⅲ、Ⅳ类修车库。

汽车疏散坡道的净宽度，单车道不应小于 3.0m，双车道不应小于 5.5m。

停车场的汽车疏散出口不应少于 2 个；停车数量不大于 50 辆时，可设置 1 个。

2.8　建筑内部装修防火设计

由于建筑内部装修材料很大一部分是可燃的，火灾危险性较大，失火后蔓延快，不利于安全疏散，难于扑救，容易酿成大火。建筑内部装修设计应妥善处理装修效果和使用安全的矛盾，积极采用不燃性材料和难燃性材料，尽量避免采用在燃烧时产生大量浓烟或有毒气体的材料，做到安全适用，技术先进，经济合理。建筑内部装修设计，包括顶棚、墙（柱）面、地面、隔断、门窗的装修，以及固定家具、窗帘、帷幕、床罩、家具包布、固定饰物等。

2.8.1　室内装修材料的分类

装修材料按其使用部位和功能，可划分为顶棚装修材料、墙面装修材料、地面装修材料、隔断装修材料、固定家具、装饰织物（系指窗帘、帷幕、床罩、家具包布等）、其他装饰材料（系指楼梯扶手、挂镜线、踢脚板、窗帘盒、暖气罩等）七类。

2.8.2　室内装修材料的分级

装修材料按其燃烧性能划分为四级（见表 2-8-1）：

装修材料燃烧性能等级　　　　　　　　表 2-8-1

序号	等级	装修材料燃烧性能
1	A	不燃性
2	B1	难燃性
3	B2	可燃性
4	B3	易燃性

注：另外还有以下分级，比如安装在钢龙骨上燃烧性能达到 B1 级的纸面石膏板和矿棉吸音板，可作为 A 级装修材料使用。施涂于 A 级基材上的无机装饰涂料，可做为 A 级装修材料使用；当胶合板表面涂覆一级饰面型防火涂料时，可做为 B1 级装修材料使用。

装修材料的燃烧性能分级应经过专门机构检测认定。当采用不同装修材料进行分层装修时，各层装修材料的燃烧性能等级均应符合规定。复合型装修材料应由专业检测机构进行整体测试并划分其燃烧性能等级。

2.8.3　室内装修防火设计

室内装修防火设计涉及面广、内容繁多。它不仅涉及水、电气、暖通等设备，同时还涉及建筑结构，但至关重要的是材料的选择。为了有效地预防建筑发生火灾和一旦发生火灾时能防止火势蔓延扩大，减少火灾损失，在设计中必须根据需要，优先采用轻质、不燃和耐火的内装修材料。因此，材料的选择是室内装修防火设计的关键。

1）一般民用建筑室内装修材料的选择

当单层、多层民用建筑需做内部装修的空间内装有自动灭火系统时，除顶棚外，其他内部装修材料的燃烧性能等级可在上表规定的基础上降低一级；当同时装有火灾自动报警装置和自动灭火系统时，其顶棚装修材料的燃烧性能等级可在规定的基础上降低一级，其他装修材料的燃烧性能等级可不限制。单层、多层民用建筑内面积小于 100m² 的房间，当采用防火墙和甲级防火门窗与其他部位分隔时，其装修材料的燃烧性能等级可在规定的基础上降低一级。

2）特殊部位及功能的室内装修材料的选择

我国对一般单层、多层民用建筑室内装修材料从不同部位、不同功能作了明确规定，除地下建筑外，无窗房间的内部装修材料的燃烧性能等级，除A级外，应在规定的基础上提高一级。同时对一些特殊部位以及依据相应作了规定：

(1) 影剧院

影剧院、会堂、礼堂、剧院、音乐厅等的第一个特点是人员集中，火灾发生时容易造成大量人员伤亡，为此按座位多少区分为两类：多于 800 座位的影剧院，其顶棚、墙面均要求采用 A 级装修材料，地面采用 B1 级装修材料；少于或等于 800 座位的影剧院，顶棚要求采用 A 级装修材料，墙面和地面要求采用 B1 级装修材料。影剧院的第二个特点是其功能部位集中在舞台，前后舞台是演职员活动最频繁的场所，安装有大量灯光和音响等电器设备，悬挂有各种各样丝、绒、布的帷幕、窗帘以及地毯、布景、道具、服装等可燃物，是火灾多发区域。影剧院装修中舞台是防火重点区域，其中窗帘和幕布的火灾危险性较大，均要求采用 B1 级材料的窗帘和幕布（图 2-8-1）。

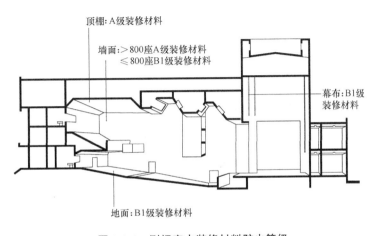

图 **2-8-1** 剧场室内装修材料防火等级

(2) 商业建筑

随着改革开放逐步深入，市场经济迅速发展，大型商城、购物中心如雨后春笋般出现，装修也越来越豪华，但由于商场内可燃物多，火灾一旦发生，火势迅猛，会造成重大损失。故而商场的营业区是消防的重点，按其营业面积将其分为如下三类：

一类：每层建筑面积大于 3000m² 或总建筑面积大于 9000m² 的营业厅，要求顶棚、地面、隔断均采用 A 级装修材料，墙面、固定家具、窗帘采用 B1 级装修材料，其他装修材料采用 B2 级装修材料。

二类：每层建筑面积为 1000～3000m² 或总面积为 3000～9000m² 的营业厅，要求顶棚采用 A 级装修材料，墙面、地面、隔断、固定家具、窗帘采用 B1 级装修材料。

三类：每层建筑面积小于 1000m² 或总建筑面积小于 3000m² 的营业厅，要求顶棚、墙面、地面均采用 B1 级装修材料，隔断、固定家具、窗帘采用 B2 级装修材料。

处于使用方便的考虑，在大型商城、购物中心内常设有上下交通设施，当建筑物内设有上下层相连通的中庭、走马廊、开敞楼梯、自动扶梯时，其连通部位的顶棚、墙面应采用 A 级装修材料，其他部位应采用不低于 B1 级的装修材料（图 2-8-2）。无自然采光楼梯间、封闭楼梯间、防烟楼梯间及其前室的顶棚、墙面和地面均应采用 A 级装修材料。防烟分区的挡烟垂壁，其装修材料应采用 A 级装修材料。建筑内部的变形缝（包括沉降缝、伸缩缝、抗震缝等）两侧的基层应采用 A 级材料，表面装修应采用不低于 B1 级的装修材料。

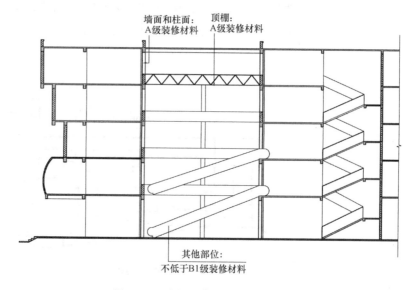

图 2-8-2　商场中庭装修材料防火等级

(3) 歌舞娱乐放映游艺场所

随着人们经济生活水平的不断增高，文化生活的需求也越来越高，各种各样的歌舞厅、夜总会、卡拉 OK 厅、台球电子游戏厅、录像厅等也越来越多。这些场所的装修材料大量使用可燃、易燃及有毒的装修材料，厅内常有大量的沙发和地毯，并分隔有若干小的包厢，娱乐场所内一般布置有大量照明设备、音响设备、电子游戏机以及动景装置，电器火灾隐患多，加之娱乐场所人员集中，流动量大，难于管理，成为近几年来火灾发生的重点场所。所以特别规定：营业面积大于 100m² 的歌舞厅，在进行装修时，顶棚要求采用 A 级装修材料，墙面、地面、隔断、窗帘用 B1 级装修材料。固定家具及其他装修材料采用 B2 级。营业面积小于或等于 100m² 的歌舞厅，在进行装修时，顶棚、墙面、地面要求采用 B1 级装修材料，隔断、固定家具、窗帘及其他装修采用 B2 级装修材料。

另外，当歌舞娱乐放映游艺场所设置在一、二级耐火等级建筑的四层及四层以上时，室内装修的顶棚材料应采用 A 级装修材料，其他部位应采用不低于 B1 级的装修材料；当设置在地下一层时，室内装修的顶棚、墙面材料应采用 A 级装修材料，其他部位应采用不低于 B1 级的装修材料。

(4) 博展建筑

博物馆、纪念馆、展览馆、档案馆、资料馆等属于人员集中的场所，人员流动性大，火灾危险性大，馆内存放有大量展品、图书、资料、文物，可燃物多，火灾荷载大，火灾发展猛烈，火灾损失严重。所以，此类公共建筑内部不宜设置采用 B3 级装饰材料制成的壁挂、雕塑、模型、标本，当需要设置时，不应靠近火源或热源。

属国家级的博物馆、纪念馆、展览馆、图书馆、档案馆、资料馆，顶棚装修要求采用 A 级装修材料，墙面、地面、隔断、固定家具、窗帘以及其他装修要求采用 B2 级装修材料。

属省级以下的博物馆、纪念馆、展览馆、图书馆、档案馆、资料馆，顶棚、墙面要求采用 B1 级装修材料，地面、隔断、固定家具、窗帘以及其他装修材料可采用 B2 级装修材料。

(5) 饭店、旅馆

宾馆、饭店的客房与歌舞厅、餐厅等公共场所是火灾多发部位。对于设有中央空调系统的饭店、宾馆，其顶棚要求采用 A 级装修材料，墙面、地面、隔断采用 B1 级装修材料，固定家具、窗帘及其他装修采用 B1 级装修材料。对于一般宾馆、饭店，顶棚、墙面要求采用 B2 级装修材料，地面、隔断、固定家具、窗帘采用 B2 级装修材料。

(6) 幼儿园、养老院

幼儿园、托儿所、医院病房楼、疗养院、养老院等是儿童、病人、老人生活和居住活动场所，它们独立疏散能力差，所以对装修材料的燃烧性能要求比较高。这些地方的装修不要采用大量可燃物材料，尤其是重点要注意窗帘等织物的防火要求。这些建筑物的室内顶棚要求采用 A 级装修材料，墙面、地面、隔断、窗帘要求采用 B1 级装修材料，固定家具、其他装修采用 B2 级装修材料。

(7) 地上建筑的水平疏散走道和安全出口的门厅

建筑内部装修不应遮挡消防设施、疏散指示标志及安全出口，并不应妨碍消防设施和疏散走道的正常使用。建筑内部消火栓的门不应被装饰物遮掩，消火栓门四周的装修材料颜色应与消火栓门的颜色有明显区别。同时，建筑内部装修不应减少安全出口、疏散出口和疏散走道的设计所需的净宽度和数量。地上建筑的水平疏散走道和安全出口的门厅是火灾中人员逃生的主要通道，若被大火封住，会使火灾中的人员无处可逃，所以这些部位的顶棚装饰材料应采用 A 级装修材料，其他部位应采用不低于 B1 级的装修材料。

(8) 建筑物内的厨房

厨房内或用煤作燃料，或用液化气作燃料，是火源最集中的地段；不少餐馆经营各式火锅，或用木炭，或用液化气，或用电源。宾馆、餐馆内人员多，流动大，秩序混乱，火灾危险性大，所以这些建筑物内的顶棚、墙面、地面装修应采用 A 级装修材料。

(9) 大中型电子计算机房、中央控制室、电话总机房等放置特殊贵重设备的房间，其顶棚和墙面应采用 A 级装修材料，地面及其他装修应采用不低于 B1 级的装修材料。

(10) 消防水泵房、排烟机房、固定灭火系统钢瓶间、配电室、变压器室、通风和空调机房等，其内部所有装修均应采用 A 级装修材料。

Chapter3   The stipulation of code on technical economy

第3章　规范在技术经济方面的规定

第3章 规范在技术经济方面的规定

建筑设计的技术经济问题所涉及的内容是多方面的，不但要综合考虑总体规划、建筑设计、环境控制、材料设备等，还应在解决上述各问题时把相关建筑技术经济标准作为解决问题的基础。对建筑设计工作者来说，应坚持把规范规定与工程实际相结合，以期达到经济合理、技术先进、设计美观的综合效果。

建筑设计在解决技术经济方面的问题时，除应按照国家有关工程建设的方针政策和执行相关规范外，还应综合考虑以下几项原则：

1) 根据建筑物的用途和目的，综合讲求建筑的经济效益、社会效益、环境效益。

2) 适应我国经济发展水平，在满足当前需要的同时适当考虑将来提高和改造的可能。

3) 提高围护结构的热工性能，降低建筑的综合能耗。

4) 将规范和标准的规定与工程实际情况相结合，建筑设计标准化与多样化结合。

本章的编写方法：重点介绍规范的强制性规定、规范要求的设计方法和有关的基本概念，而省略了复杂的计算内容，以适应建筑学在校学生的特点，突出配合建筑设计的教学目的。

有关建筑技术经济方面的内容很多，本章将其分为：空间大小和形状；朝向、日照、采光和通风；隔声减噪设计；建筑热工设计；公共建筑节能设计等五个部分进行介绍。

3.1 空间大小和形状

对特定使用功能的建筑进行设计时应从功能需要和实际情况相结合进行综合考虑。评价建筑设计是否经济，可从多方面进行考虑，其中涉及建筑的空间大小和形状的要求，不同用途的建筑有不同的具体要求。

3.1.1 文教类建筑

3.1.1.1 文化馆建筑

1) 文化馆建筑的规模划分应符合表3-1-1的规定。

文化馆建筑的规模划分 表3-1-1

规模	大型馆	中型馆	小型馆
建筑面积（m²）	≥6000	≥4000，且＜6000	＜4000

2) 展览陈列用房应由展览厅、陈列室、周转房及库房等组成，且每个展览厅的使用面积不宜小于 65m²。

3) 报告厅规模宜控制在 300 座以下，并应设置活动座椅，且每座使用面积不应小于 1.0m²。

4) 排演厅宜包括观众厅、舞台、控制室、放映室、化妆间、厕所、淋浴更衣间等功能用房。观众厅的规模不宜大于 600 座。

5) 普通教室宜按每 40 人一间设置，大教室宜按每 80 人一间设置，且教室的使用面积不应小于 1.4m²/人。

6) 计算机与网络教室 50 座的教室使用面积不应小于 73m²，25 座的教室使用面积不应小于 54m²；室内净高不应小于 3.0m。

7) 多媒体视听教室规模宜控制在每间 100～200 人，且当规模较小时，宜与报告厅等功能相近的空间合并设置。

8) 舞蹈排练室每间的使用面积宜控制在 80～200m²；用于综合排练室使用时，每间的使用面积宜控制在 200～400m²；每间人均使用面积不应小于 6m²；室内净高不应低于 4.5m。

9) 琴房的数量可根据文化馆的规模进行确定，且使用面积不应小于 6m²/人。

10) 美术书法教室的使用面积不应小于 2.8m²/人，教室容纳人数不宜超过 30 人，准备室的面积宜为 25m²；书法学习桌应采用单桌排列，其排距不宜小于 1.20m，且教室内的纵向走道宽度不应小于 0.70m；

11) 文化馆应根据活动内容和实际需要设置大、中、小游艺室，并应附设管理及储藏空间，大游艺室的使用面积不应小于 100m²，中游艺室的使用面积不应小于 60m²，小游艺室的使用面积不应小于 30m²。

12) 录音录像室应包括录音室和录像室，且录音室应由演唱演奏室和录音控制室组成；录像室宜由表演空间、控制室、编辑室组成，编辑室可兼作控制室；小型录像室的使用面积宜为 80～130m²，室内净高宜为 5.5m，

13) 文艺创作室宜由若干文学艺术创作工作间组成，且每个工作间的使用面积宜为 12m²。

14) 行政办公室的使用面积宜按每人 5m² 计算，且最小办公室使用面积不宜小于 10m²。

15) 游艺用房应根据活动内容和实际需要设置供若干活动项目使用的大、中、小游艺室。游艺室的使用面积：大游艺室 65m²；中游艺室 45m²；小游艺室 25m²。

16) 交谊用房包括舞厅、茶座、管理间及小卖部等。舞厅的活动面积每人按 2m² 计算。

17) 展览用房包括展览厅或展览廊、贮藏间等。每个展览厅的使用面积

不宜小于 65m²。

18) 综合排练室根据使用要求合理地确定净高，并不应低于 3.6m；综合排练室的使用面积每人按 6m² 计算。

19) 普通教室每室人数可按 40 人设计，大教室以 80 人为宜。教室使用面积每人不小于 1.40m²。

20) 美术书法教室的使用面积每人不小于 2.80m²，每室不宜超过 30 人。

3.1.1.2 中小学建筑

1) 学校主要教室的使用面积指标宜符合表 3-1-2 的规定。

主要教室使用面积指标（m²/每座）　　　表 3-1-2

房间名称	小学	中学	备注
普通教室	1.36	1.39	—
科学教室	1.78	—	—
实验室	—	1.92	—
综合实验室	—	2.88	—
演示实验室	—	1.44	若容纳 2 个班，则指标为 1.20
史地教室	—	1.92	—
计算机教室	2.00	1.92	—
语言教室	2.00	1.92	—
美术教室	2.00	1.92	—
书法教室	2.00	1.92	—
音乐教室	1.70	1.64	—
舞蹈教室	2.14	3.15	宜和体操教室共用
合班教室	0.89	0.90	—
学生阅览室	1.80	1.90	—
教师阅览室	2.30	2.30	—
视听阅览室	1.80	2.00	—
报刊阅览室	1.80	2.30	可不集中设置

2) 体育建筑设施的使用面积应按选定的体育项目确定。

3) 主要教学辅助用房的使用面积不宜低于表 3-1-3 的规定。

主要教学辅助用房的使用面积指标（m²/每间）　　表 3-1-3

房间名称	小学	中学	备注
普通教室教师休息室	(3.50)	(3.50)	指标为使用面积/每位使用教师
实验员室	12.00	12.00	—
仪器室	18.00	24.00	—
药品室	18.00	24.00	—
准备室	18.00	24.00	—

房间名称	小学	中学	备注
标本陈列室	42.00	42.00	可陈列在能封闭管理的走道内
历史资料室	12.00	12.00	
地理资料室	12.00	12.00	
计算机教室资料室	24.00	24.00	—
语言教室资料室	24.00	24.00	
美术教室教具室	24.00	24.00	可将部分教具置于美术教室内
乐器室	24.00	24.00	—
舞蹈教室更衣室	12.00	12.00	

4) 中小学校主要教学用房的最小净高应符合表 3-1-4 的规定。

主要教学用房的最小净高（m）　　　　表 3-1-4

教室	小学	初中	高中
普通教室、史地、美术、音乐教室	3.00	3.05	3.10
舞蹈教室	4.50		
科学教室、实验室、计算机教室、劳动教室、技术教室、合班教室	3.10		
阶梯教室	最后一排（楼地面最高处）距顶棚或上方突出物最小距离为 2.20m		

5) 风雨操场的净高应取决于场地的运动内容。各类体育场地最小净高应符合表 3-1-5 的规定。

各类体育场地的最小净高（m）　　　　表 3-1-5

体育场地	田径	篮球	排球	羽毛球	乒乓球	体操
最小净高	9	7	7	9	4	6

注：田径场地可减少部分项目降低净高。

3.1.1.3 托儿所、幼儿园建筑

1) 每班应设专用室外活动场地，面积不宜小于 60m²，各班活动场地之间宜采取分隔措施；应设全园共用活动场地，人均面积不应小于 2m²。

2) 幼儿园生活单元房间的最小使用面积不应小于表 3-1-6 的规定，当活动室与寝室合用时，其房间最小使用面积不应小于 120m²。

幼儿生活单元房间的最小使用面积（m²）　　　　表 3-1-6

房间名称		房间最小使用面积
活动室		70
寝室		60
卫生间	厕所	12
	盥洗室	8
衣帽储藏间		9

3）托儿班生活用房的使用面积及要求应与幼儿园生活用房相同。

4）乳儿班房间的设置和最小使用面积应符合表 3-1-7 的规定。

乳儿班每班房间最小使用面积（m²）　　　表 3-1-7

房间名称	使用面积
乳儿室	50
喂奶室	15
配乳室	8
卫生间	10
储藏室	8

3.1.2　馆藏建筑

3.1.2.1　图书馆建筑

1）书库的平面布局和书架排列应有利于天然采光和自然通风，并应缩短书刊取送距离；书架的连续排列最多档数应符合表 3-1-8 的规定，书架之间以及书架与墙体之间通道的最小宽度应符合表 3-1-9 的规定。

书库书架连续排列最多档数（档）　　　表 3-1-8

条件	开架	闭架
书架两端有走道	9	11
书架一端有走道	5	6

书架之间以及书架与墙体之间通道的最小宽度（m）　表 3-1-9

通道名称	常用书架		不常用书架
	开架	闭架	
主通道	1.50	1.20	1.00
次通道	1.10	0.75	0.60
档头走道（即靠墙走道）	0.75	0.60	0.60
行道	1.00	0.75	0.60

2）书库的净高不应小于 2.40m。有梁或管线的部位，其底面净高不宜小于 2.30m。采用积层书架的书库，结构梁或管线的底面净高不应小于 4.70m。

3）阅览室（区）的开间、进深及层高，应满足家具、设备的布置及开架阅览的使用和管理要求。

4）阅览室每座占使用面积设计计算指标应按表 3-1-10 采用。

阅览室每座占使用面积设计计算指标（m²/座）　　表 3-1-10

名　　称	面积指标
普通报刊阅览室	1.8～2.3
普通阅览室	1.8～2.3

名　称	面积指标
专业参考阅览室	3.5
非书资料阅览室	3.5
缩微阅览室	4.0
珍善本书阅览室	4.0
舆图阅览室	5.0
集体视听室	1.5
个人视听室	4.0~5.0
少年儿童阅览室	1.8
视障阅览室	3.5

注：1. 表中使用面积不含阅览室的藏书区及独立设置的工作间。
　　2. 当集体视听室含控制室时，可按（2.00~2.50）m²/座计算。
　　3. 目录检索空间内目录柜的排列最小间距应符合表 3-1-11 的规定。

目录柜排列最小间距（m）　　　　　　　　　表 3-1-11

布置形式	使用方式	净距			通道净宽	
		目录台之间	目录柜与查目台之间	目录柜之间	端头走廊	中间通道
目录台放置目录盒	立式	1.20	—	0.60	0.60	1.40
	坐式	1.50	—	—	0.60	1.40
目录柜之间设目录台	立式	—	1.20	—	0.60	1.40
	坐式	—	1.50	—	0.60	1.40
目录柜使用抽拉板	立式	—	—	1.80	0.60	1.40

　　5）目录检索空间内采用计算机检索时，每台计算机所占使用面积应按 2m² 计算。坐式计算机检索台的高度宜为 0.70m~0.75m，立式计算机检索台的高度宜为 1.05m~1.10m。

　　6）出纳空间应符合下列规定：

　　① 出纳台内的工作人员所占使用面积应按每一工作岗位不小于 6m² 计算。

　　② 当无水平传送设备时，工作区的进深不宜小于 4m；当有水平传送设备时，应满足设备安装的技术要求。

　　③ 出纳台外的读者活动面积，应按出纳台内每一工作岗位所占使用面积的 1.2 倍计算，且不应小于 18m²；出纳台前应保持进深不小于 3m 的读者活动区。

　　④ 出纳台宽度不应小于 0.60m。出纳台长度应按每一工作岗位 1.50m 计算。出纳台兼有咨询、监控等多种服务功能时，应按工作岗位总数计算长度。出纳台的高度宜为 0.70~0.85m。

　　7）采编用房工作人员的人均使用面积不宜小于 10m²。

　　8）典藏室工作人员的人均使用面积不宜小于 6m²，且房间的最小使用面积不宜小于 15m²。

9）专题咨询和业务辅导用房：专题咨询和业务辅导工作人员的人均使用面积不宜小于 6m²；业务资料编辑工作人员的人均使用面积不宜小于 8m²；业务资料阅览室可按 8～10 座位设置，每座所占使用面积不宜小于 3.50m²；公共图书馆的咨询和业务辅导用房，宜分别配备不小于 15m² 的接待室。

10）图书馆信息处理等业务用房的工作人员人均使用面积不宜小于 6m²。

11）装裱、修整室每工作岗位人均使用面积不应小于 10m²，且房间的最小面积不应小于 30m²。消毒室面积不宜小于 10m²。

3.1.2.2 档案馆建筑

1）档案库区或档案库入口处应设缓冲间，其面积不应小于 6m²；当设专用封闭外廊时，可不再设缓冲间。

2）档案库区内比库区外楼地面应高出 15mm，并应设置密闭排水口。

3）档案库净高不应低于 2.60m。

4）阅览室每个阅览座位使用面积：普通阅览室每座不应小于 3.5m²；专用阅览室每座不应小于 4.0m²；若采用单间时，房间使用面积不应小于 12.0m²。

3.1.3 博物馆建筑

1）博物馆建筑可按建筑规模划分为特大型馆、大型馆、大中型馆、中型馆、小型馆五类，且建筑规模分类应符合表 3-1-12 的规定。

博物馆建筑规模分类 表 3-1-12

建筑规模类别	建筑总建筑面积（m²）
特大型馆	＞50000
大型馆	20001～50000
大中型馆	10001～20000
中型馆	5001～10000
小型馆	≤5000

2）展厅单跨时的跨度不宜小于 8m，多跨时的柱距不宜小于 7m。

3）展厅净高应满足展品展示、安装的要求，顶部灯光对展品入射角的要求，以及安全监控设备覆盖面的要求；顶部空调送风口边缘距藏品顶部直线距离不应少于 1.0m。

4）教育区的教室、实验室，每间使用面积宜为 50～60m²，并宜符合现行国家标准《中小学校设计规范》的有关规定。

5）藏品库区开间或柱网尺寸不宜小于 6m。

6）美工室、展品展具制作与维修用房净高不宜小于 4.5m。

7）历史类、艺术类、综合类博物馆

（1）展示艺术品的单跨展厅，其跨度不宜小于艺术品高度或宽度最大尺寸的1.5～2.0倍。

（2）展示一般历史文物或古代艺术品的展厅，净高不宜小于3.5m；展示一般现代艺术品的展厅，净高不宜小于4.0m。

（3）临时展厅的分间面积不宜小于200m²，净高不宜小于4.5m。

（4）库房区每间库房的面积不宜小于50m²；文物类、现代艺术类藏品库房宜为80～150m²；自然类藏品库房宜为200～400m²。文物类藏品库房净高宜为2.8～3.0m；现代艺术类藏品、标本类藏品库房净高宜为3.5～4.0m；特大体量藏品库房净高应根据工艺要求确定。

（5）实物修复用房每间面积宜为50～100m²，净高不应小于3.0m。

8）自然博物馆

（1）展厅净高不宜低于4.0m；临时展厅的分间面积不宜小于400m²。

（2）冷冻消毒室每间面积不宜小于20m²，且可根据工艺要求设于库前区。

（3）动物标本制作室净高不宜小于4.0m，并应有良好的采光，焊接区应满足防火要求。缝合室净高不宜小于4.0m，并应有良好的采光和清洁的环境。

9）科技馆

（1）科技馆常设展厅的使用面积不宜小于3000m²，临时展厅使用面积不宜小于500m²。

（2）特大型馆、大型馆展厅跨度不宜小于15.0m，柱距不宜小于12.0m；大中型馆、中型馆展厅跨度不宜小于12.0m，柱距不宜小于9.0m。

（3）特大型馆、大型馆主要入口层展厅净高宜为6.0～7.0m；大中型馆、中型馆主要入口层净高宜为5.0～6.0m；特大型馆、大型馆楼层净高宜为5.0～6.0m；大中型馆、中型馆楼层净高宜为4.5～5.0m。

3.1.4 观演类建筑

3.1.4.1 剧场建筑

1）前厅面积：甲等剧场不应小于0.30m²/座，乙等剧场不应小于0.20m²/座，丙等剧场不应小于0.18m²/座。休息厅面积，甲等剧场不应小于0.30m²/座，乙等不应小于0.20m²/座，丙等剧场不应小于0.18m²/座。前厅与休息厅合一时，甲等剧场不应小于0.50m²/座，乙等剧场不应小于0.30m²/座，丙等剧场不应小于0.25m²/座。

2）观众厅面积：甲等剧场不应小于0.80m²/座；乙等剧场不应小于0.70m²/座；丙等剧场不应小于0.60m²/座。

3）歌舞剧场舞台必须设乐池，甲等剧场乐池面积不应小于80.00m²；乙等剧场乐池面积不应小于 65.00m²；丙等剧场乐池面积不应小于 48.00m²。

3.1.4.2 电影院建筑

1) 电影院的规模按总座位数可划分为特大型、大型、中型和小型四个规模。不同规模的电影院应符合下列规定：

（1）特大型电影院的总座位数应大于 1800 个，观众厅不宜少于 11 个。

（2）大型电影院的总座位数宜为 1201～1800 个，观众厅宜为 8～10 个。

（3）中型电影院的总座位数宜为 701～1200 个，观众厅宜为 5～7 个。

（4）小型电影院的总座位数宜小于等于 700 个，观众厅不宜少于 4 个。

2) 观众厅的设计应与银幕的设置空间统一考虑，观众厅的长度不宜大于 30m，观众厅长度与宽度的比例宜为（1.5±0.2）∶1。

3) 乙级及以上电影院观众厅每座平均面积不宜小于 1.0m²，丙级电影院观众厅每座平均面积不宜小于 0.6m²。

4) 电影院门厅和休息厅合计使用面积指标，特、甲级电影院不应小于 0.50m²/座；乙级电影院不应小于 0.30m²/座；丙级电影院不应小于 0.10m²/座。

3.1.4.3 体育馆

1) 体育馆的比赛场地要求及最小尺寸应符合表 3-1-13 的规定。

体育馆的比赛场地要求及最小尺寸　　　　　表 3-1-13

分类	要求	最小尺寸（长×宽）m
特大型	可设置周长 200 米田径跑道或室内足球、棒球等比赛	根据要求确定
大型	可进行冰球比赛和搭设体操台	70×40
中型	可进行手球比赛	44×24
小型	可进行篮球比赛	38×20

2) 综合体育馆比赛场地上空净高不应小于 15.0m，专项用体育馆内场地上空净高应符合该专项的使用要求。训练场地净高不得小于 10m。专项训练场地净高不得小于该专项对场地净高的要求。

3.1.5 办公建筑

1) 办公建筑的走道宽度应满足防火疏散要求，最小净宽应符合表 3-1-14 的规定：

走道最小净宽　　　　　表 3-1-14

走道长度 （m）	走道净宽（m）	
	单面布房	双面布房
≤40	1.30	1.50
>40	1.50	1.80

注：高层内筒结构的回廊式走道净宽最小值同单面布房走道。

2）根据办公建筑分类，办公室的净高应满足：一类办公建筑不应低于2.70m；二类办公建筑不应低于2.60m；三类办公建筑不应低于2.50m。办公建筑的走道净高不应低于2.20m，贮藏间净高不应低于2.00m。

3）普通办公室每人使用面积不应小于4m²，单间办公室净面积不应小于10m²。

4）设计绘图室，每人使用面积不应小于6m²；研究工作室每人使用面积不应小于5m²。

5）小会议室使用面积宜为30m²，中会议室使用面积宜为60m²；中小会议室每人使用面积：有会议桌的不应小于1.80m²，无会议桌的不应小于0.80m²；

6）高层办公建筑每层应设强电间，其使用面积不应小于4m²，强电间应与电缆竖井毗邻或合一设置。

3.1.6 医疗类建筑

3.1.6.1 综合医院

1）1个护理单元宜设40~50张病床；手术室间数宜按病床总数每50床或外科病床数每25~30床设置1间；重症监护病房（ICU）床数宜按总床位数的2%~3%设置。

2）主楼梯宽度不得小于1.65m，踏步宽度不应小于0.28m，高度不应大于0.16m。

3）室内净高应符合下列要求：诊查室不宜低于2.60m；病房不宜低于2.80m；公共走道不宜低于2.30m；医技科室宜根据需要确定。

4）诊查用房双人诊查室的开间净尺寸不应小于3.00m，使用面积不应小于12.00m²；单人诊查室的开间净尺寸不应小于2.50m，使用面积不应小于8.00m²。

5）门诊手术用房应由手术室、准备室、更衣室、术后休息室和污物室组成。手术室平面尺寸不宜小于3.60m×4.80m。

6）急诊部用房：

（1）当门厅兼用于分诊功能时，其面积不应小于24.00m²。

（2）抢救室应直通门厅，有条件时宜直通急救车停车位，面积不应小于每床30.00m²，门的净宽不应小于1.40m。

（3）抢救监护室内平行排列的观察床净距不应小于1.20m，有吊帘分隔时不应小于1.40m，床沿与墙面的净距不应小于1.00m。

（4）观察用房平行排列的观察床净距不应小于1.20m，有吊帘分隔时不应小于1.40m，床沿与墙面的净距不应小于1.00m。

7）病房设置应符合下列要求：

（1）病床的排列应平行于采光窗墙面。单排不宜超过 3 床，双排不宜超过 6 床。

（2）平行的两床净距不应小于 0.80m，靠墙病床床沿与墙面的净距不应小于 0.60m。

（3）单排病床通道净宽不应小于 1.10m，双排病床（床端）通道净宽不应小于 1.40m。

8）监护用房监护病床的床间净距不应小于 1.20m；单床间不应小于 12.00m²。

9）妇产科病房分娩室平面净尺寸宜为 4.20m×4.80m，剖腹产手术室宜为 5.40m×4.80m。

10）血液透析室治疗床（椅）之间的净距不宜小于 1.20m，通道净距不宜小于 1.30m。

11）手术室平面尺寸应符合下列要求：

（1）应根据需要选用手术室平面尺寸，平面尺寸不应小于表 3-1-15 的规定。

手术室平面净尺寸　　　　　　　　　　表 3-1-15

手术室类型	平面净尺寸（m）
特大型	7.50×5.70
大型	5.70×5.40
中型	5.40×4.80
小型	4.80×4.20

（2）推床通过的手术室门，净宽不宜小于 1.40m，且宜设置自动启闭装置。

12）放射科用房：照相室最小净尺寸宜为 4.50m×5.40m，透视室最小净尺寸宜为 6.00m×6.00m。

3.1.6.2　疗养院

每护理单元的床位数，可根据疗养院的性质、医疗护理条件等具体情况确定，一般不宜少于 40 床、亦不宜多于 75 床。疗养室每间床位数一般为 2～3 床，最多不应超过 4 床。每一护理单元应设疗养员活动室，其面积按每床 0.8m²计算，但不应小于 40m²。

3.1.7　交通建筑

3.1.7.1　交通客运站建筑

1）普通旅客候乘厅的使用面积应按旅客最高聚集人数计算，且每人不应小于 1.1m²。

2）候乘厅座椅排列方式应有利于组织旅客检票；候乘厅每排座椅不应超

过 20 座，座椅之间走道净宽不应小于 1.3m，并应在两端设不小于 1.5m 通道；港口客运站候乘厅座椅的数量不宜小于旅客最高聚集人数的 40%。

3) 售票窗口的数量应按旅客最高聚集人数的 1/120 计算，且一、二级港口客运站应按 30% 折减；售票厅的使用面积，应按每个售票窗口不应小于 15.0m² 计算。

4) 售票室使用面积可按每个售票窗口不小于 5.0m² 计算，且最小使用面积不宜小于 14.0m²。

5) 票据室应独立设置，使用面积不宜小于 9.0m²，并应有通风、防火、防盗、防鼠、防水和防潮等措施。

6) 港口客运站行包用房的使用面积，按设计旅客最高聚集人数计算时，国内每人宜为 0.1m²，国际每人不宜小于 0.3m²；行包仓库内净高不应低于 3.6m。

7) 值班室应临近候乘厅，其使用面积应按最大班人数不少于 2.0m²/人确定，且最小使用面积不应小于 9.0m²。

8) 站房内应设广播室，且使用面积不宜小于 8.0m²，并应有隔声、防潮和防尘措施。无监控设备的广播室宜设在便于观察候乘厅、站场、发车位的部位。

9) 客运办公用房应按办公人数计算，其使用面积不宜小于 4.0m²/人。补票室的使用面积不宜小于 10.0m²，并应有防盗设施。

10) 一、二级汽车客运站的调度室使用面积不宜小于 20.0m²；三、四级汽车客运站的调度室使用面积不宜小于 10.0m²。

11) 问讯室使用面积不宜小于 6.0m²，问讯台（室）前应有不小于 8.0m² 的旅客活动场地。

12) 一、二级交通客运站站房内应设医务室；医务室应邻近候乘厅，其使用面积不应小于 10.0m²。

3.1.7.2 铁路旅客车站建筑

1) 中型及以上的旅客车站宜设进站、出站集散厅。客货共线铁路车站应按最高聚集人数确定其使用面积，客运专线铁路车站应按高峰小时发送量确定其使用面积，且均不宜小于 0.2m²/人。

2) 客运专线铁路车站候车区总使用面积应根据高峰小时发送量，按不应小于 1.2m²/人确定。各类候车区（室）的设置可按具体情况确定。客货共线铁路旅客车站候车区总使用面积应根据最高聚集人数，按不应小于 1.2m²/人确定。小型站候车区的使用面积宜增加 15%。

3) 无障碍候车区可按规范确定其使用面积，并不宜小于 2m²/人。

4) 软席候车区可按本规范确定其使用面积，并不宜小于 2m²/人。

5) 军人（团体）候车区应与普通候车区合设，其使用面积可按本规范确定，并不宜小于 1.2m² /人。

6）特大型站宜设两个贵宾候车室，每个使用面积不宜小于 150m²；大型站宜设一个贵宾候车室，使用面积不宜小于 120m²；中型站可设一个贵宾候车室，使用面积不宜小于 60m²。

7）售票厅每个售票窗口的设置面积，特大型站不宜小于 24m² /窗口、大型站不宜小于 20m² /窗口，中型站和小型站均不宜小于 16m² /窗口。

8）每个售票窗口的使用面积不应小于 6m²。售票室的最小使用面积不应小于 14m²。

9）服务员室其使用面积应根据最大班人数，按不宜小于 2m² /人确定，并不得小于 8m²。

10）检票员室其使用面积应根据最大班人数，按不宜小于 2m² /人确定，并不得小于 8m²。

11）特大型、大型和中型站补票室其使用面积不宜小于 10m²，并应有防盗设施。

12）旅客车站应设广播室，其使用面积不宜小于 10m²。

13）有客车给水设施的车站应设上水工室，其位置宜设在旅客站台上，使用面积应根据最大班人数，按不宜小于 3m² /人确定，且不得小于 8m²。

14）站房内在旅客相对集中处，应设置公安值班室，其使用面积不宜小于 25m²。

15）客运办公用房应根据车站规模确定，使用面积不宜小于 3m² /人。办公用房宜采用大开间、集中办公的模式。

16）客运服务人员，售票与行李、包裹工作人员间休室的使用面积应按最大班人数的 2/3 且不宜小于 2m² /人确定，并不得小于 8m²。更衣室的使用面积应根据最大班人数，按不宜小于 1m² /人确定。

3.1.8 旅馆建筑

1）客房净面积不应小于表 3-1-16 的规定。

客房净面积（m²）　　　　　　　　　　表 3-1-16

旅馆建筑等级	一级	二级	三级	四级	五级
单人床间	—	8	9	10	12
双床或双人床间	12	12	14	16	20
多床间（按每床计）	每床不小于 4			—	—

注：客房净面积是指除客房阳台、卫生间和门内出入口小走道（门廊）以外的房间内面积（公寓式旅馆建筑的客房除外）。

2）客房附设卫生间不应小于表 3-1-17 的规定。

3）客房室内净高应符合下列规定：

（1）客房居住部分净高，当设空调时不应低于 2.40m；不设空调时不应

旅馆建筑等级	一级	二级	三级	四级	五级
净面积（m²）	2.5	3.0	3.0	4.0	5.0
占客房总数百分比（%）	—	50	100	100	100
卫生器具（件）	2		3		

注：2件指大便器、洗面盆，3件指大便器、洗面盆、浴盆或淋浴间（开放式卫生间除外）。

低于 2.60m。

(2) 利用坡屋顶内空间作为客房时，应至少有 8m² 面积的净高不低于 2.40m。

(3) 卫生间净高不应低于 2.20m。

(4) 客房层公共走道及客房内走道净高不应低于 2.10m。

4) 客房部分走道应符合下列规定：

(1) 单面布房的公共走道净宽不得小于 1.30m，双面布房的公共走道净宽不得小于 1.40m。

(2) 客房内走道净宽不得小于 1.10m。

(3) 无障碍客房走道净宽不得小于 1.50m。

(4) 对于公寓式旅馆建筑，公共走道、套内入户走道净宽不宜小于 1.20m；通往卧室、起居室（厅）的走道净宽不应小于 1.00m；通往厨房、卫生间、贮藏室的走道净宽不应小于 0.90m。

5) 对于旅客就餐的自助餐厅（咖啡厅）座位数，一级、二级商务旅馆建筑可按不低于客房间数的 20% 配置，三级及以上的商务旅馆建筑可按不低于客房间数的 30% 配置；一级、二级的度假旅馆建筑可按不低于房间间数的 40% 配置，三级及以上的度假旅馆建筑可按不低于客房间数的 50% 配置；餐厅人数，一级至三级旅馆建筑的中餐厅、自助餐厅（咖啡厅）宜按 1.0～1.2m²/人计；四级和五级旅馆建筑的自助餐厅（咖啡厅）、中餐厅宜按 1.5～2m²/人计；特色餐厅、外国餐厅、包房宜按 2.0～2.5m²/人计。

6) 宴会厅、多功能厅的人数宜按 1.5～2.0m²/人计；会议室的人数宜按 1.2～1.8m²/人计。

3.1.9 商业建筑

3.1.9.1 商店建筑

1) 商店建筑的规模应按单项建筑内的商店总建筑面积进行划分，并应符合表 3-1-18 的规定。

商店建筑的规模划分   表 3-1-18

规模	小型	中型	大型
总建筑面积	＜5000m²	5000～20000m²	＞20000m²

2）营业厅的净高应按其平面形状和通风方式确定，并应符合表 3-1-19 的规定。

营业厅的净高　　　　　　　　表 3-1-19

通风方式	自然通风			机械排风和自然通风相结合	空气调节系统
	单面开窗	前面敞开	前后开窗		
最大进深与净高比	2:1	2.5:1	4:1	5:1	—
最小净高（m）	3.20	3.20	3.50	3.50	3.00

营业厅净高应按楼地面至吊顶或楼板底面障碍物之间的垂直高度计算。

3）自选营业厅的面积可按 1.35m²/人计，当采用购物车时，应按 1.70m²/人计。

3.1.9.2　饮食建筑

1）餐馆、饮食店、食堂的餐厅与饮食厅每座最小使用面积应符合表 3-1-20 的规定：

餐厅与饮食厅每座最小使用面积（m²/座）　　　表 3-1-20

等级 \ 类别	餐馆餐厅	饮食店饮食厅	食堂餐厅
一	1.30	1.30	1.10
二	1.10	1.10	0.85
三	1.00	—	—

2）100 座及 100 座以上餐馆、食堂中的餐厅与厨房（包括辅助部分）的面积比（简称餐厨比）应符合下列规定：餐馆的餐厨比宜为 1:1.1；食堂餐厨比宜为 1:1；餐厨比可根据饮食建筑的级别、规模、经营品种、原料贮存、加工方式、燃料及各地区特点等不同情况调整。

3.1.10　居住类建筑

3.1.10.1　宿舍建筑

1）宿舍居室按其使用要求分为四类，各类居室的人均使用面积不宜小于表 3-1-21 的规定。

居室类型与人均使用面积　　　　　　表 3-1-21

		1类	2类	3类	4类	
每室居住人数（人）		1	2	3~4	6	8
人均使用面积（m²/人）	单层床、高架床	16	8	5	—	—
	双层床	—	—	—	4	3
储藏空间		壁柜、吊柜、书架				

注：本表中面积不含居室内附设卫生间和阳台面积。

2）居室应有储藏空间，每人净储藏空间不宜小于 0.50m³；严寒、寒冷和夏热冬冷地区可适当放大。

3）居室内的附设卫生间，其使用面积不应小于 2m²，设有淋浴设备或 2 个坐（蹲）便器的附设卫生间，其使用面积不宜小于 3.50m²。附设卫生间内的厕位和淋浴宜设隔断。

4）宿舍建筑内的管理室宜设置在主要出入口处，其使用面积不应小于 8m²。

5）宿舍建筑内宜在主要出入口处设置会客空间，其使用面积不宜小于 12m²。

6）宿舍建筑内的公共活动室（空间）宜每层设置，100 人以下，人均使用面积为 0.30m²；101 人以上，人均使用面积为 0.20m²。公共活动室（空间）的最小使用面积不宜小于 30m²。

7）宿舍建筑内设有公共厨房时，其使用面积不应小于 6m²。

8）居室在采用单层床时，层高不宜低于 2.80m；在采用双层床或高架床时，层高不宜低于 3.60m。

9）居室在采用单层床时，净高不应低于 2.60m；在采用双层床或高架床时，净高不应低于 3.40m。

10）辅助用房的净高不宜低于 2.50m。

11）楼梯门、楼梯及走道总宽度应按每层通过人数每 100 人不小于 1m 计算，且梯段净宽不应小于 1.20m，楼梯平台宽度不应小于楼梯梯段净宽。

12）宿舍宜设阳台，阳台进深不宜小于 1.20m。

3.1.10.2 老年人建筑

1）老年人居住建筑的面积标准不应低于表 3-1-22 的规定。

老年人居住应筑的最低面积标准　　　　表 3-1-22

类型	建筑面积（m²/人）	类型	建筑面积（m²/人）
老年人住宅	30	托老所	20
老年人公寓	40	护理院	25
养老院	25		

注：本栏目的面积指居住部分建筑面积，不包括公共配套服务设施的建筑面积。

2）老年人套型设计标准不应低于表 3-1-23 和表 3-1-24 的规定。

老年人住宅和老年人公寓的最低使用面积标准　　表 3-1-23

组合形式	老年人住宅	老年人公寓
一室套（起居、卧室合用）	25m²	22m²
一室一厅套	35m²	33m²
二室一厅套	45m²	43m²

老年人住宅和老年人公寓各功能空间最低使用面积标准

表 3-1-24

房间名称	老年人住宅	老年人公寓
起居室	12m²	
卧室	12m²（双人）、10m²（单人）	
厨房	4.5m²	
卫生间	4m²	
储藏	1m²	

3）养老院居室设计标准不应低于表 3-1-25 的规定。

养老院居室设计标准

表 3-1-25

类型	最低使用面积标准		
	居室	卫生间	储藏
单人间	10m²	4m²	0.5m²
双人间	16m²	5m²	0.6m²
三人以上房间	6m²/人	5m²	0.3m²/人

4）老年人居住建筑配套服务设施的配置标准不应低于表 3-1-26 的规定。

老年人居住建筑配套服务设施用房配置标准

表 3-1-26

用房		项目	配置标准
餐厅		餐位数	总床位的 60%～70%
		每座使用面积	2m²/人
医疗保健用房		医务、药品室	20～30m²
		观察、理疗室	总床位的 1%～2%
		康复、保健室	40～60m²
服务用房	公用	公用厨房	6～8m²
		公用卫生间（厕位）	总床位的 1%
		公用洗衣房	15～20m²
		公用浴室（浴位）（有条件时设置）	总床位的 10%
	公共	售货、饮食、理发	100 床以上设
		银行、邮电代理	200 床以上设
		客房	总床位的 4%～5%
		开水房、储藏间	10m²/层
休闲用房		多功能厅	可与餐厅合并使用
		健身、娱乐、阅览、教室	1m²/人

5）出入口内外应有不小于 1.50m×1.50m 的轮椅回转面积。

6）公用走廊的有效宽度不应小于 1.50m。仅供一辆轮椅通过的走廊有效宽度不应小于 1.20m，并应在走廊两端设有不小于 1.50m×1.50m 的轮椅回转面积。

    7）过道的有效宽度不应小于 1.20m。

    8）老年人使用的厨房面积不应小于 4.5m²。供轮椅使用者使用的厨房，面积不应小于 6m²，轮椅回转面积宜不小于 1.50m×1.50m。

    9）养老院、护理院等应设老年人专用储藏室，人均而积 0.60m² 以上。卧室内应设每人分隔使用的壁柜，设置高度在 1.50m 以下。

3.2   朝向、日照、采光和通风的要求

    建筑的朝向、日照、采光和通风既关系到建筑内使用人员的健康，又关系到建筑能耗的大小。建筑设计应结合实际地形充分考虑建筑的朝向、日照、采光和通风方面的要求。建筑应具有能获得良好日照、天然采光、自然通风等的基地环境条件。应使建筑的大多数房间或重要房间布置在有良好日照、天然采光、自然通风和景观的部位。建筑间距应满足建筑用房天然采光的要求，对有私密性要求的房间，应防止视线干扰。有具体日照标准的建筑应符合相关标准的要求，并应执行当地城市规划行政主管部门制定的相应的建筑间距规定。

    建筑的朝向、日照、采光和通风是相互联系的，好的朝向是获得充足日照、天然采光、自然通风的前提条件。

3.2.1   建筑朝向

    建筑的朝向宜采用南北向或接近南北向，主要房间宜避开冬季主导风向。

    宿舍多数居室应有良好的朝向。温暖地区、炎热地区的生活用房应避免朝西，否则应设遮阳设施。居住建筑中的居室不应布置在地下室内，当布置在半地下室时，必须对采光、通风、日照、防潮、排水及安全防护采取措施。

    建筑总平面的布置和设计，宜利用冬季日照并避开冬季主导风向，夏季利用自然通风。建筑的主朝向宜选择本地区最佳朝向或接近最佳朝向（图3-2-1）。

    朝向选择的原则是冬季能获得足够的日照并避开主导风向，夏季能利用自然通风并防止太阳辐射。然而建筑的朝向、方位以及建筑总平面设计应考虑多方面的因素，尤其是公共建筑受到社会历史文化、地形、城市规划、道路、环境等条件的制约，要想使建筑物的朝向对夏季防热、冬季保温都很理想是有困难的。因此，只能权衡各个因素之间的得失轻重，通过多方面的因素分析、优化建筑的规划设计，采用本地区建筑最佳朝向或适宜的朝向，尽量避免东西向日晒。

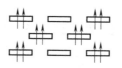
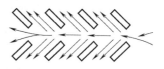

行列式布置，前后错开，便于气流插入间距内，使越过的气流路线较实际间距长，这对高而长的建筑群是有利的

建筑群内建筑物的朝向若均朝向夏季主导风向时，将其错开排列，相当于加大了房屋的间距，可以减少风量的衰减

斜向布置导流好，形成了风的进口小出口大，可以加大流速，如建筑物的窗口再组织好导流，则有利于自然通风

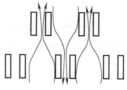
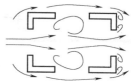

冬季比较寒冷的地区须综合考虑，既要夏季的良好通风，又要冬季阻挡寒风侵入建筑群

建筑物平行于夏季主导风向时，房屋间距排成宽窄不同相互错开，形成进风口小，出风口大，可加大流速

封闭式的布置，风的出口小，流速减弱，院内形成较大涡流，使大量房屋处于两面负压状态，通风不良

图 3-2-1　建筑总平面考虑朝向及通风示例

3.2.2　住宅建筑的日照和采光

建筑应充分利用天然光，创造良好光环境和节约能源。建筑日照标准与建筑所在地区所属的气候区有很大关系。日照标准指根据建筑物所处的气候区、城市大小和建筑物的使用性质确定的，在规定的日照标准日（冬至日或大寒日）的有效日照时间范围内，以底层窗台面为计算起点的建筑外窗获得的日照时间（图3-2-2）。

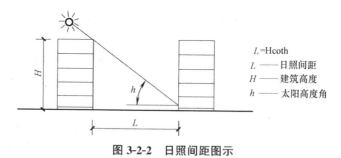

$L = H \coth h$

L —— 日照间距

H —— 建筑高度

h —— 太阳高度角

图 3-2-2　日照间距图示

1）住宅日照标准应符合表3-2-1的规定。

住宅建筑日照标准　　　　　　　　表 3-2-1

建筑气候区划	Ⅰ、Ⅱ、Ⅲ、Ⅶ气候区		Ⅳ气候区		Ⅴ、Ⅵ气候区
	大城市	中小城市	大城市	中小城市	
日照标准日	大寒日			冬至日	
日照时数（h）	≥2	≥3		≥1	
有效日照时间带（h）	8～16			9～15	
日照时间计算起点	底层窗台面				

2）对于特定情况还应符合下列规定：

(1) 老年人居住建筑不应低于冬至日日照 2h 的标准。

(2) 在原设计建筑外增加任何设施不应使相邻住宅原有日照标准降低。

(3) 旧区改建的项目内新建住宅日照标准可酌情降低，但不应低于大寒日日照 1h 的标准。

3）每套住宅至少应有一个居住空间获得日照。

4）宿舍半数以上的居室，应能获得同住宅居住空间相等的日照标准。炎热地区朝西的居室应有遮阳设施。宿舍的居室、管理室、公共活动室、公用厨房等应有直接自然采光，其窗地面积比不应小于 1/7。

5）建筑日照间距：应执行当地城市规划行政主管部门制定的建筑日照间距。此日照间距的规定是指居住建筑正面南向的建筑日照间距，当居住建筑的朝向不是正南向时，可按日照标准确定的不同方位的日照间距系数控制，也可采用表 3-2-2 不同方位间距折减系数换算。

不同方位间距折减换算表　　　　　　　表 3-2-2

方位角度(°)	0～15(含)	15～30(含)	30～45(含)	45～60(含)	＞60
折减值	1.0L	0.9L	0.8L	0.9L	0.95L

注：表中方位为正南向（0°）偏东、偏西的方位角，L 为当地正南向住宅的标准日照间距。

6）住宅侧面间距，应符合下列规定：

(1) 条式住宅，多层之间不宜小于 6m；高层与各种层数住宅之间不宜小于 13m。

(2) 高层塔式住宅、多层和中高层点式住宅与侧面有窗的各种层数住宅之间应考虑视觉卫生因素，适当加大间距。

3.2.3 公共建筑的采光设计

建筑应尽可能利用天然采光，建筑间距应满足建筑用房天然采光的要求，并应防止视线干扰。各类建筑应进行采光标准的计算。

1）采光系数

(1) 建筑采光以采光系数作为采光设计的数量指标。室内某一点的采光系数，可按规范规定的方法计算得出。计算出的采光系数值与所在地区的采光系数标准值乘以相应地区的光气候系数的值进行比较，就可以知道该建筑的自然采光情况。

(2) 采光系数标准值的选取应符合下列规定：侧面采光应取采光系数的最低值；顶部采光应取采光系数的平均值；对兼有侧面采光和顶部采光的房间，可将其简化为侧面采光区和顶部采光区，并分别取采光系数的最低值和采光系数的平均值。

(3) 视觉作业场所工作面上的采光系数标准值，应符合规范的规定。

（4）光气候区的光气候系数应按规范提供的数据采用。

2）采光质量

（1）采光均匀度：工作面上采光系数的最低值与平均值之比，不应小于 0.7。

（2）采光设计时应采取下列减小窗眩光的措施，作业区应减少或避免直射阳光；工作人员的视觉背景不宜为窗口；为降低窗亮度或减少天空视域，可采用室内外遮挡设施；窗结构的内表面或窗周围的内墙面，宜采用浅色饰面。

（3）采光设计应注意光的方向性，应避免对工作产生遮挡和不利的阴影，如对书写作业，天然光线应从左侧方向射入。白天天然光线不足而需补充人工照明的场所，补充的人工照明光源宜选择接近天然光色温的高色温光源。对于需识别颜色的场所，宜采用不改变天然光光色的采光材料。对于博物馆和美术馆建筑的天然采光设计，宜消除紫外辐射、限制天然光照度值和减少曝光时间。对具有镜面反射的观看目标，应防止产生反射眩光和映像。

3）采光设计

在进行建筑方案设计时，为了简化设计过程，对于采光要求不是特别严格的建筑类型，采光窗洞口面积可按照各建筑类型对窗地面积比（简称为窗地比）的规定取值。而对于有严格采光要求的建筑类型应进行采光计算，以确定采光窗洞口的面积、形状和位置。

采用采光系数作为采光的评价指标，是因为它比用窗地面积比作为评价指标能更客观、准确地反映建筑采光的状况，因为采光情况除窗洞口外，还受诸多因素的影响，窗洞口大，并非一定比窗洞口小的房间采光好；比如一个室内表面为白色的房间比装修前的采光系数就能高出一倍，这说明建筑采光的好坏是与采光有关的各个因素决定的，在建筑采光设计时应进行采光计算，窗地面积比只能作为在建筑方案设计时对采光进行的估算。

3.2.4 各类型建筑的日照和采光要求

3.2.4.1 文教建筑

1）托儿所、幼儿园建筑

托儿所、幼儿园的幼儿生活用房应布置在当地最好朝向，冬至日底层满窗日照不应小于 3h。夏热冬冷、夏热冬暖地区的幼儿生活用房不宜朝西向；当不可避免时，应采取遮阳措施。

托儿所、幼儿园的生活用房单侧采光的活动室进深不宜大于 6.60m。活动室宜设阳台或室外活动平台，且不应影响幼儿生活用房的日照。

托儿所、幼儿园的生活用房、服务管理用房和供应用房中的各类房间均应有直接天然采光和自然通风，其窗地面积比应符合表 3-2-3 的规定。

窗地面积比	表 3-2-3
房间名称	窗地面积比
活动室、寝室、乳儿室、多功能活动室、	1:5.0
保健观察室	1:5.0
办公室、辅助用房	1:5.0
楼梯间、走廊	—

2）中小学建筑

普通教室冬至日满窗日照不应少于 2h。中小学校至少应有 1 间科学教室或生物实验室的室内能在冬季获得直射阳光。

普通教室、科学教室、实验室、史地、计算机、语言、美术、书法等专用教室及合班教室、图书室均应以自学生座位左侧射入的光为主。教室为南向外廊式布局时，应以北向窗为主要采光面（图 3-2-3）。

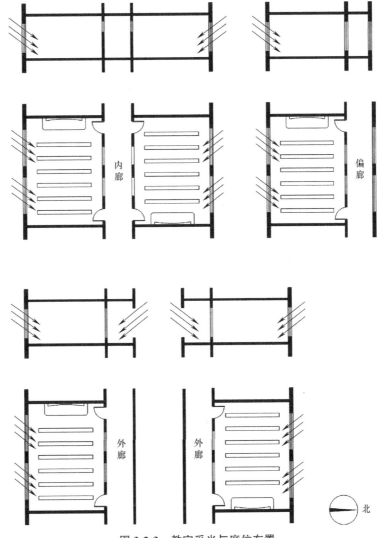

图 3-2-3　教室采光与席位布置

各类教室、阅览室、实验室、室内活动室、办公室的窗地比均不应小于1：5.0。

3）文化馆建筑

（1）文化馆各类用房的采光应符合现行国家标准《建筑采光设计标准》GB 50033 的有关规定。

（2）文化馆设置儿童、老年人的活动用房时，应布置在三层及三层以下，且朝向良好和出入安全、方便的位置。

（3）排演用房、报告厅、展览陈列用房、图书阅览室、教学用房、音乐、美术工作室等应按不同功能要求设置相应的外窗遮光设施。

（4）美术教室应为北向或顶部采光，并应避免直射阳光；人体写生的美术教室，应采取遮挡外界视线的措施。

（5）阅览室应光线充足，照度均匀，并应避免眩光及直射光。

（6）文艺创作室应设在适合自然采光的朝向，且外窗应设有遮光设施。

（7）资料储藏用房的外墙不得采用跨层或跨间的通长窗，其外墙的窗墙比不应大于1：10。

3.2.4.2 馆藏类建筑

1）图书馆建筑

（1）阅览室（区）应光线充足、照度均匀。

（2）珍善本书、舆图、音像资料和电子阅览室的外窗均应有遮光设施。

（3）书库的平面布局和书架排列应有利于天然采光和自然通风，并应缩短书刊取送距离。

（4）陈列厅宜采光均匀，并应防止阳光直射和眩光。

（5）装裱、修整室室内应光线充足、宽敞，并应配备机械通风装置。

（6）图书馆各类用房或场所的天然采光标准值不应小于表3-2-4 中的规定。

图书馆各类用房或场所的天然采光标准值　　　　表 3-2-4

用房或场所	采光等级	侧面采光			顶部采光		
		采光系数标准值（%）	天然光照度标准值（lx）	窗地面积比（Ac/Ad）	采光系数标准值（%）	天然光照度标准值（lx）	窗地面积比（Ac/Ad）
阅览室、开架书库、行政办公、会议室、业务用房、咨询服务、研究室	Ⅲ	3	450	1/5	2	300	1/10
检索空间、陈列厅、特种阅览室、报告厅	Ⅳ	2	300	1/6	1	150	1/13
基本书库、走廊、楼梯间、卫生间	Ⅴ	1	150	1/10	0.5	75	1/23

(7) 图书馆建筑各类用房或场所照明设计标准值应符合表 3-2-5 的规定。

图书馆建筑各类用房或场所照明设计标准值　　表 3-2-5

图书馆建筑各类用房或场所照明设计标准值 房间或场所	参考平面及其高度	照度标准值（lx）	统一眩光值 UGR	一般显色指数 R_a	照明功率密度（w/m²）
普通阅览室、少年儿童阅览室	0.75 水平面	300	19	80	9
国家、省级图书馆的阅览室	0.75 水平面	500	19	80	15
特种阅览室	0.75 水平面	300	19	80	9
珍本阅览室、舆图阅览室	0.75 水平面	500	19	80	15
门厅、陈列室、目录厅、出纳厅	0.75 水平面	300	19	80	9
书库	0.25 水平面	50	—	80	—
工作间	0.75 水平面	300	19	80	9
典藏间、美工室、研究室	0.75 水平面	300	19	80	9

2）档案馆建筑

(1) 档案库内档案装具布置应成行垂直于有窗的墙面。档案装具间的通道应与外墙采光窗相对应，当无窗时，应与管道通风孔开口方向相对应。

(2) 阅览室自然采光的窗地面积比不应小于 1：5；应避免阳光直射和眩光，窗宜设遮阳设施。

(3) 缩微阅览室应避免阳光直射；宜采用间接照明，阅览桌上应设局部照明。

(4) 冲洗处理室应严密遮光。

(5) 档案库、档案阅览、展览厅及其他技术用房应防止日光直接射入，并应避免紫外线对档案、资料的危害。档案库、档案阅览、展览厅及其他技术用房的人工照明应选用紫外线含量低的光源。当紫外线含量超过 75μW /lm 时，应采取防紫外线的措施。

3.2.4.3　办公建筑

(1) 办公用房宜有良好的朝向和自然通风，并不宜布置在地下室。专用办公室应避免西晒和眩光。

(2) 办公建筑中办公室、研究工作室、接待室、打字室、陈列室和复印机室等房间窗地比不应小于 1：6，设计绘图室、阅览室等房间窗地比不应小于 1：5。

3.2.4.4　医疗建筑

1）综合医院建筑

病房建筑的前后间距应满足日照和卫生间距要求，且不宜小于 12m。

50%以上的病房日照应符合现行国家标准《民用建筑设计通则》的有关规定。

手术室可采用天然光源或人工照明，当采用天然光源时，窗洞口面积与地板面积之比不得大于1/7，并应采取遮阳措施。

2）疗养院建筑

疗养院建筑中半数以上的病房，应能获得冬至日不小于2h的日照标准。主要用房应直接天然采光，其采光窗洞口面积与该房间地板面积之比（窗地比）不应小于表3-2-6的规定。

疗养院建筑主要用房窗地比 表3-2-6

房间名称	窗地比
疗养员活动室	1/4
疗养室、调剂制剂室、医护办公室及治疗、诊断、检验等用房	1/6
浴室、盥洗室、厕所（不包括疗养室附设的卫生间）	1/10

3.2.4.5 交通类建筑

1）交通客运站建筑

候乘厅宜利用自然采光和自然通风，并应满足采光、通风和卫生要求，其外窗窗地面积比应符合现行国家标准《建筑采光设计标准》的规定，可开启面积应符合《公共建筑节能设计标准》的有关规定。

售票厅应有良好的自然采光和自然通风，其窗地面积比应符合现行国家标准《建筑采光设计标准》的规定。

2）铁路旅客站

利用自然采光和通风的候车区（室），其室内净高宜根据高跨比确定，并不宜小于3.6m。

窗地比不应小于1：6，上下窗宜设开启扇，并应有开闭设施。

售票厅应有良好的自然采光和自然通风条件。

3.2.4.6 旅馆建筑

(1) 旅馆建筑总平面应根据当地气候条件、地理特征等进行布置。建筑布局应有利于冬季日照和避风，夏季减少得热和充分利用自然通风。

(2) 公寓式旅馆建筑客房中的卧室及采用燃气的厨房或操作间应直接采光、自然通风。

(3) 旅馆建筑室内应充分利用自然光，客房宜有直接采光，走道、楼梯间、公共卫生间宜有自然采光和自然通风。

(4) 自然采光房间的室内采光应符合现行国家标准《建筑采光设计标准》的规定。

3.2.4.7 饮食建筑

饮食建筑的餐厅与饮食厅采光、通风应良好。天然采光时，窗洞口面积不宜小于该厅地面面积的 1/6。加工间天然采光时，窗洞口面积不宜小于地面面积的 1/6。各类库房天然采光时，窗洞口面积不宜小于地面面积的 1/10。

3.2.4.8　居住类建筑

1）老年人建筑

（1）老年人居室和主要活动房间应具有良好的自然采光、通风和景观。老年人居住建筑的主要用房应充分利用天然采光。主要用房的采光窗洞口面积与该房间地面面积之比，不宜小于表 3-2-7 的规定。

老年人建筑主要用房窗地比　　　　表 3-2-7

房间名称	窗地比	房间名称	窗地比
活动室	1/4	厨房、公用厨房	1/7
卧室、起居室、医疗用房	1/6	楼梯间、公用卫生间、公用浴室	1/10

（2）活动室必须光线充足，朝向和通风良好，并宜选择有两个采光方向的位置。

2）宿舍建筑

宿舍半数以上居室应有良好朝向，并应具有住宅居室相同的日照标准。宿舍建筑室内采光标准见表 3-2-8。

宿舍建筑室内采光标准　　　　表 3-2-8

房间名称	侧面采光时窗地比
居室	1/1
楼梯间	1/12
公共卫生间、公共浴室	1/10

3.2.5　建筑通风

1）建筑群的规划、建筑物的平面布置均应有利于自然通风。建筑物朝向宜采用南北向或接近南北向，主要房间宜避开冬季主导风向。

2）建筑物室内应有与室外空气直接流通的窗口或洞口，否则应设自然通风道或机械通风设施。采用直接自然通风的空间，其通风开口面积应符合下列规定：

（1）生活、工作的房间的通风开口有效面积不应小于该房间地板面积的 1/20（图 3-2-4）；

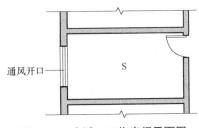

图 3-2-4　生活、工作房间平面图

（2）厨房的通风开口有效面积不应小于该房间地板面积的 1/10，并不得小于 0.60m²，厨房的炉灶上方应安装排除油烟设备，并设排烟道（图 3-2-5）。

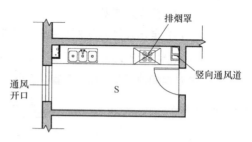

图 3-2-5　厨房平面图

3）严寒地区居住用房，厨房、卫生间应设自然通风道或通风换气设施。

4）无外窗的浴室和厕所应设机械通风换气设施，并设通风道。

5）厨房、卫生间的门的下方应设进风固定百叶，或留有进风缝隙。

6）自然通风道的位置应设于窗户或进风口相对的一面。

3.3　隔声减噪设计

我国有关隔声减噪设计的规范和标准主要有两部：《民用建筑隔声设计规范》和《建筑隔声评价标准》。

《建筑隔声评价标准》主要技术内容是规定了将空气声隔声和撞击声隔声测量数据转换成单值评价量的方法，并根据按本标准规定的方法确定的空气声隔声和撞击声隔声的单值评价量对建筑物和建筑构件的隔声性能进行了分级。

《民用建筑隔声设计规范》规定了住宅、学校、医院、旅馆、办公建筑及商业建筑等六类建筑中主要用房的隔声、吸声、减噪设计。其他类建筑中的房间，根据其使用功能，可采用规范的相应规定。

隔声减噪设计标准等级，按建筑物实际使用要求确定为四个等级：特级、一级、二级、三级。各等级的含义见表 3-3-1：

隔声减噪设计标准等级 表 3-3-1

特级	一级	二级	三级
特殊标准	较高标准	一般标准	最低标准

建筑的隔声减噪设计主要包括两个方面的内容：总平面防噪设计和建筑隔声减噪设计。建筑隔声减噪设计包括：测定室内允许噪声级是否符合规定和按照隔声标准（包括分户墙与楼板的空气声隔声标准以及楼板的撞击声隔声标准）设计墙体和楼板的隔声量。

3.3.1 总平面防噪设计

1）在城市规划中，从功能区的划分、交通道路网的分布、绿化与隔离带的设置、有利地形和建筑物屏蔽的利用，均应符合防噪设计要求。住宅、学校、医院等建筑，应远离机场、铁路线、编组站、车站、港口、码头等存在显著噪声影响的设施。

2）新建居住小区临交通干线、铁路线时，宜将对噪声不敏感的建筑物作为建筑声屏障，排列在小区外围。交通干线、铁路线旁边，噪声敏感建筑物的声环境达不到现行国家标准《声环境质量标准》的规定时，可在噪声源与噪声敏感建筑物之间采取设置声屏障等隔声措施。交通干线不应贯穿小区（图3-3-1）。

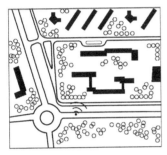

面临干道的建筑物可适当后退，使其远离声源。并利用树木、绿荫、围墙等减弱噪声干扰。

尽可能不采用封闭式庭院及周边式街坊的平面布置，以避免互相干扰，对降低噪声不利。

将隔声要求高的建筑物，远离干道布置，而将隔声要求低的建筑物布置在周围，使其形成隔声的"障壁"。

图3-3-1　小区规划防噪声措施

3）产生噪声的建筑服务设备等噪声源的设置位置、防噪设计，应按下列规定：

（1）锅炉房、水泵房、变压器室、制冷机房宜单独设置在噪声敏感建筑之外。住宅、学校、医院、旅馆、办公等建筑所在区域内有噪声源的建筑附属设施，其设置位置应避免对噪声敏感建筑物产生噪声干扰，必要时应作防噪处理。区内不得设置未经有效处理的强噪声源。

（2）确需在噪声敏感建筑物内设置锅炉房、水泵房、变压器室、制冷机房时，若条件许可，宜将噪声源设置在地下，但不宜毗邻主体建筑或设在主体建筑下。并且应采取有效的隔振、隔声措施。

（3）冷却塔、热泵机组宜设置在对噪声敏感建筑物噪声干扰较小的位置。当冷却塔、热泵机组的噪声在周围环境超过现行国家标准《声环境质量标准》的规定时，应对冷却塔、热泵机组采取有效地降低或隔离噪声措施。冷却塔、热泵机组设置在楼顶或裙房顶上时，还应采取有效的隔振措施。

4）在进行建筑设计前，应对环境及建筑物内外的噪声源作详细的调查与测定，并应对建筑物的防噪间距、朝向选择及平面布置等作综合考虑，仍不能达到室内安静要求时，应采取建筑构造上的防噪措施。

5）安静要求较高的民用建筑，宜设置于本区域主要噪声源夏季主导风向的上风侧。

3.3.2 室内允许噪声级

规范中的室内允许噪声级应采用 A 声级作为评价量。室内允许噪声级应为关窗状态下昼间和夜间时段的标准值。医院建筑中应开窗使用的房间，开窗时室内允许噪声级的标准值宜与关窗状态下室内允许噪声级的标准值相同。昼间和夜间时段所对应的时间分别为：昼间，6：00～22：00 时；夜间，22：00～6：00 时。

1）住宅建筑

卧室、起居室（厅）内的噪声级，应符合表 3-3-2 的规定。

卧室、起居室（厅）内的允许噪声级 表 3-3-2

房间名称	允许噪声级（A 声级 dB）	
	昼间	夜间
卧室	≤45	≤37
起居室(厅)	≤45	

高要求住宅的卧室、起居室（厅）内的噪声级，应符合表 3-3-3 的规定。

高要求卧室、起居室（厅）内的允许噪声级 表 3-3-3

房间名称	允许噪声级（A 声级 dB）	
	昼间	夜间
卧室	≤40	≤30
起居室(厅)	≤40	

2）学校建筑

学校建筑中各种教学用房内的噪声级，应符合表 3-3-4 的规定。

学校建筑中各种教学用房内的允许噪声级 表 3-3-4

房间名称	允许噪声级（A 声级 dB）
语言教室，阅览室	≤40
普通教室、实验室、计算机房	≤45
音乐教室、琴房	≤45
舞蹈教室	≤50

学校建筑中教学辅助用房内的噪声级，应符合表 3-3-5 的规定。

学校建筑中各种教学辅助用房内的允许噪声级　　表 3-3-5

房间名称	允许噪声级(A 声级 dB)
教师办公室、休息室、会议室	≤45
健身房	≤50
教学楼中封闭的走廊、楼梯间	≤50

3) 托儿所、幼儿园建筑

托儿所、幼儿园建筑室内允许噪声级应符合表 3-3-6 的规定。

托儿所、幼儿园建筑室内允许噪声级　　表 3-3-6

房间名称	允许噪声级(A 声级 dB)
活动室、寝室、乳儿室	≤45
多功能活动室、办公室、保健观察室	≤50

4) 医院建筑

医院主要房间内的噪声级，应符合表 3-3-7 的规定。

医院主要房间内的允许噪声级　　表 3-3-7

房间名称	允许噪声级(A 声级 dB)			
	高要求标准		低限标准	
	昼间	夜间	昼间	夜间
病房、医护人员休息室	≤40	≤35	≤45	≤40
各种重症监护室	≤40	≤35	≤45	≤40
诊室	≤40		≤45	
手术室、分娩室	≤40		≤45	
洁净手术室	—		≤50	
人工生殖中心净化区	—		≤40	
听力测试室	—		≤25	
化验室、分析实验室	—		≤40	
入口大厅、候诊厅	≤50		≤55	

5) 旅馆建筑

旅馆建筑各房间内的噪声级，应符合表 3-3-8 的规定。

旅馆建筑各房间内的允许噪声级　　表 3-3-8

房间名称	允许噪声级(A 声级 dB)					
	特级		一级		二级	
	昼间	夜间	昼间	夜间	昼间	夜间
客厅	≤35	≤30	≤40	≤35	≤45	≤40
办公室、会议室	≤40		≤45		≤45	
多用途厅	≤40		≤45		≤50	
餐厅、宴会厅	≤45		≤50		≤55	

6）办公建筑

办公室、会议室内的噪声级，应符合表 3-3-9 的规定。

办公室、会议室内的允许噪声级　　表 3-3-9

房间名称	允许噪声级（A 声级 dB）	
	高要求标准	低限标准
单人办公室	≤35	≤40
多人办公室	≤40	≤45
电视电话会议室	≤35	≤40
普通会议室	≤40	≤45

7）商业建筑

商业建筑各房间内空场时的噪声级，应符合表 3-3-10 的规定。

商业建筑各房间内空场时的允许噪声级　　表 3-3-10

房间名称	允许噪声级（A 声级 dB）	
	高要求标准	低限标准
商场、商店、购物中心、会展中心	≤50	≤55
餐厅	≤45	≤55
员工休息室	≤40	≤45
走廊	≤50	≤60

3.3.3 隔声标准

在进行建筑设计时，我们不可能也没有必要完全消除噪声，设计只是将噪声控制在对人的身心健康无害和不影响正常工作生活的范围内，因此规范规定了住宅、学校、医院、旅馆等四类建筑的分户墙与楼板的空气声隔声标准（表 3-3-11）以及楼板的撞击声隔声标准（表 3-3-12）。

分户墙与楼板的空气声：指同层相邻房间和上下层相邻房间通过空气传来的噪声。

楼板的撞击声：在楼板上撞击引起的噪声，脚步和搬动家具声是最常听到的楼板撞击声。

住宅、学校、医院、旅馆等四类建筑不同房间围护结构的空气声隔声标准

表 3-3-11

建筑类别	围护结构部位	计权隔声量（dB）			
		特级	一级	二级	三级
住宅	分户墙与楼板	—	≥50	≥45	≥40
学校	有特殊安静要求的房间与一般教室间的隔墙与楼板	—	≥50	—	—
	一般教室与各种产生噪声的活动室间的隔墙与楼板	—	—	≥45	—
	一般教室与教室间的隔墙与楼板	—	—	—	≥40

建筑类别	围护结构部位	计权隔声量(dB)			
		特级	一级	二级	三级
医院	病房与病房之间	—	≥45	≥40	≥35
	病房与产生噪声的房间之间	—		≥50	≥45
	手术室与病房之间	—	≥50	≥45	≥40
	手术室与产生噪声的房间之间	—		≥50	≥45
	听力测听室维护结构			≥50	
旅馆	客房与客房隔墙	≥50	≥45		≥40
	客房与走廊间隔墙(包含门)		≥40	≥35	≥30
	客房外墙(包含窗)	≥40	≥35	≥25	≥20

住宅、学校、医院、旅馆等四类建筑楼板的撞击声隔声标准

表 3-3-12

建筑类别	楼板部位	计权标准化撞击声压级(dB)			
		特级	一级	二级	三级
住宅	分户层间	—	≤65		≤75
学校	有特殊安静要求的房间与一般教室间之间	—	≤65		—
	一般教室与各种产生噪声的活动室间之间	—	—	≤65	
	一般教室与教室之间	—	—		≤75
医院	病房与病房之间	—	≤65		≤75
	病房与手术室之间	—	—		≤75
	听力测听室上部	—		≤65	
旅馆	客房层间	≤55	≤65		≤75
	客房与有振动房间之间	≤55		≤65	

3.3.4 隔声减噪设计

3.3.4.1 住宅建筑隔声减噪设计

1) 与住宅建筑配套而建的停车场、儿童游戏场或健身活动场地的位置选择，应避免对住宅产生噪声干扰。

2) 当住宅建筑位于交通干线两侧或其他高噪声环境区域时，应根据室外环境噪声状况及室内允许噪声级，确定住宅防噪措施和设计具有相应隔声性能的建筑围护结构（包括墙体、窗、门等构件）。

3) 在选择住宅建筑的体形、朝向和平面布置时，应充分考虑噪声控制的要求，并应符合下列规定：

(1) 在住宅平面设计时，应使分户墙两侧的房间和分户楼板上下的房间属于同一类型。

（2）宜将卧室、起居室（厅）布置在背噪声源的一侧。

（3）对进深有较大变化的平面布置形式，应避免相邻户的窗口之间产生噪声干扰。

4）电梯不得紧邻卧室布置，也不宜紧邻起居室（厅）布置。受条件限制需要紧邻起居室（厅）布置时，应采取有效的隔声和减振措施。

5）当厨房、卫生间与卧室、起居室（厅）相邻时，厨房、卫生间内的管道、设备等有可能传声的物体，不宜设在厨房、卫生间与卧室、起居室（厅）之间的隔墙上。对固定于墙上且可能引起传声的管道等物件，应采取有效的减振、隔声措施。主卧室内卫生间的排水管道宜做隔声包覆处理。

6）水、暖、电、燃气、通风和空调等管线安装及孔洞处理应符合下列规定：

（1）管线穿过楼板或墙体时，孔洞周边应采取密封隔声措施。

（2）分户墙中所有电气插座、配电箱或嵌入墙内对墙体构造造成损伤的配套构件，在背对背设置时应相互错开位置，并应对所开的洞（槽）有相应的隔声封堵措施。

（3）对分户墙上施工洞口或剪力墙抗震设计所开洞口的封堵，应采用满足分户墙隔声设计要求的材料和构造。

（4）相邻两户间的排烟、排气通道，宜采取防止相互串声的措施。

7）现浇、大板或大模等整体性较强的住宅建筑，在附着于墙体和楼板上可能引起传声的设备处和经常产生撞击、振动的部位，应采取防止结构声传播的措施。

8）住宅建筑的机电服务设备、器具的选用及安装，应符合下列规定：

（1）机电服务设备，宜选用低噪声产品，并应采取综合手段进行噪声与振动控制。

（2）设置家用空调系统时，应采取控制机组噪声和风道、风口噪声的措施。预留空调室外机的位置时，应考虑防噪要求，避免室外机噪声对居室的干扰。

（3）排烟、排气及给排水器具，宜选用低噪声产品。

9）商住楼内不得设置高噪声级的文化娱乐场所，也不应设置其他高噪声级的商业用房。对商业用房内可能会扰民的噪声源和振动源，应采取有效的防治措施。

3.3.4.2　学校建筑隔声减噪设计

1）位于交通干线旁的学校建筑，宜将运动场沿干道布置，作为噪声隔离带。产生噪声的固定设施与教学楼之间，应设足够距离的噪声隔离带。当教室有门窗面对运动场时，教室外墙至运动场的距离不应小于 25m（图 3-3-2）。

2）教学楼内不应设置发出强烈噪声或振动的机械设备，其他可能产生噪

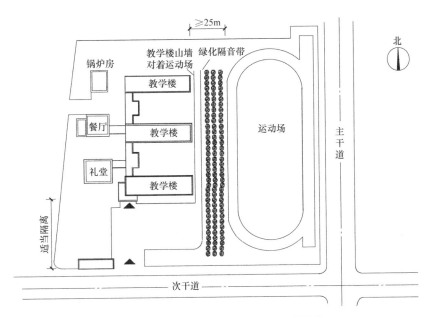

图 3-3-2 中小学校总平面布置防噪声措施

声和振动的设备应尽量远离教学用房，并采取有效的隔声、隔振措施。

3) 教学楼内的封闭走廊、门厅及楼梯间的顶棚，在条件允许时宜设置降噪系数（NRC）不低于 0.40 的吸声材料。

4) 各类教室内宜控制混响时间，避免不利反射声，提高语言清晰度。

5) 产生噪声的房间（音乐教室、舞蹈教室、琴房、健身房）与其他教学用房设于同一教学楼内时，应分区布置，并应采取有效的隔声和隔振措施（图 3-3-3）。

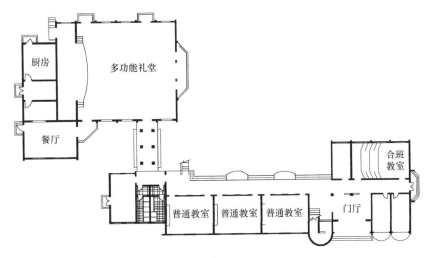

图 3-3-3 教学楼平面设计防噪声措施

3.3.4.3 医院建筑隔声减噪设计

1) 医院建筑的总平面设计，应符合下列规定；

(1) 综合医院的总平面布置，应利用建筑物的隔声作用。门诊楼可沿交通干线布置，但与干线的距离应考虑防噪要求。病房楼应设在内院（图 3-3-4）。若病房楼接近交通干线，室内噪声级不符合标准规定时，病房不应设于临街一侧，否则应采取相应的隔声降噪处理措施（如临街布置公共走廊等）。

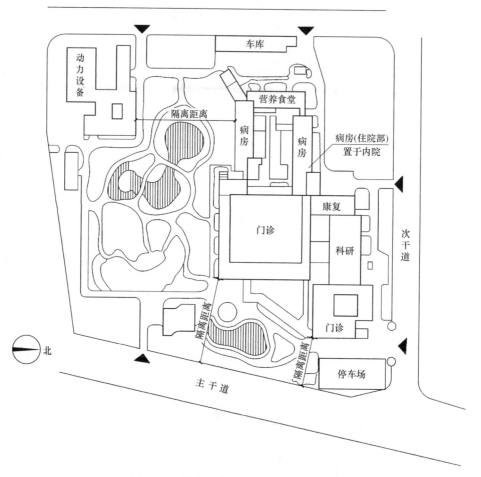

图 3-3-4　综合医院总平面布置防噪声措施

(2) 综合医院的医用气体站、冷冻机房、柴油发电机房等设备用房如设在病房大楼内时，应自成一区。

2) 临近交通干线的病房楼，在满足规范的基础上，还应根据室外环境噪声状况及规范规定的室内允许噪声级，设计具有相应隔声性能的建筑围护结构（包括墙体、窗、门等构件）。

3) 体外震波碎石室、核磁共振检查室不得与要求安静的房间毗邻，并应对其围护结构采取隔声和隔振措施。

4) 病房、医护人员休息室等要求安静房间的邻室及其上、下层楼板或屋面，不应设置噪声、振动较大的设备。当设计上难于避免时，应采取有效的噪声与振动控制措施。

5) 医生休息室应布置于医生专用区或设置门斗，避免护士站、公共走廊等公共空间人员活动噪声对医生休息室的干扰。

6) 对于病房之间的隔墙，当嵌入墙体的医疗带及其他配套设施造成墙体损伤并使隔墙的隔声性能降低时，应采取有效的隔声构造措施，并应符合规范规定。

7) 穿过病房围护结构的管道周围的缝隙应密封。病房的观察窗宜采用固定窗。病房楼内的污物井道、电梯井道不得毗邻病房等要求安静的房间。

8) 入口大厅、挂号大厅、候药厅及分科候诊厅（室）内，应采取吸声处理措施；其室内 500～1000Hz 混响时间不宜大于 2s。病房楼、门诊楼内走廊的顶棚，应采取吸声处理措施；吊顶所用吸声材判的降噪系数（NRC）不应小于 0.40。

9) 手术室应选用低噪声空调设备，必要时应采取降噪措施。手术室的上层，不宜设置有振动源的机电设备；当设计上难于避免时，应采取有效的隔振、隔声措施。

10) 听力测听室不应与设置有振动或强噪声设备的房间相邻。听力测听室应做全浮筑房中房设计（图 3-3-5），且房间入口设置声闸；听力测听室的空调系统应设置消声器。

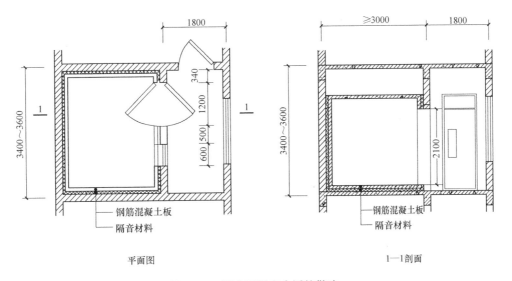

平面图　　　　　　　　　　　　　　1—1剖面

图 3-3-5　听力测听室全浮筑做法

11) 诊室、病房、办公室等房间外的走廊吊顶内，不应设置有振动和噪声的机电设备。

12) 医院内的机电设备，如空调机组、通风机组、冷水机组、冷却塔、医用气体设备和柴油发电机组等设备，均应选用低噪声产品；并应采取隔振及综合降噪措施。

13) 在通风空调系统中，应设置消声装置，通风空调系统在医院各房间内产生的噪声应符合规范的规定。

3.3.4.4　旅馆建筑隔声减噪设计

1) 旅馆建筑的总平面设计应符合下列规定：

(1) 旅馆建筑的总平面布置，应根据噪声状况进行分区。

(2) 产生噪声或振动的设施应远离客房及其他要求安静的房间，并应采取隔声、隔振措施。

(3) 旅馆建筑中的餐厅不应与客房等对噪声敏感的房间在同一区域内。

(4) 可能产生强噪声和振动的附属娱乐设施不应与客房和其他有安静要求的房间设置在同一主体结构内，并应远离客房等需要安静的房间。

(5) 可能产生较大噪声并可能在夜间营业的附属娱乐设施应远离客房和其他有安静要求的房间，并应进行有效的隔声、隔振处理。

(6) 可能在夜间产生干扰噪声的附属娱乐房间，不应与客房和其他有安静要求的房间设置在同一走廊内。

(7) 客房沿交通干道或停车场布置时，应采取防噪措施，如采用密闭窗或双层窗；也可利用阳台或外廊进行隔声减噪处理。

(8) 电梯井道不应毗邻客房和其他有安静要求的房间。

2) 客房及客房楼的隔声设计，应符合下列规定：

(1) 客房之间的送风和排气管道，应采取消声处理措施，相邻客房间的空气声隔声性能应满足规范规定。

(2) 旅馆建筑内的电梯间，高层旅馆的加压泵、水箱间及其他产生噪声的房间，不应与需要安静的客房、会议室、多用途大厅等毗邻，更不应设置在这些房间的上部。确需设置于这些房间的上部时，应采取有效的隔振降噪措施。

(3) 走廊两侧配置客房时，相对房间的门宜错开布置。走廊内宜采用铺设地毯、安装吸声吊顶等吸声处理措施，吊顶所用吸声材料的降噪系数 (NRC) 不应小于 0.40 (图 3-3-6)。

(4) 相邻客房卫生间的隔墙，应与上层楼板紧密接触，不留缝隙。相邻客房隔墙上的所有电气插座、配电箱或其他嵌入墙里对墙体构造造成损伤的配套构件，不宜背对背布置，宜相互错开，并应对损伤墙体所开的洞（槽）有相应的封堵措施。

(5) 客房隔墙或楼板与玻璃幕墙之间的缝隙应使用有相应隔声性能的材料封堵，以保证整个隔墙或楼板的隔声性能满足标准要求；在设计玻璃幕墙时应为此预留条件。

(6) 当相邻客房橱柜采用"背靠背"布置，两个橱柜应使用满足隔声标准要求的墙体隔开。

3) 设有活动隔断的会议室、多用途厅，其活动隔断的空气声隔声性能应

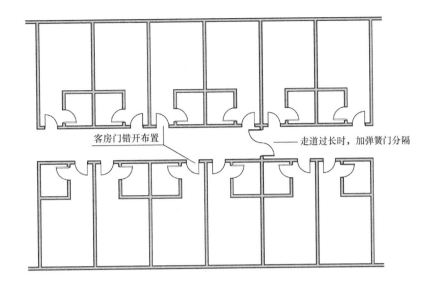

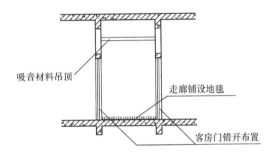

图 3-3-6　旅馆客房走廊防噪声措施

符合规定。

3.4　建筑热工设计

建筑热工设计主要包括建筑物及其围护结构的保温、隔热和防潮设计。保温和隔热设计又是其中的重点。提倡节约能耗已成为一项基本国策，因此在各项建设中越来越重视经济效益，保温和隔热设计也开始受到重视。建筑热工设计除了应满足保温隔热要求之外，还应经济合理，以取得最佳的技术经济效果。

3.4.1　建筑气候类型分区及设计要求

建筑热工设计应与地区气候相适应，建筑热工设计应按照我国气候类型分区进行设计。我国按照各地区气候特点划分为严寒地区、寒冷地区、夏热冬冷地区、夏热冬暖地区、温和地区五个建筑气候类型分区，各气候类型分区的气候特点及设计要求见表3-4-1。

我国建筑气候类型分区及设计要求　　　　　　　表 3-4-1

分区名称	分区指标		热工设计要求
	主要指标	辅助指标	
严寒地区	最冷月平均温度≤-10℃	日平均温度≤5℃的天数≥145d	必须充分满足冬季保温要求,一般可不考虑夏季防热
寒冷地区	最冷月平均温度0～-10℃	日平均温度≤5℃的天数90～145d	应满足冬季保温要求,部分地区兼顾夏季防热
夏热冬冷地区	最冷月平均温度0～10℃,最热月平均温度25～30℃	日平均温度≤5℃的天数0～90d,日平均温度≥25℃的天数40～110d	必须满足夏季防热要求,适当兼顾冬季保温
夏热冬暖地区	最冷月平均温度>10℃,最热月平均温度25～29℃	日平均温度≥25℃的天数100～200d	必须充分满足夏季防热要求,一般可不考虑冬季保温
温和地区	最冷月平均温度0～13℃,最热月平均温度18～25℃	日平均温度≤5℃的天数0～90d	部分地区应考虑冬季保温,一般可不考虑夏季防热

3.4.2　冬季保温设计要求

1) 建筑物宜布置在向阳、无日照遮挡、避风地段。

2) 建筑物的体形设计宜减少外表面积,其平、立面的凹凸面不宜过多。建筑物围护结构的外表面积越大,其散热面越大。建筑物体形集中紧凑,平面立面凹凸变化少,平整规则有利于减少外表散热面积。

3) 严寒地区和寒冷地区的建筑物要采用围护结构外保温技术。居住建筑,严寒地区和寒冷地不设置开敞的楼梯间和外廊。公共建筑,在严寒地区出入口处设置门斗或热风幕等避风设施。

4) 建筑物外部窗户面积不宜过大,外门窗应减少其缝隙长度,并采取密封措施,宜选用节能型外门窗。

5) 严寒地区居住建筑的底层地面,在其周边一定范围内应采取保温措施。

3.4.3　夏季防热设计要求

1) 在建筑物的群体布置中将建筑物的主要用房迎着夏季主导风向布置,以利季风直接通过窗洞口进入室内。建筑群的总体布局、建筑物的平面空间组织、剖面设计和门窗的设置,都应有利于组织室内通风。

2) 建筑物的向阳面,特别是东、西向窗户、外墙和屋顶应采取有效的遮阳和隔热措施。

3) 建筑物的外围护结构，应进行夏季隔热设计，并应符合有关节能设计标准的规定。

4) 绿化建筑物也是行之有效的防热措施，可以在建筑物的东、西向墙种植可攀爬的植物，通过竖向绿化吸热，减少太阳辐射热传入室内。也可以在建筑物的屋顶上种植绿化，设置棚架廊亭，建水池、喷泉等以降温，调节小气候。

3.4.4 空调建筑热工设计要求

1) 空调建筑或空调房间应尽量避免东、西朝向和东、西向窗户。向阳面，特别是东、西向窗户，应采取热反射玻璃、反射阳光涂膜、各种固定式和活动式遮阳等有效的遮阳措施，建筑物外部窗户的部分窗扇应能开启。当有频繁开启的外门时，应设置门斗或空气幕等防渗透措施。建筑物外部窗户当采用单层窗时，窗墙面积比不宜超过 0.30；当采用双层窗或单框双层玻璃窗时，窗墙面积比不宜超过 0.40。

2) 空调房间应集中布置、上下对齐。温湿度要求相近的空调房间宜相邻布置。

3) 空调房间应避免布置在有两面相邻外墙的转角处和有伸缩缝处。空调房间应避免布置在顶层；当必须布置在顶层时，屋顶应有良好的隔热措施。

4) 在满足使用要求的前提下，空调房间的净高宜降低。空调建筑的外表面积宜减少，外表面宜采用浅色饰面。

5) 间歇使用的空调建筑，其外围护结构内侧和内围护结构宜采用轻质材料。连续使用的空调建筑，其外围护结构内侧和内围护结构宜采用重质材料。围护结构的构造设计应考虑防潮要求。

3.4.5 围护结构保温隔热措施

3.4.5.1 提高围护结构保温性能的措施

1) 采用轻质高效保温材料与砖、混凝土或钢筋混凝土等材料组成的复合结构。

2) 采用加气混凝土、泡沫混凝土等轻混凝土单一材料墙体时，内外侧宜作水泥砂浆抹面层或其他重质材料饰面层。

3) 采用多孔黏土空心砖或多排孔轻骨料混凝土空心砌块墙体。采用封闭空气间层或带有铝箔的空气间层。

4) 采用复合结构时，内外侧宜采用砖、混凝土或钢筋混凝土等重质材料，中间复合轻质保温材料。

3.4.5.2 提高围护结构隔热性能的措施

1) 外表面做浅色饰面，如浅色粉刷、涂层和面砖等。

2) 设置通风间层，如通风屋顶、通风墙等。通风屋顶的风道长度不大于10m。间层高度以20cm左右为宜。基层上面应有6cm左右的隔热层（图3-4-1）。夏季多风地区，檐口处宜采用兜风构造（图3-4-2）。

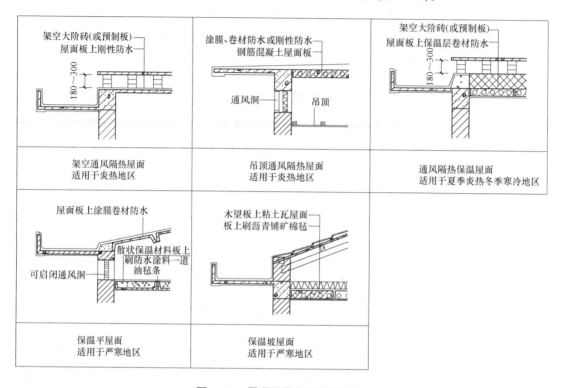

图 3-4-1　屋顶通风间层构造示例

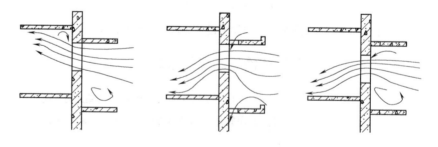

图 3-4-2　不同做法的遮阳板对气流的影响

3) 采用双排或三排孔混凝土或轻骨料混凝土空心砌块墙体。

4) 复合墙体的内侧宜采用厚度为10cm左右的砖或混凝土等重质材料。

5) 设置带铝箔的封闭空气间层。当为单面铝箔空气间层时，铝箔设在温度较高的一侧。

6) 蓄水屋顶，水面宜有水浮莲等浮生植物或白色漂浮物。水深宜为15～20cm。

7) 采用有土和无土植被屋顶，以及墙面垂直绿化等。

3.4.5.3 提高围护结构防潮性能的措施

1) 采用多层围护结构时,应将蒸汽渗透阻较大的密实材料布置在内侧,而将蒸汽渗透阻较小的材料布置在外侧。

2) 外侧有密实保护层或防水层的多层围护结构,经内部冷凝受潮验算而必须设置隔气层时,应严格控制保温层的施工湿度,或采用预制板状或块状保温材料,避免湿法施工和雨天施工,并保证隔气层的施工质量。对于卷材防水屋面,应有与室外空气相通的排湿措施。

3) 外侧有卷材或其他密闭防水层,内侧为钢筋混凝土屋面板的平屋顶结构,如经内部冷凝受潮验算不需设隔气层,则应确保屋面板及其接缝的密实性,达到所需的蒸汽渗透阻。

3.5 公共建筑节能设计

建筑设计除应执行国家有关工程建设的法律、法规、规范外,尚应符合下列要求:应按可持续发展战略的原则,正确处理人、建筑和环境的相互关系;必须保护生态环境,防止污染和破坏环境;应以人为本,满足人们物质与精神的需求;应贯彻节约用地、节约能源、节约用水和节约原材料的基本国策。

国际建协《芝加哥宣言》指出:"建筑及其建成环境在人类对自然环境的影响方面,扮演着重要的角色。符合可持续发展原理的设计,需要对资源和能源的使用效率,对健康的影响,对材料的选择方面进行综合思考"。"需要改变思想,以探求自然生态作为设计的重要依据"。建筑设计应该突破单学科的局限,对建筑物的结构、系统、服务和管理以及其间的内在联系,综合考虑,优化选择,提供一个投资合理,使用效率高,日常运行费用低,能适应发展需要的建筑设计。

3.5.1 公共建筑节能设计的概念

1) 我国建筑用能约占全国能源消费总量的27.5%,并将随着人民生活水平的提高逐步增加到30%以上。公共建筑用能数量巨大,浪费严重。制定并实施公共建筑节能设计标准,有利于改善公共建筑的室内环境,提高建筑用能系统的能源利用效率,合理利用可再生能源,降低公共建筑的能耗水平,为实现国家节约能源和保护环境的战略,贯彻有关政策和法规作出贡献。

2) 建筑分为民用建筑和工业建筑。民用建筑又分为居住建筑和公共建筑。目前中国每年建筑竣工面积约为 25 亿 m^2,其中公共建筑约有 5 亿 m^2。在公共建筑中,办公建筑、商场建筑,酒店建筑、医疗卫生建筑、教育建筑等几类建筑存在许多共性,而且其能耗较高,节能潜力大。

3) 公共建筑的节能设计，必须结合当地的气候条件，在保证室内环境质量，满足人们对室内舒适度要求的前提下，提高围护结构保温隔热能力，提高供暖、通风、空调和照明等系统的能源利用效率；在保证经济合理、技术可行的同时实现国家的可持续发展和能源发展战略，完成公共建筑承担的节能任务。

4) 随着建筑技术的发展和建设规模的不断扩大，超高超大的公共建筑在我国各地日益增多。超高超大类建筑多以商业用途为主，在建筑形式上追求特异，不同于常规建筑类型，且是耗能大户，如何加强对此类建筑能耗的控制，提高能源系统应用方案的合理性，选取最优方案，对建筑节能工作尤其重要。

5) 设计达到节能要求并不能保证建筑做到真正的节能。实际的节能效益，必须依靠合理运行才能实现。

3.5.2 公共建筑节能设计

1) 公共建筑分类应符合下列规定：

(1) 单栋建筑面积大于300m²的建筑，或单栋建筑面积小于或等于300m²但总建筑面积大于1000m²的建筑群，应为甲类公共建筑。

(2) 单栋建筑面积小于或等于300m²的建筑，应为乙类公共建筑。

2) 建筑群的总体规划应考虑减轻热岛效应。建筑的总体规划和总平面设计应有利于自然通风和冬季日照。建筑的主朝向宜选择本地区最佳朝向或适宜朝向，且宜避开冬季主导风向。

3) 建筑设计应遵循被动节能措施优先的原则，充分利用天然采光、自然通风，结合围护结构保温隔热和遮阳措施，降低建筑的用能需求。

4) 建筑体形宜规整紧凑，避免过多的凹凸变化。

5) 严寒和寒冷地区公共建筑体形系数应符合表3-5-1的规定。

严寒和寒冷地区公共建筑体形系数 　　　　表 3-5-1

单栋建筑面积 A(m²)	建筑体型系数
$300<A\leqslant800$	$\leqslant0.50$
$A>800$	$\leqslant0.40$

6) 严寒地区甲类公共建筑各单一立面窗墙面积比（包括透光幕墙）均不宜大于0.60；其他地区甲类公共建筑各单一立面窗墙面积比（包括透光幕墙）均不宜大于0.70。

7) 夏热冬暖、夏热冬冷、温和地区的建筑各朝向外窗（包括透光幕墙）均应采取遮阳措施；寒冷地区的建筑宜采取遮阳措施。当设置外遮阳时应符合下列规定：

(1) 东西向宜设置活动外遮阳，南向宜设置水平外遮阳。

(2) 建筑外遮阳装置应兼顾通风及冬季日照。

8) 严寒地区建筑的外门应设置门斗；寒冷地区建筑面向冬季主导风向的外门应设置门斗或双层外门，其他外门宜设置门斗或应采取其他减少冷风渗透的措施；夏热冬冷、夏热冬暖和温和地区建筑的外门应采取保温隔热措施(图 3-5-1)。

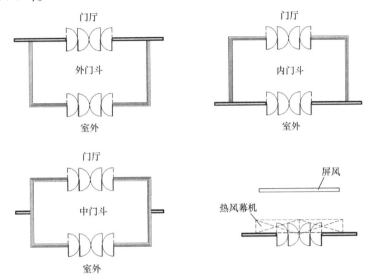

图 3-5-1 严寒和寒冷地区公共建筑入口防风措施

9) 建筑中庭应充分利用自然通风降温，并可设置机械排风装置加强自然补风。

10) 建筑设计应充分利用天然采光。天然采光不能满足照明要求的场所，宜采用导光、反光等装置将自然光引入室内。

11) 电梯应具备节能运行功能。两台及以上电梯集中排列时，应设置群控措施。电梯应具备无外部召唤且轿厢内一段时间无预置指令时，自动转为节能运行模式的功能。

12) 自动扶梯、自动人行步道应具备空载时暂停或低速运转的功能。

13) 屋面、外墙和地下室的热桥部位的内表面温度不应低于室内空气露点温度。

14) 建筑外门、外窗的气密性分级应符合国家标准《建筑外门窗气密、水密、抗风压性能分级及检测方法》的规定，并应满足下列要求：

(1) 10 层及以上建筑外窗的气密性不应低于 7 级。

(2) 10 层以下建筑外窗的气密性不应低于 6 级。

(3) 严寒和寒冷地区外门的气密性不应低于 4 级。

3.5.3 供暖、通风和空调节能设计

1) 严寒 A 区和严寒 B 区供暖期长，不论在降低能耗或节省运行费用方

面，还是提高室内舒适度、兼顾值班供暖等方面，通常采用热水集中供暖系统更为合理。

严寒C区和寒冷地区公共建筑的冬季供暖问题涉及很多因素，因此要结合实际工程通过具体的分析比较、优选后确定是否另设热水集中供暖系统。

2）系统冷热媒温度的选取应符合现行国家标准的规定。在经济技术合理时，冷媒温度宜高于常用设计温度，热媒温度宜低于常用设计温度

3）当利用通风可以排除室内的余热、余湿或其他污染物时，宜采用自然通风、机械通风或复合通风的通风方式。

4）符合下列情况之一时，宜采用分散设置的空调装置或系统：

（1）全年所需供冷、供暖时间短或采用集中供冷、供暖系统不经济。

（2）需设空气调节的房间布置分散。

（3）设有集中供冷、供暖系统的建筑中，使用时间和要求不同的房间。

（4）需增设空调系统，而难以设置机房和管道的既有公共建筑。

5）采用温湿度独立控制空调系统时，应符合下列要求：

（1）应根据气候特点，经技术经济分析论证，确定高温冷源的制备方式和新风除湿方式。

（2）宜考虑全年对天然冷源和可再生能源的应用措施。

（3）不宜采用再热空气处理方式。

6）使用时间不同的空气调节区不应划分在同一个定风量全空气风系统中。温度、湿度等要求不同的空气调节区不宜划分在同一个空气调节风系统中。

7）集中供暖系统应采用热水作为热媒。

8）在人员密度相对较大且变化较大的房间，宜根据室内 CO_2 浓度检测值进行新风需求控制，排风量也宜适应新风量的变化以保持房间的正压。

9）当采用人工冷、热源对空气调节系统进行预热或预冷运行时，新风系统应能关闭；当室外空气温度较低时，应尽量利用新风系统进行预冷。

10）空气调节内、外区应根据室内进深、分隔、朝向、楼层以及围护结构特点等因素划分。内、外区宜分别设置空气调节系统。

11）风机盘管加新风空调系统的新风宜直接送入各空气调节区，不宜经过风机盘管机组后再送出。

12）严寒和寒冷地区通风或空调系统与室外相连接的风管和设施上应设置可自动连锁关闭且密闭性能好的电动风阀，并采取密封措施。

13）散热器宜明装；地面辐射供暖面层材料的热阻不宜大于 0.05m² · K/W。

14）建筑空间高度大于等于 10m 且体积大于 10000m³ 时，宜采用辐射供暖供冷或分层空气调节系统。

Chapter4   The stipulation of code on equipment

第4章　规范在设备方面的规定

第4章　规范在设备方面的规定

建筑中的设备内容包括：给水和排水、供暖和空调、通风、人工照明、智能系统等。建筑设备是保证建筑的使用功能正常运行，保证使用者的工作和生活正常进行，满足使用者正常生理和心理需求的保证。现代建筑中设备的进步与发展，不仅给建筑提供了日益完善的室内环境条件，同时也使建筑设计工作的复杂性不断提高，要求建筑设计者掌握建筑设备的基本知识，了解规范对于建筑设备的相关规定，在进行建筑设计时才能和相关设备专业进行配合，才能解决好建筑设计与设备系统的关系。

本章从给水和排水、供暖和空调、通风、人工照明、智能系统五个方面对规范在建筑设备方面的要求进行介绍。

4.1　给水和排水

建筑给水排水设计应满足生活和消防的要求。建筑给排水工程应达到适用、经济、卫生、安全的基本要求。我国水资源并不富有，有些地区严重缺水，所以从可持续发展的战略目标出发，必须采取一切有效措施节约用水。

1）生活饮用水的水质，应符合国家现行有关生活饮用水卫生标准的规定。任何为了获取某种利益而可能造成水质污染的做法均应杜绝。

2）建筑物内的生活饮用水水池、水箱的池（箱）体应采用独立结构形式，不得利用建筑物的本体结构作为水池和水箱的壁板、底板及顶板。生活饮用水池（箱）的材质、衬砌材料和内壁涂料不得影响水质。

3）埋地生活饮用水贮水池周围10m以内，不得有化粪池、污水处理构筑物、渗水井、垃圾堆放点等污染源，周围2m以内不得有污水管和污染物（图4-1-1）。

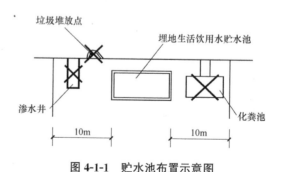

图4-1-1　贮水池布置示意图

4）建筑给水设计应符合下列规定：

(1) 宜实行分质供水，优先采用循环或重复利用的给水系统。

(2) 应采用节水型卫生洁具和水嘴。

(3) 住宅应分户设置水表计量，公共建筑的不同用户应分设水表计量。

(4) 建筑物内的生活给水系统及消防供水系统的压力应符合给排水设计规范和防火规范有关规定。

(5) 条件许可的新建居住区和公共建筑中可设置管道直饮水系统。

5) 建筑排水应遵循雨水与生活排水分流的原则排出，并应遵循国家或地方有关规定确定设置中水系统。

6) 在水资源紧缺地区，应充分开发利用小区和屋面雨水资源，并因地制宜，将雨水经适当处理后采用入渗和贮存等利用方式。

7) 排水管道不得布置在食堂、饮食业的主副食操作烹调备餐部位的上方，也不得穿越生活饮用水池部位的上方。

8) 室内给水排水管道不得布置在遇水会引起燃烧、爆炸的原料、产品和设备的上面。

9) 排水立管不得穿越卧室、病房等对卫生、安静有较高要求的房间，并不宜靠近与卧室相邻的内墙。

10) 给排水管不应穿越配变电房、档案室、电梯机房、通信机房、大中型计算机网络中心、音像库房等遇水会损坏设备和引发事故的房间。

11) 给排水管穿越地下室外墙或地下构造物的墙壁处，应采取防水措施(图 4-1-2)。

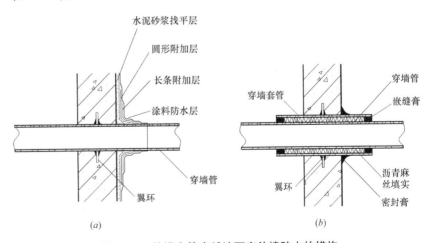

图 4-1-2　给排水管穿越地下室外墙防水的措施

(a) 穿墙管附加防水层做法；(b) 穿墙套管防水做法

12) 给水泵房、排水泵房不得设置在有安静要求的房间上面、下面和毗邻的房间内；泵房内应设排水设施，地面应设防水层；泵房内应有隔振防噪设置。消防泵房应符合防火规范的有关规定。

13) 卫生洁具、水泵、冷却塔等给排水设备、管材应选用低噪声的产品。

4.2 供暖和空调

暖通和空调系统设计的目的是为民用建筑提供舒适的生活、工作环境。民用建筑中暖通和空调系统的设计应满足安全、卫生和建筑使用功能的要求。

1) 采暖设计应符合下列要求：民用建筑采暖系统的热媒宜采用热水；居住建筑采暖系统应有实现热计量的条件；住宅楼集中采暖系统需要专业人员调节、检查、维护的阀门、仪表等装置不应设置在私有套型内；一个私有套型中不应设置其他套型所用的阀门、仪表等装置；采暖系统中的散热器、管道及其连接件应满足系统承压要求。严寒地区公共建筑物宜设值班采暖。

2) 空气调节系统应符合下列要求：空气调节系统的民用建筑，其层高、吊顶高度应满足空调系统的需要；空气调节系统的风管管道应选用不燃材料；空气调节机房不宜与有噪声限制的房间相邻；空气调节系统的新风采集口应设置在室外空气清新、洁净的位置；空调机房的隔墙及隔墙上的门应符合防火规范的有关规定。

不同类型的建筑，由于使用功能的不同和使用者情况的差异，对于采暖和空调系统的要求也各不相同。

4.2.1 文教建筑

4.2.1.1 托儿所、幼儿园建筑

1) 采用低温地面辐射供暖方式时，地面表面温度不应超过 28℃。

2) 严寒与寒冷地区应设置集中供暖设施，并宜采用热水集中供暖系统；夏热冬冷地区宜设置集中供暖设施；对于其他区域，冬季有较高室温要求的房间宜设置单元式供暖装置。

3) 用于供暖系统总体调节和检修的设施，应设置于幼儿活动室和寝室之外。

4) 当采用散热器供暖时，散热器应暗装。

5) 当采用电采暖时，应有可靠的安全防护措施。

6) 供暖系统应设置热计量装置，并应实现分室控温。

7) 乡村托儿所、幼儿园建筑宜就地取材，采用可靠的能源形式供暖，并应保障环境安全。

8) 托儿所、幼儿园建筑与其他建筑共用集中供暖热源时，宜设置过渡季供暖设施。

9) 最热月平均室外气温大于和等于 25℃ 地区的托儿所、幼儿园建筑，宜设置空调设备或预留安装空调设备的条件。

4.2.1.2 中小学校建筑

1) 中小学校建筑的采暖通风与空气调节系统的设计应满足舒适度的要求，并符合节约能源的原则。

2) 中小学校的采暖与空调冷热源形式应根据所在地的气候特征、能源资源条件及其利用成本，经技术经济比较确定。

3) 采暖地区学校的采暖系统热源宜纳入区域集中供热管网。无条件时宜设置校内集中采暖系统。非采暖地区，当舞蹈教室、浴室、游泳馆等有较高温度要求的房间在冬季室温达不到规定温度时，应设置采暖设施。

4) 中小学校热环境设计中，当具备条件时，应进行技术经济比较，优先利用可再生能源作为冷热源。

5) 中小学校的采暖系统应实现分室控温；宜有分区或分层控制手段。

6) 中小学校内各种房间的采暖设计温度不应低于表 4-2-1 的规定。

采暖室内计算温度　　　　　　　　　　表 4-2-1

房间名称		室内设计温度(℃)
教学及教学辅助用房	普通教室、科学教室、实验室、史地教室、美术教室、书法教室、音乐教室、语言教室、学生活动室、心理咨询室、任课教师办公室	18
	舞蹈教室	22
	体育馆、体质测试室	12~15
	计算机教室、合班教室、德育展览室、仪器室	16
	图书室	20
行政办公用房	办公室、会议室、值班室、安防监控室、传达室	18
	网络控制室、总务仓库及维修工作间	16
	卫生室(保健室)	22
生活服务用房	食堂、卫生间、走道、楼梯间	16
	浴室	25
	学生宿舍	18

7) 计算机教室、视听阅览室及相关辅助用房宜设空调系统。

8) 中小学校的网络控制室应单独设置空调设施，其温、湿度应符合现行国家标准《电子信息系统机房设计规范》的有关规定。

4.2.1.3 文化馆建筑

1) 设置集中采暖系统的文化馆应采用热水为热媒。设置在舞蹈排练室、儿童活动房间的散热器应采取防护措施。

2) 文化馆各类房间的采暖室内计算温度应符合表 4-2-2 的规定。

采暖室内计算温度　　　　　　　　　　表 4-2-2

房间名称	室内计算温度（℃）
报告厅、展览陈列厅、图书阅览室、观演厅、各类教室、音乐、文学创作室、办公室等	18
舞蹈排练室、琴房、录音录像棚、摄影、美术工作室	20
设备用房、服装、道具、物品仓库	14

3）空调水系统管道不应穿越变配电间、计算机机房、控制室、档案室的藏品区等。当房间内需设置散热器时，应采取防止渗漏措施。

4.2.2　馆藏类建筑

4.2.2.1　图书馆建筑

1）图书馆设置集中采暖或空气调节系统时，室内温度、湿度设计参数宜分别符合表 4-2-3 的规定。

图书馆集中采暖系统室内温度设计参数　　　表 4-2-3

房间名称	室内温度（℃）	房间名称	室内温度（℃）
少年儿童阅览室	20	会议室	18
普通阅览室		报告厅（多功能厅）	
舆图阅览室		装裱、修整室	
缩微阅览室		复印室	
电子阅览室		门厅	16
开架阅览室、开架书库		走廊	
视听室		楼梯间	
研究室		卫生间	
内部业务办公室		基本书库	14
目录、出纳厅（室）		特藏书库	
读者休息室		陈列室	

2）基本书库的温度不宜低于 5℃ 且不宜高于 30℃；相对湿度不宜小于 30% 且不宜大于 65%。

3）特藏书库储存环境的温度、湿度应相对稳定，24h 内温度变化不应大于 ±2℃，相对湿度变化不应大于 ±5%。与特藏书库毗邻的特藏阅览室，温度差不宜超过 ±2℃，相对湿度差不宜超过 ±10%。

4）图书馆内的系统网络机房温度、湿度参数及其他设计要求应符合现行国家标准《电子信息系统机房设计规范》的规定。

5）采暖、空调系统应根据图书馆的性质及使用功能进行分区和设置。

6）书库设置集中采暖时，热媒宜采用不超过 95℃ 的热水，管道及散热器应采取可靠措施，严禁渗漏。

7）特藏书库、系统网络主机房的空调设备宜单独设置机房，当不具备条件时，空调设备应具有漏水检测报警等功能。

特藏书库空气调节设备不宜少于 2 台，当其中一台停止工作时，其余空调设备的负荷宜满足总负荷的 80%。

4.2.2.2 档案馆建筑

1）档案库及档案业务和技术用房设置空调时，室内温湿度要求应符合本规范表 4-2-4 和表 4-2-5 的规定。

纸质档案库的温湿度要求 表 4-2-4

用房名称	温度（℃）	相对湿度（%）
纸质档案库	14~24	45~60

特殊档案库的温度要求 表 4-2-5

用房名称		温度（℃）	相对湿度（%）
特藏库		14~20	45~55
音像磁带库		14~24	40~60
胶片库	拷贝片	14~24	40~60
	母片	13~15	35~45

2）档案库不宜采用水、汽为热媒的采暖系统。确需采用时，应采取有效措施，严防漏水、漏气，且采暖系统不应有过热现象。

3）每个档案库的空调应能够独立控制。

4）通风、空调管道应有气密性良好的进、排风口。

5）母片库应设独立的空调系统。

4.2.3 博物馆建筑

1）博物馆的陈列展览区和工作区供暖室内设计温度应符合下列规定：

（1）严寒和寒冷地区主要房间应取 18~24℃。

（2）夏热冬冷地区主要房间宜取 16~22℃。

（3）值班房间不应低于5℃。

2）博物馆的陈列展览区、藏品库区和公众集中活动区宜采用全空气空调系统。

3）博物馆建筑的下列区域宜分别或独立设置空气调节系统：

（1）使用时间不同的空气调节区域。

（2）温湿度基数和允许波动范围不同的空气调节区域。

（3）对空气的洁净要求不同的空气调节区域。

（4）在同一时间内需分别进行供热和供冷的空气调节区域。

4）藏品库房温湿度要求应根据藏品类别和材质确定。空调系统宜独立设置，或可局部添加小型温湿度调节设备。有藏品区域应设有温湿度调节的设施，特别珍贵物品藏品库的空调系统冷热源应设置备用机组。空调水管、空气凝结水管不应穿越藏品库房。

5）博物馆建筑内使用樟脑气体防虫和液体浸制的标本库房，空调和通风系统应独立设置。

6）库房区和敏感藏品封闭式展区的空调系统应按工艺要求设置空气过滤装置，但不应使用静电空气过滤装置。

7）展示书画及对温湿度较敏感藏品的展厅，可设置展柜恒温恒湿空调机组。

8）熏蒸室应设独立机械通风系统，且排风管道不应穿越其他用房；排风系统应安装滤毒装置，且控制开关应设置在室外。

9）藏品技术用房、展品制作与维修用房、实验室等应按工艺要求设置带通风柜的通风系统和全室通风系统，并应按工艺要求计算通风换气量。

10）对于博物馆建筑内化学危险品和放射源及废料的放置室，夏季应设置使室温小于 25℃ 的冷却措施，并应设有通风设施。

11）当技术经济比较合理时，博物馆的集中机械排风系统宜设置热回收装置。

12）博物馆建筑的供暖通风与空调系统应进行监测与控制，且监控内容应根据其功能、用途、系统类型等经技术经济比较后确定。

13）博物馆建筑中经常有人停留或可燃物较多的房间及疏散走道、疏散楼梯间、前室等应设置防排烟系统，并应符合现行国家标准《建筑设计防火规范》的有关规定。

4.2.4　观演类建筑

4.2.4.1　剧场建筑

1）剧场内的观众厅、舞台、化妆室及贵宾室，甲等应设空气调节；乙等炎热地区宜设空气调节。未设空气调节的剧场，观众厅应设机械通风。

2）面光桥、耳光室、灯控室、声控室、同声翻译室应设机械通风或空气调节，厕所、吸烟室应设机械排风。前厅和休息厅不能进行自然通风时，应设机械通风。

3）剧场的空气调节系统应符合下列规定：舞台、观众厅宜分系统设置，化妆室、灯控室、声控室、同声翻译室等可设独立系统或装置。

4）剧场的送风方式应按具体条件选定，并应符合下列规定：舞台、观众厅的气流组织应进行计算；布置风口时，应避免气流短路或形成死角；舞台送风应送入表演区，但不得吹动幕布及布景（图 4-2-1）。

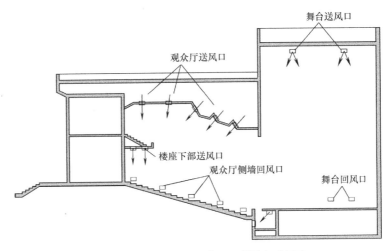

图 4-2-1　剧院空调上送下回送风方式示意

4.2.4.2　电影院建筑

1) 特级、甲级电影院应设空气调节；乙级电影院宜设空气调节，无空气调节时应设机械通风；丙级电影院应设机械通风。

2) 放映机房的空调系统不应回风。

3) 放映机房的通风和带有新风的空气调节应符合下列规定：

(1) 凡观众厅设空气调节的电影院，其放映机房亦宜设空气调节。

(2) 机械通风或空气调节均应保持负压，其排风换气次数不应小于 15 次/h。

4) 通风和空气调节系统应按具体条件确定，并应符合规定：

(1) 单风机空气调节系统应考虑排风出路；不同季节进排风口气流方向需转换时，应考虑足够的进风面积；排风口位置的设置不应影响周围环境。

(2) 空气调节系统设计应考虑过渡季节不进行热湿处理，仅作机械通风系统使用时的需要。

(3) 观众厅应进行气流组织设计，布置风口时，应避免气流短路或形成死角（图 4-2-2）。

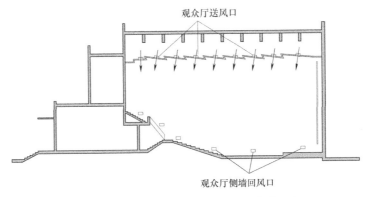

图 4-2-2　电院院空调上送下回送风方式示意

（4）采用自然通风时，应以热压进行自然通风计算，计算时不考虑风压作用。

5）通风和空气调节系统应符合下列安全、卫生规定：

（1）制冷系统不应采用氨作制冷剂。

（2）地下风道应采取防潮、防尘的技术措施，地下水位高的地区不宜采用地下风道。

（3）观众用厕所应设机械通风。

6）通风或空气调节系统应采取消声减噪措施，应使通过风口传入观众厅的噪声比厅内允许噪声低 5dB。

7）通风、空气调节和冷冻机房与观众厅紧邻时应采取隔声减振措施，其隔声及减振能力应使传到观众厅的噪声比厅内允许噪声低 5dB。

4.2.4.3 体育建筑

1）室内采暖通风和空气调节设计应满足运动员对比赛和训练的要求，为观众和工作人员提供舒适的观看和工作环境。

2）特级和甲级体育馆应设全年使用的空气调节装置，乙级宜设夏季使用的空气调节装置。乙级以上的游泳馆应设全年使用的空气调节装置。未设空气调节的体育馆、游泳馆应设机械通风装置，有条件时可采用自然通风。

3）比赛大厅有多功能活动要求时，空调系统的负荷应以最大负荷的情况计算，并能满足其他工作情况时调节的可能性。

4）空调系统的设置应符合下列要求：

（1）大型体育馆比赛大厅可按观众区与比赛区、观众区与观众区分区布置空调系统（图 4-2-3）。

（2）游泳馆池厅的空气调节系统应和其他房间分开设置。乙级以上游泳馆池区和观众区也应分别设置空气调节系统。池厅对建筑其他部位应保持负压。

（3）运动员休息室、裁判员休息室等宜采用各房间可分别控制室温的系统。

（4）计时记分牌机房、灯光控制室等应考虑通风和降温措施，降温宜采用独立的空气调节设备。

（5）严寒和寒冷地区体育馆比赛大厅冬季宜采用散热器与空调送热风相结合的方式供暖。

（6）乙级及以上体育馆、游泳馆的空调系统应设有自控装置，其余宜设自动监测装置。

4.2.5 办公建筑

1）根据办公建筑的分类、规模及使用要求，宜设置集中采暖、集中空调或分

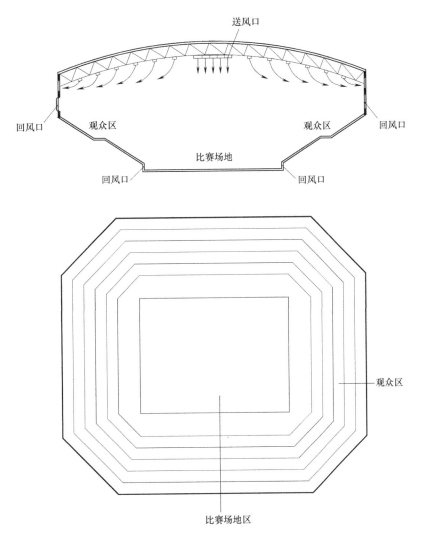

图 4-2-3　体育馆空调分区布置示意

散式空调（图 4-2-4），并应根据当地的能源情况，经过技术经济比较，选择合理的供冷、供热方式。

2）根据办公建筑分类，其室内主要空调指标应符合下列要求：

（1）一类标准应符合下列条件：

① 室内温度：夏季应为 24℃，冬季应为 20℃。

室内相对湿度：夏季应小于或等于 55%，冬季应大于或等于 45%。

② 新风量每人每小时不应低于 30m³。

③ 室内风速应小于或等于 0.20m/s。

④ 室内空气中含尘量应小于或等于 0.15mg/m³。

（2）二类标准应符合下列条件：

① 室内温度：夏季应为 26℃，冬季应为 18℃。

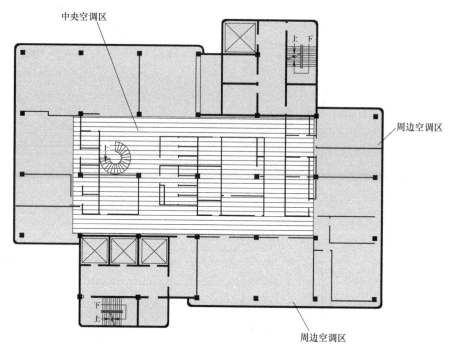

图 4-2-4　办公建筑空调分区布置示意

室内相对湿度：夏季应小于或等于 60％，冬季应大于或等于 30％。

② 新风量每人每小时不应低于 30m³。

③ 室内风速应小于或等于 0.25m/s。

④ 室内空气含尘量应小于或等于 0.15mg/m³。

(3) 三类标准应符合下列条件：

① 室内温度：夏季应为 27℃，冬季应为 18℃。

室内相对湿度：夏季应小于或等于 65％，冬季不控制。

② 新风量每人每小时不应低于 30m³。

③ 室内风速应小于或等于 0.30m/s。

④ 室内空气含尘量应小于或等于 0.15mg/m³。

3) 采暖、空调系统的划分应符合下列要求：

(1) 采用集中采暖、空调的办公建筑，应根据用途、特点及使用时间等划分系统。

(2) 进深较大的区域，宜划分为内区和外区，不同的朝向宜划为独立区域。

(3) 全年使用空调的特殊房间，如计算机房、电话机房、控制中心等，应设独立的空调系统。

4) 采暖、空调系统宜设置温度、湿度自控装置，对于独立计费的办公室应装分户计量装置。

5) 办公建筑宜设集中或分散的排风系统，办公室的排风量不应大于新风量的 90%，卫生间、吸烟室应保持负压。

6) 办公建筑不宜采用直接电热式采暖供热设备。

4.2.6 医疗类建筑

4.2.6.1 综合医院建筑

1) 医院应根据其所在地区的气候条件、医院性质，以及部门、科室的功能要求，确定在全院或局部实施采暖与通风、普通空调或净化空调。

2) 采用散热器采暖时，应以热水为介质，不应采用蒸汽。供水温度不应大于 85℃。散热器应便于清洗消毒。

3) 当采用自然通风时，中庭内不宜有遮挡物，当有遮挡物时宜辅之以机械排风。气候条件适合地区，可利用穿堂风，应保持清洁区域位于通风的上风侧。

4) 凡产生气味、水气和潮湿作业的用房，应设机械排风。

5) 空调系统应符合下列要求：

(1) 应根据室内空调设计参数、医疗设备、卫生学、使用时间、空调负荷等要求合理分区。

(2) 各功能区域宜独立，宜单独成系统。

(3) 各空调分区应能互相封闭，并应避免空气途径的医院感染。

(4) 有洁净度要求的房间和严重污染的房间，应单独成一个系统。

6) 无特殊要求时不应在空调机组内安装臭氧等消毒装置。不得使用淋水式空气处理装置。

7) 空调机组宜设置在便于日常检修及更换的机房或设备夹层内。

8) 核医学检查室、放射治疗室、病理取材室、检验科、传染病病房等含有害微生物、有害气溶胶等污染物场所的排风，应处理达标后排放。

9) 没有特殊要求的排风机应设在排风管路末端，使整个管路为负压。

4.2.6.2 疗养院建筑

1) 采暖区的疗养院应有热水采暖系统。

2) 一般用房、走廊和楼梯间等应采取自然通风。

4.2.7 交通类建筑

4.2.7.1 交通客运站建筑

1) 供暖地区的交通客运站，应设置集中供暖系统。四级及以下站级汽车客运站因地制宜，可采用其他供暖方式。

2) 严寒和寒冷地区的候乘厅、售票厅等，其供暖系统宜独立设置，并宜设置集中室温调节装置，非使用时段可调至值班供暖温度。

3) 高大空间的候乘厅、售票厅，宜采用低温地板辐射供暖方式。

4) 候乘厅、售票厅等人员密集场所应设通风换气装置，通风量应符合现行国家标准的有关规定。公共厕所应设机械排风装置，换气次数不应小于 10 次/h。

5) 当候乘厅、售票厅采取机械通风时，冬季宜采用值班供暖与热风供暖相结合的供暖方式。

6) 汽车客运站设在封闭或半封闭空间内时，发车位和站台宜设汽车尾气集中排放措施。

7) 严寒和寒冷地区的一、二级交通客运站候乘厅、售票厅等，其通向室外的主要出入口宜设热空气幕。

8) 一、二级交通客运站的候乘厅和国际候乘厅、联检厅，宜设舒适性空调系统。对高大空间宜采用分层空气调节系统。

4.2.7.2 铁路旅客车站建筑

1) 严寒地区的特大型、大型站站房的主要出入口应设热风幕；中型站当候车室热负荷较大时，其站房的主要出入口宜设热风幕，寒冷地区的特大型、大型站站房的主要出入口宜设热风幕。

2) 夏热冬冷地区及夏热冬暖地区的特大型、大型、中型站和国境（口岸）站的候车室且售票厅宜设空气调节系统。

3) 空气调节的室内计算温度，冬季宜为 18～20℃，相对湿度不小于40%；夏季宜为 26～28℃，相对湿度宜为 40%～65%。

4) 空调系统应采用节能型设备和置换通风、热泵、蓄冷（热）等技术，并应满足使用功能要求；对有共享空间的多层候车区，应考虑温度梯度对多层候车区的影响。

5) 候车室、售票厅等房间应以自然通风为主，辅以机械通风；厕所、吸烟室应设机械通风。

4.2.8 旅馆建筑

1) 旅馆建筑的供暖、空调和生活用热源，宜整体协调，统一考虑。

2) 空调制冷运行时间较长的四级和五级旅馆建筑宜对空调废热进行回收利用。

3) 太阳能资源充沛的地区，宜采用太阳能热水系统。

4) 旅馆建筑供暖及空调系统热源的选择应符合下列规定：

(1) 严寒和寒冷地区，应优先采用市政热网或区域热网供热。

(2) 不具备市政或区域热网的地区，可采用自备锅炉房供热或其他方式供热。锅炉房的燃料应结合当地的燃料供应情况确定，并宜采用燃气。

(3) 宜利用废热或可再生能源。

5）旅馆建筑空调系统的冷源设备或系统选择，宜符合下列规定：

（1）对一级、二级旅馆建筑的空调系统，当仅提供制冷时，宜采用分散式独立冷源设备。

（2）三级及以上旅馆建筑的空调系统宜设置集中冷源系统。

6）旅馆建筑房间和公共区域空调系统的设置宜符合下列规定：

（1）面积或空间较大的公共区域，宜采用全空气空调系统。

（2）客房或面积较小的区域，宜设置独立控制室温的房间空调设备。

7）旅馆建筑供暖系统的设置应符合下列规定：

（1）严寒地区应设置供暖系统；其他地区可根据冷热负荷的变化和需求等因素，经技术经济比较后，采用"冬季供暖＋夏季制冷"或者冬、夏空调系统。

（2）严寒和寒冷地区旅馆建筑的门厅、大堂等高大空间以及室内游泳池人员活动地面等，宜设置低温地面辐射供暖系统。

（3）供暖系统的热媒应采用热水。

8）旅馆建筑内的厨房、洗衣机房、地下库房、客房卫生间、公共卫生间、大型设备机房等，应设置通风系统，并应符合下列规定：

（1）厨房排油烟系统应独立设置，其室外排风口宜设置在建筑外的较高处，且不应设置于建筑外立面上。

（2）洗衣房的洗衣间排风系统的室外排风口的底边，宜高于室外地坪2m以上。

（3）大型设备机房、地下库房应根据卫生要求和余热量等因素设置通风系统。

（4）卫生间的排风系统不应与其他功能房间的排风系统合并设置。

4.2.9　商业类建筑

4.2.9.1　商店建筑

1）商店建筑应根据规模、使用要求及所在气候区，设置供暖、通风及空气调节系统，并应根据当地的气象、水文、地质条件及能源情况，选择经济合理的系统形式及冷、热源方式。

2）平面面积较大、内外分区特征明显的商店建筑，宜按内外区分别设置空调风系统。

3）大型商店建筑内区全年有供冷要求时，过渡季节宜采用室外自然空气冷却，供暖季节宜采用室外自然空气冷却或天然冷源供冷。

4）人员密集场所的空气调节系统宜采取基于CO_2浓度控制的新风调节措施。

5）严寒和寒冷地区带中庭的大型商店建筑的门斗应设供暖设施，首层宜加设地面辐射供暖系统。

4.2.9.2 饮食建筑

1）厨房和饮食制作间内应采用耐腐蚀和便于清扫的散热器。

2）一级餐馆的餐厅、一级饮食店的饮食厅和炎热地区的二级餐馆的餐厅宜设置空调。一级餐馆宜采用集中空调系统，一级饮食店和二级餐馆可采用局部空调系统。

4.2.10 居住建筑

4.2.10.1 宿舍建筑

1）采暖地区的宿舍宜采用集中采暖系统，采暖热媒应采用热水。条件不许可时，也可采用分散式采暖方式。集中采暖系统中，用于总体调节和检修的设施，不应设置于居室内。

2）最热月平均室外气温大于和等于25℃的地区，可设置空调设备或预留安装空调设备的条件。设置非集中空调设备的宿舍建筑，应对空调室外机的位置统一设计、安排。空调设备的冷凝水应有组织排放。

4.2.10.2 老年人建筑

1）严寒地区和寒冷地区的老年人居住建筑应设集中采暖系统。夏热冬冷地区有条件时宜设集中采暖系统。散热器宜暗装。有条件时宜采用地板辐射采暖。

2）最热月平均室外气温高于和等于25℃地区的老年人居住建筑宜设空调降温设备，出风口位置应进行设计，冷风不宜直接吹向人体。

4.3 通风

建筑物在使用过程中会产生各种各样的有害气体，如建筑内人员产生的二氧化碳、各种异味、饮食操作的油烟气、建筑材料和装饰材料释放的有毒、有害气体等在室内积聚，形成了室内空气污染。室内空气污染物主要有甲醛、氨、氡、二氧化碳、二氧化硫、氮氧化物、可吸入颗粒物、总挥发性有机物、细菌、苯等，这些污染容易导致人们患上各种慢性病，引起传染病传播，专家称这些慢性病为"建筑物综合征"或"建筑现代病"。这些病的普遍性和它的危害性，已引起世界各国对室内空气环境质量的关注。这也使得建筑通风成了十分重要的建筑设计原则。

从可持续发展、节约能源的角度以及当今社会人们追求自然的心理需求，建筑通风应推崇和提倡直接的自然通风。人员经常生活、休息、工作活动的空间（如居室、厨房、儿童活动室、中小学生教室、学生公寓宿舍、育婴室、养老院、病房等）应采用直接自然通风。

建筑物室内应有与室外空气直接流通的窗口或洞口，否则应设自然通风道或机械通风设施。建筑通风主要是通过开设窗口、洞口，或设置垂直向、水平向通风道，使室内污浊空气自然地或者通过机械强制地排出室外，达到净化室内空气的目的。我们应通过建筑通风设计贯彻执行国家现行关于室内空气质量的相关标准。建筑通风另一作用是通风降温。夏季可以通过建筑的合理空间组合、调整门窗洞口位置、利用建筑构件导风等处理手法，使建筑内形成良好的穿堂风，达到降温的目的。为此，建筑物内各类用房均应有建筑通风设计。

1）采用直接自然通风的空间，其通风开口面积应符合下列规定：生活、工作的房间的通风开口有效面积不应小于该房间地板面积的 1/20；厨房的通风开口有效面积不应小于该房间地板面积的 1/10，并不得小于 0.60m²，厨房的炉灶上方应安装排除油烟设备，并设排烟道。

2）严寒地区居住用房，厨房、卫生间应设自然通风道或通风换气设施。严寒地区和寒冷地区的建筑冬季均需采暖保温。采暖期内建筑物各用房的外窗、外门都要封闭，而且要封闭整个采暖期，一方面是冬季室内污染相当严重，另一方面为了避免造成热能损失，又不能开窗换气。因此，严寒地区居住用房以及严寒和寒冷地区的厨房应设置竖向或水平向自然通风道或通风换气设施（如窗式通风装置等）。建筑内采用气密窗，或窗户加设密封条时，房间应加设辅助换气设施。自然通风道的位置应设于窗户或进风口相对的一面（图 4-3-1）。

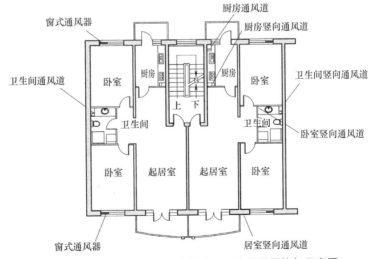

图 4-3-1 严寒地区居住用房厨房、卫生间通风换气示意图

3）无外窗的浴室和厕所应设机械通风换气设施，并设通风道。厨房、卫生间的门的下方应设进风固定百叶，或留有进风缝隙。当前对住宅厨卫进风的技术和装置尚无明确规定。厨房、卫生间的门的下方常设有效面积不小于 0.02m² 的进风固定百叶或留有距地 15mm 高的进风缝是为了组织进风，促进室内空气循环。

4) 新风系统应符合下列要求：机械新风系统的进风口应设置在室外空气清新、洁净的位置；废气排放不应设置在有人停留或通行的地带；机械新风系统的管道应选用不燃材料；通风机房不宜与有噪声限制的房间相邻布置。

4.4 人工照明

室内人工照明是室内环境设计的重要组成部分，室内照明设计要有利于人的工作活动安全和生活的舒适。在人们的生活中，光不仅仅是室内照明的条件，而且是表达空间形态、营造环境气氛的基本元素。光照的作用，对人的视觉功能极为重要。室内灯光照明设计在功能上要满足人们多种活动的需要，而且还要重视空间的照明效果。

4.4.1 照明方式和照明种类

4.4.1.1 照明方式

1) 照明方式包括：局部照明、一般照明、分区一般照明、混合照明、重点照明。

2) 确定照明方式的原则：

(1) 工作场所应设置一般照明。

(2) 当同一场所内的不同区域有不同照度要求时，应采用分区一般照明。

(3) 对于作业面照度要求较高，只采用一般照明不合理的场所，宜采用混合照明。

(4) 在一个工作场所内不应只采用局部照明。

(5) 当需要提高特定区域或目标的照度时，宜采用重点照明。

4.4.1.2 照明种类

1) 照明种类包括：正常照明、应急照明（备用照明、安全照明、疏散照明）、值班照明、警卫照明和障碍照明等。

2) 确定照明种类的原则：

(1) 室内工作及相关辅助场所，均应设置正常照明。

(2) 当下列场所正常照明电源失效时，应设置应急照明：需确保正常工作或活动继续进行的场所，应设置备用照明；需确保处于潜在危险之中的人员安全的场所，应设置安全照明；需确保人员安全疏散的出口和通道，应设置疏散照明。

(3) 需在夜间非工作时间值守或巡视的场所应设置值班照明。

(4) 需警戒的场所，应根据警戒范围的要求设置警卫照明。

(5) 在危及航行安全的建筑物、构筑物上，应根据相关部门的规定设置障碍照明。

4.4.2 照明光源选择

1) 选择光源时，应在满足显色性、启动时间等要求条件下，根据光源、灯具及镇流器等的效率、寿命等在进行综合技术经济分析比较后确定。

2) 照明设计时可按下列条件选择光源：

(1) 灯具安装高度较低的房间宜采用细管直管形三基色荧光灯。

(2) 商店营业厅的一般照明宜采用细管直管形三基色荧光灯、小功率陶瓷金属卤化物灯；重点照明宜采用小功率陶瓷金属卤化物灯、发光二极管灯。

(3) 灯具安装高度较高的场所，应按使用要求，采用金属卤化物灯、高压钠灯或高频大功率细管直管荧光灯。

(4) 旅馆建筑的客房宜采用发光二极管灯或紧凑型荧光灯。

(5) 照明设计不应采用普通照明白炽灯，对电磁干扰有严格要求，且其他光源无法满足的特殊场所除外。

3) 应急照明应选用能快速点亮的光源。

4) 照明设计应根据识别颜色要求和场所特点，选用相应显色指数的光源。

4.4.3 照明灯具及其附属装置选择

根据照明场所的环境条件，分别选用下列灯具：

1) 特别潮湿场所，应采用相应防护措施的灯具。

2) 有腐蚀性气体或蒸汽场所，应采用相应防腐蚀要求的灯具。

3) 高温场所，宜采用散热性能好、耐高温的灯具。

4) 多尘埃的场所，应采用防护等级不低于 IP5X 的灯具。

5) 在室外的场所，应采用防护等级不低于 IP54 的灯具。

6) 装有锻锤、大型桥式吊车等震动、摆动较大场所应有防震和防脱落措施。

7) 易受机械损伤、光源自行脱落可能造成人员伤害或财物损失场所应有防护措施。

8) 有爆炸或火灾危险场所应符合国家现行有关标准的规定。

9) 有洁净度要求的场所，应采用不易积尘、易于擦拭的洁净灯具，并应满足洁净场所的相关要求。

10) 需防止紫外线照射的场所，应采用隔紫外线灯具或无紫外线光源。

4.4.4 照明质量

1) 照度：照度标准值应按 0.5lx、1lx、2lx、3lx、5lx、10lx、15lx、20lx、

30lx、 50lx、 75lx、 100lx、 150lx、 200lx、 300lx、 500lx、 750lx、 1000lx、1500lx、2000lx、3000lx、5000lx 分级。照度值均为各类房间或场所的作业面或参考平面上的维持平均照度值。

2）光源颜色：照明光源色表可按其相关色温分为三组，光源色表分组宜按表 4-4-1 确定。

光源色表分组 表 4-4-1

色表分组	色表特征	色温(K)	适用场所
Ⅰ	暖	<3300	客房、卧室、病房、酒吧、餐厅
Ⅱ	中间	3300~5300	办公室、教室、阅览室、诊室、检验室、机加工车间、仪表装配
Ⅲ	冷	>5300	热加工车间、高照度场所

4.4.5 照明标准值

4.4.5.1 居住建筑

居住建筑照明标准值宜符合表 4-4-2 的规定。

居住建筑照明标准值 表 4-4-2

房间或场所		参考平面及高度	照度标准值(lx)
起居室	一般活动	0.75m 水平面	100
	书写、阅读		300
卧室	一般活动		75
	床头、阅读		150
餐厅		0.75m 餐桌面	150
厨房	一般活动	0.75m 水平面	100
	操作台	台面	150
卫生间		0.75m 水平面	100

4.4.5.2 公共建筑

公共建筑照明标准值宜符合表 4-4-3 的规定。

办公建筑照明标准值 表 4-4-3

房间或场所		参考平面及高度	照度标准值(lx)
办公建筑	普通办公室	0.75m 水平面	300
	高档办公室	0.75m 水平面	500
	会议室	0.75m 水平面	300
	接待室、前台	0.75m 水平面	300
	营业厅	0.75m 水平面	300
	设计室	实际工作面	500
	文件整理、复印、发行室	0.75m 水平面	300
	资料、档案室	0.75m 水平面	200

商业建筑	一般商店营业厅	0.75m 水平面	300
	一般室内商业街	地面	200
	高档商店营业厅	0.75m 水平面	500
	高档室内商业街	地面	300
	一般超市营业厅	0.75m 水平面	300
	高档超市营业厅	0.75m 水平面	500
	收款台	台面	500
学校建筑	教室	课桌面	300
	实验室	实验桌面	300
	美术教室	桌面	500
	多媒体教室	0.75m 水平面	300
	教室黑板	黑板面	500
图书馆	一般阅览室、开放式阅览室	0.75m 水平面	300
	多媒体阅览室	0.75m 水平面	300
	老年阅览室	0.75m 水平面	500
	珍善本、舆图阅览室	0.75m 水平面	500
	陈列室、目录厅、出纳厅	0.75m 水平面	300
医疗建筑	治疗室、检查室	0.75m 水平面	300
	化验室	0.75m 水平面	500
	手术室	0.75m 水平面	750
	诊室	0.75m 水平面	300
	候诊室、挂号厅	0.75m 水平面	200

4.4.6 各类型建筑有关照明的规定

4.4.6.1 文教类建筑

1）托儿所、幼儿园建筑

（1）活动室、寝室、图书室、美工室等幼儿用房宜采用细管径直管形三基色荧光灯，配用电子镇流器，也可采用防频闪性能好的其他节能光源，不宜采用裸管荧光灯灯具；保健观察室、办公室等可采用细管径直管形三基色荧光灯，配用电子镇流器或节能型电感镇流器，或采用其他节能光源。寄宿制幼儿园的寝室宜设置夜间巡视照明设施。

（2）活动室、寝室、幼儿卫生间等幼儿用房宜设置紫外线杀菌灯，也可采用安全型移动式紫外线杀菌消毒设备。紫外线杀菌灯的控制装置应单独设置，并应采取防误开措施。

2）中小学校建筑

（1）学校建筑应设置人工照明装置，并应符合下列规定：

① 疏散走道及楼梯应设置应急照明灯具及灯光疏散指示标志。

② 教室黑板应设专用黑板照明灯具，其最低维持平均照度应为500lx，黑板面上的照度最低均匀度宜为0.7。黑板灯具不得对学生和教师产生直接眩光（图4-4-1）。

③ 教室应采用高效率灯具，不得采用裸灯。灯具悬挂高度距桌面的距离不应低于1.70m。灯管应采用长轴垂直于黑板的方向布置。

④ 坡地面或阶梯地面的合班教室，前排灯不应遮挡后排学生视线，并不应产生直接眩光。

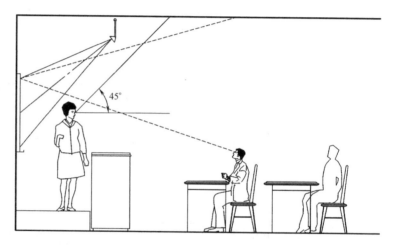

图 4-4-1　教室黑板、黑板灯和学生座位关系示意

（2）教室照明光源宜采用显色指数 Ra 大于 80 的细管径稀土三基色荧光灯。对识别颜色有较高要求的教室，宜采用显色指数 Ra 大于 90 的高显色性光源；有条件的学校，教室宜选用无眩光灯具。

（3）史地教室设置简易天象仪时，宜设置课桌局部照明设施。

（4）美术教室应有良好的北向天然采光。当采用人工照明时，应避免眩光。

（5）舞蹈教室宜设置带防护网的吸顶灯。采暖等各种设施应暗装。

（6）光学实验室的门窗宜设遮光措施。内墙面宜采用深色。实验桌上宜设置局部照明。特色教学需要时可附设暗室。

（7）生物显微镜观察实验室内的实验桌旁宜设置显微镜储藏柜。实验桌上宜设置局部照明设施。

（8）教室内设置视听器材时，宜设置转暗设备，并宜设置座位局部照明设施。

4.4.6.2 馆藏类建筑

1）图书馆建筑

（1）图书馆公用空间与内部使用空间的照明宜分别配电和控制。

（2）图书馆应设置正常照明和应急照明，并宜根据需要设置值班照明或警卫照明。

（3）公共区域的照明应采用集中、分区或分组控制的方式，阅览区的照明宜采用分区控制方式。公共区域，阅览区的照明宜根据不同使用要求采取自动控制的节能措施。

（4）书库照明灯具与书刊资料等易燃物的垂直距离不应小于 0.50m。当采用荧光灯照明时，珍善本书库及其阅览室应采用隔紫灯具或无紫光源。

（5）书架行道照明应有单独开关控制，行道两端都有通道时应设双控开关；书库内部楼梯照明应采用双控开关。

（6）阅览室（区）应光线充足、照度均匀。

2）档案馆建筑

（1）档案库灯具形式及安装位置应与档案装具布置相配合。缩微阅览室、计算机房照明宜防止显示屏出现灯具影像和反射眩光。

（2）阅览室设计应避免阳光直射和眩光，窗宜设遮阳设施。

（3）缩微阅览室设计宜采用间接照明，阅览桌上应设局部照明。

4.4.6.3 博物馆建筑

1）博物馆建筑应进行光环境的专业设计。

2）展厅应根据展品特征和展陈设计要求，优先采用天然光，且采光设计应符合下列规定：

（1）展厅内不应有直射阳光，采光口应有减少紫外辐射、调节和限制天然光照度值和减少曝光时间的构造措施。

（2）应有防止产生直接眩光、反射眩光、映象和光幕反射等现象的措施。

（3）当需要补充人工照明时，人工照明光源宜选用接近天然光色温的高温光源，并应避免光源的热辐射损害展品。

（4）顶层展厅宜采用顶部采光，顶部采光时采光均匀度不宜小于0.7。

（5）对于需要识别颜色的展厅，宜采用不改变天然光光色的采光材料。

（6）光的方向性应根据展陈设计要求确定。

（7）对于照度低的展厅，其出入口应设置视觉适应过渡区域。

（8）展厅室内顶棚、地面、墙面应选择无反光的饰面材料。

3）博物馆建筑的照明设计应遵循有利于观赏展品和保护展品的原则，并应安全可靠、经济适用、技术先进、节约能源、维修方便。

4）除科技馆、技术博物馆外，展厅照明质量应符合下列规定：

（1）一般照明应按展品照度值的 20%～30% 选取。

（2）当展厅内只有一般照明时，地面最低照度与平均照度之比不应小于 0.7。

（3）平面展品的最低照度与平均照度之比不应小于 0.8；高度大于 1.4m 的平面展品，其最低照度与平均照度之比不应小于 0.4。

（4）展厅内一般照明的统一眩光值（UGR）不宜大于 19。

（5）展品与其背景的亮度比不宜大于 3：1。

5）立体造型的展品应通过定向照明和漫射照明相结合的方式表现其立体感，并宜通过试验方式确定。

6）展厅照明光源宜采用细管径直管形荧光灯、紧凑型荧光灯、卤素灯或其他新型光源。有条件的场所宜采用光纤、导光管、LED 等照明。

7）一般展品展厅直接照明光源的色温应小于 5300K；对光线敏感展品展厅直接照明光源的色温应小于 3300K。

8）在陈列绘画、彩色织物以及其他多色展品等对辨色要求高的场所，光源一般显色指数（Ra）不应低于 90；对辨色要求不高的场所，光源一般显色指数（Ra）不应低于 80。

4.4.6.4　观演类建筑

1）剧场建筑

（1）剧场绘景间和演员化妆室的工作照明的光源应与舞台照明光源色温接近。

（2）各等级剧场观众厅照明应能渐亮渐暗平滑调节，其调光控制装置应能在灯控室和舞台监督台等多处设置。

（3）观众厅应设清扫场地用的照明（可与观众厅照明共用灯具），其控制开关应设在前厅值班室，或便于清扫人员操作的地点。

（4）甲、乙等剧场应设置观众席座位排号灯。

（5）剧场下列部位应设事故照明和疏散指示标志：观众厅、观众厅出口；疏散通道转折处以及疏散通道每隔 20m 长处；台仓、台仓出口处；后台演职员出口处。

（6）消防控制室、发电机室、灯控室、调光柜室、声控室、功放室、空调机房、冷冻机房、配电间应设事故照明，其照度不应低于一般照明照度的 50%。用于观众疏散的事故照明，其照度不应低于 0.5lx。

（7）观众厅、前厅、休息厅、走廊等直接为观众服务的房间，其照明控制开关应集中单独控制。

2）电影院建筑

（1）疏散应急照明中疏散通道上的地面最低水平照度不应低于 0.5lx；观众厅内的地面最低水平照度不应低于 1.0lx；楼梯间内的地面最低水平照度不应低于 5.0lx。消防水泵房、自备发电机室、配电室以及其他设备用房的应急照明的照度不应低于一般照明的照度。电影院其他房间的照度应符合现行国家标准《建筑照明设计标准》的规定。

(2) 乙级及乙级以上电影院观众厅照明宜平滑或分档调节明暗。

(3) 乙级及乙级以上电影院应设踏步灯或座位排号灯，其供电电压应为不大于 36V 的安全电压。

3) 体育建筑

体育建筑和设施的照明设计，应满足不同运动项目和观众观看的要求以及多功能照明要求；在有电视转播时，应满足电视转播的照明技术要求；同时应做到减少阴影和眩光、节约能源、技术先进、经济合理、使用安全、维修方便。

灯光设计应考虑不同运动项目的灯光控制区域。体育馆尚应考虑多功能照明的要求。以上应在灯光控制室内集中控制。应设置应急照明。

4.4.6.5 办公建筑

(1) 陈列室应根据需要和使用要求设置。专用陈列室应对陈列效果进行照明设计，避免阳光直射及眩光，外窗宜设遮光设施。

(2) 办公室照明应满足办公人员视觉生理要求，满足工作的照度需要。

(3) 办公室应有良好的照明质量，其照明的均匀度、眩光程度等均应符合现行国家标准《建筑照明设计标准》的规定。

(4) 办公建筑的照明应采用高效、节能的荧光灯及节能型光源，灯具应选用无眩光的灯具。

4.4.6.6 医疗类建筑

1) 综合医院建筑

(1) 照明设计应符合现行国家标准《建筑照明设计标准》的有关规定，且应满足绿色照明要求。

(2) 医疗用房应采用高显色照明光源，显色指数应大于或等于 80，宜采用带电子镇流器的三基色荧光灯。

(3) 照明系统采用荧光灯时应对系统的谐波进行校验。

(4) 病房照明宜采用间接型灯具或反射式照明。床头宜设置局部照明，宜一床一灯，并宜床头控制。

(5) 护理单元走道、诊室、治疗、观察、病房等处灯具，应避免对卧床患者产生眩光，宜采用漫反射灯具。

(6) 护理单元走道和病房应设夜间照明，床头部位照度不应大于 0.1lx，儿科病房不应大于 1lx。

(7) X 线诊断室、加速器治疗室、核医学扫描室、γ 照相机室和手术室等用房，应设防止误入的红色信号灯，红色信号灯电源应与机组连通。

2) 疗养院建筑

(1) 疗养室应使用光线均匀、减少眩光的照明灯具。

（2）疗养院的人工照明光源一般采用白炽灯或荧光灯。

（3）疗养室和护理单元走道除一般照明外，宜设置照度不超过2lx的夜间照明灯。走道照明不应有强烈光线射入疗养室。

4.4.6.7 交通建筑

1）交通客运站建筑

（1）汽车客运站照明可按工作照明、站场照明、事故应急照明、疏散照明、清扫照明系统进行设计。

（2）售票窗口应设局部照明，局部照明照度值不应小于150lx。

（3）一、二级站的候车厅、售票厅、行包托取处及主要疏散通道应设应急照明，其照度值不应低于正常照度的10%，通道及疏散口应设疏散指示照明。

（4）候车厅、售票厅及站场照明应按使用功能要求进行分区控制。

（5）站内照明不得对驾驶员产生眩光。站台雨棚不应设悬挂型灯具。

2）铁路旅客车站建筑

（1）交通客运站的照明设计应符合现行国家标准《建筑照明设计标准》的规定。

（2）交通客运站的检票口、售票台、联检工作台宜设局部照明，局部照明照度标准值宜为500lx。

（3）交通客运站应设置引导旅客的标志标识照明。

（4）交通客运站站场车辆进站、出站口宜装设同步的声、光信号装置，其灯光信号应满足交通信号的要求。

（5）交通客运站站场内照明不应对驾驶员产生眩光，眩光限制阈值增量（TI）最大初始值不应大于15%。

（6）交通客运站站场具有一个以上车辆进站口、出站口时，应用文字和灯光分别标明进站口及出站口。

4.4.6.8 旅馆建筑

照明设计除应按现行国家标准《建筑照明设计标准》的规定执行外，还应符合下列规定：

（1）三级及以上旅馆建筑客房照明宜根据功能采用局部照明，客房内电源插座标高宜根据使用要求确定。

（2）四级及以上旅馆建筑的每间客房至少应有一盏灯接入应急供电回路。

（3）客房壁柜内设置的照明灯具应带有防护罩。

（4）餐厅、会议室、宴会厅、大堂、走道等场所的照明宜采用集中控制方式。

4.4.6.9 商店建筑

1) 商店建筑的照明设计应符合下列规定：

（1）照明设计应与室内设计和商店工艺设计同步进行。

（2）平面和空间的照度、亮度宜配制恰当，一般照明、局部重点照明和装饰艺术照明应有机组合。

（3）营业厅应合理选择光色比例、色温和照度。

2）商店建筑的一般照明应符合现行国家标准《建筑照明设计标准》的规定。当商店营业厅无天然采光或天然光不足时，宜将设计照度提高一级。

3）大型和中型百货商场宜设重点照明，收款台、修理台、货架柜等宜设局部照明，橱窗照明的照度宜为营业厅照度的 2～4 倍，商品展示区域的一般垂直照度不宜低于 150lx。

4）营业厅照明应满足垂直照度的要求，且一般区域的垂直照度不宜低于50lx，柜台区的垂直照度宜为 100～150lx。

5）营业厅的照度和亮度分布应符合下列规定：

（1）一般照明的均匀度（工作面上最低照度与平均照度之比）不应低于 0.6。

（2）顶棚的照度应为水平照度的 0.3～0.9 倍。

（3）墙面的亮度不应大于工作区的亮度。

（4）视觉作业亮度与其相邻环境的亮度之比宜为 3：1。

（5）需要提高亮度对比或增加阴影的部位可装设局部定向照明。

6）商店建筑的照明应按商品类别选择光源的色温和显色指数（Ra），并应符合下列规定：

（1）对于主要光源，在高照度处宜采用高色温光源，在低照度处宜采用低色温光源。

（2）主要光源的显色指数应满足反映商品颜色真实性的要求，一般区域，Ra 可取 80，需反映商品本色的区域，Ra 宜大于 85。

（3）当一种光源不能满足光色要求时，可采用两种及两种以上光源的混光复合色。

7）对变、褪色控制要求较高的商品，应采用截阻红外线和紫外线的光源。

8）对于无具体工艺设计且有使用灵活性要求的营业厅，除一般照明可作均匀布置外，其余照明宜预留插座，且每组插座容量可按货柜、货架为200～300W/m 及橱窗为 300～500W/m 计算。

9）大型商店建筑的疏散通道、安全出口和营业厅应设置智能疏散照明系统；中型商店的疏散通道和安全出口应设置智能疏散照明系统。

10）大型和中型商店建筑的营业厅疏散通道的地面应设置保持视觉连续的灯光或蓄光疏散指示标志。

11）商店建筑应急照明的设置应按现行国家标准《建筑设计防火规范》

执行，并应符合下列规定：

（1）大型和中型商店建筑的营业厅应设置备用照明，且照度不应低于正常照明的 1/10。

（2）小型商店建筑的营业厅宜设置备用照明，且照度不应低于 30lx。

（3）一般场所的备用照明的启动时间不应大于 5.0s；贵重物品区域及柜台、收银台的备用照明应单独设置，且启动时间不应大于 1.5s。

（4）大型和中型商店建筑应设置值班照明，且大型商店建筑的值班照明照度不应低于 20lx，中型商店建筑的值班照明照度不应低于 10lx；小型商店建筑宜设置值班照明，且照度不应低于 5lx；值班照明可利用正常照明中能单独控制的一部分，或备用照明的一部分或全部。

（5）当商店一般照明采用双电源（回路）交叉供电时，一般照明可兼作备用照明。

12）对于大型和中型商店建筑的营业厅，除消防设备及应急照明外，配电干线回路应设置防火剩余电流动作报警系统。

13）小型商店建筑的营业厅照明宜设置防火剩余电流动作报警装置。

4.4.6.10　老年人建筑

（1）老年人居住建筑中宜采用带指示灯的宽板开关，长过道宜安装多点控制的照明开关，卧室宜采用多点控制照明开关，浴室、厕所可采用延时开关。开关离地高度宜为 1.10m。

（2）在卧室至卫生间的过道，宜设置脚灯。卫生间洗面台、厨房操作台、洗涤池宜设局部照明。

（3）公共部位应设人工照明，除电梯厅和应急照明外，均应采用节能自熄开关。

4.5　建筑智能系统

随着信息技术的发展，建筑智能系统也越来越多地进入建筑，在一些公共建筑中已逐渐成为建筑设备系统中必不可少的内容。建筑智能系统向人们提供了舒适、高效、便利、安全、可控的工作和生活环境。

时代发展已进入信息化时代，信息化已成为当代科技发展的必然方向，做为人们居住和活动场所的建筑物要适应信息化带来的变化，智能建筑的产生和发展是必然趋势。智能建筑是通过配置建筑物内的各个子系统，以综合布线为基础，以计算机网络为桥梁，全面实现对通信系统、建筑物内各种设备（空调、共热、给排水、变配电、照明、电梯、消防、公共安全等）的综合管理。

4.5.1 智能建筑的概念

智能建筑是以建筑为平台，兼备建筑设备、办公自动化及通信网络系统，集结构、系统、服务、管理及它们之间的最优化组合，向人们提供一个安全、高效、舒适、便利的建筑环境。

4.5.2 建筑智能系统的内容

建筑智能系统是多个智能系统的统称，这些系统包括：通信网络系统、办公自动化系统、建筑设备监控系统、火灾自动报警系统、安全防范系统、综合布线系统等。

4.5.2.1 通信网络系统

通信网络系统应能为建筑物或建筑群的拥有者（管理者）及建筑物内的各个使用者提供有效的信息服务。通信网络系统应能对来自建筑物或建筑群内外的各种信息予以接收、存贮、处理、传输并提供决策支持的能力。通信网络系统提供的各类业务及其业务接口，应能通过建筑物内布线系统引至各个用户终端。建筑物内宜在底层或地下一层（当建筑物有地下多层时）设置通信设置间。

4.5.2.2 办公自动化系统

办公自动化系统应能为建筑物的拥有者（管理者）及建筑物内的使用者，创造良好的信息环境并提供快捷有效的办公信息服务。办公自动化系统应能对来自建筑物内外的各类信息，予以收集、处理、存储、检索等综合处理，并提供人们进行办公事务决策和支持的功能。

4.5.2.3 建筑设备监控系统

建筑设备监控系统能够对建筑物内各类设备进行监视、控制、测量，应做到运行安全、可靠、节省能源、节省人力。建筑设备监控系统的网络结构模式应采用集散或分布式控制的方式，由管理层网络与监控层网络组成，实现对设备运行状态的监视和控制。建筑设备监控系统应实时采集，记录设备运行的有关数据，并进行分析处理。

4.5.2.4 火灾自动报警系统

火灾自动报警系统是触发器件，火灾报警装置，以及具有其他辅助功能的装置组成的火灾报警系统。是专门监视火灾发生的安全系统。火灾自动报警系统是通过安装在保护范围的火灾探测器，感知火灾发生时燃烧所产生的火焰、热量、烟雾等特性而实现的。当火场的某一参数超过预先给定的阈值时，火灾探测器动作，发出报警信号，通过导线传送到区域火灾报警控制器和集中报警控制器，发出声光报警信号，同时显示火灾发生部位，以通知消防值班人员做出反应（图4-5-1）。

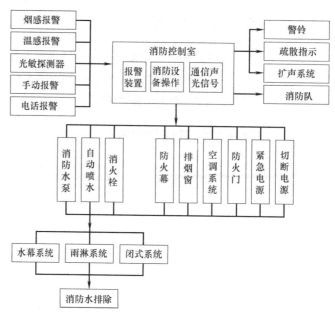

图 4-5-1　火灾自动报警系统工作示意图

4.5.2.5　安全防范系统

安全防范系统的设计应根据建筑物的使用功能、建设标准及安全防范管理的需要，综合运用电子信息技术、计算机网络技术、安全防范技术等，构成先进、可靠、经济、配套的安全技术防范体系。安全防范系统的系统设计及其各子系统的配置须遵照国家相关安全防范技术规程，并符合先进、可靠、合理、适用的原则。系统的集成应以结构化、模块化、规范化的方式来实现，应能适应工程建设发展和技术发展的需要。

4.5.2.6　综合布线系统

综合布线系统的设计应满足建筑物或建筑群内信息通信网络的布线要求，应能支持语音、数据、图像等业务信息传输的要求。综合布线系统是建筑物或建筑群内信息通信网络的基础传输通道。设计时，应根据各建筑物项目的性质、使用功能、环境安全条件以及按用户近期的实际使用和中远期发展的需求，进行合理的系统布局和管线设计。

4.5.3　建筑智能化系统的集成

为满足智能建筑物功能、管理和信息共享的要求，可根据建筑物的规模对智能化系统进行不同程度的集成。系统集成应汇集建筑物内外各种信息。系统应能对建筑物内的各个智能化子系统进行综合管理。信息管理系统应具有相应的信息处理能力。

Chapter5   The sitipulation of code on Safety

第5章　规范在安全方面的规定

第5章 规范在安全方面的规定

安全在建筑设计中是指为了保证人身和财产不受损害，而在设计中是满足建筑使用要求，并预防使用过程中各种可能存在的危险发生所采取的建筑构、配件措施。它包括构造安全、设备安全、材料安全及其他方面的安全。

建筑设计的安全性问题已经越来越多地受到人们的关注。首先，常有因建筑材料使用不当而影响使用者健康、建筑构件设计不合理影响使用或对使用者产生伤害、窗扇等建筑构件脱落伤人毁物等方面的事件发生，反映出了建筑设计中的各种安全问题，引起社会的关注；其次，随着社会的进步和人们生活水平的提高，大众对建筑的舒适性和安全性的要求越来越高，政府对建筑的安全性也越来越重视。

使用安全是建筑设计中的重要内容。目前，建筑设计对结构安全、防火安全等方面有了足够的重视。但是除了这些安全因素之外，建筑设计还有许多使用中细微的、不明显的安全问题常常容易被设计师们忽视，导致财产损失，甚至人身伤害。现代建筑更多的是要体现"以人为本"的设计理念，为人们提供舒适、美观、经济、安全的建筑。由此可见，建筑设计中的安全是建筑师不容忽视的重要内容。

本章主要对除结构安全和防火安全以外的建筑设施、设备、构件等的安全设计进行介绍。建筑设计所涉及的这些方面的建筑安全的内容很多，本章将其归纳为六个方面进行介绍：台阶、坡道和楼梯；电梯、自动扶梯和自动人行道；屋面、门窗、净高和装修；各类井道和电气；无障碍设计。

5.1 台阶、坡道和楼梯

台阶是在室外或室内的地坪或楼层不同标高处设置的供人行走的阶梯。坡道是连接不同标高的楼面、地面，供人行或车行的斜坡式交通道。

台阶和坡道是处理室内外地坪高差常用的手段，常设在入口处和有错层的空间，使用率较高，所以它的安全问题直接影响到整个建筑的使用效果。在设计时既要满足使用要求，又要充分考虑它的安全措施。

楼梯是建筑内部楼层之间垂直交通的阶梯。楼梯不仅是各楼层间的垂直交通空间，而且还是建筑紧急疏散的垂直交通空间。楼梯在建筑中的作用很大，使用也很频繁。因此，对它的安全要求也就更为严格。

5.1.1 台阶

5.1.1.1 建筑台阶

台阶作为不同高差的空间过渡形式，在一幢建筑中是必不可少的，例如建筑物入口处的台阶便是室内外空间的过渡。由于台阶利用率较高，应特别注意使用的舒适性和安全性。建筑出入口处的台阶踏步宽度比楼梯稍大一点，使坡度平缓一些，以便行走舒适。一般情况下，公共建筑室内外台阶踏步宽度不宜小于0.30m，踏步高度不宜大于0.15m，并不宜小于0.10m，室内台阶踏步数不应少于二级，当高差不足二级时，应按坡道设置。在人流密集的场所，当台阶总高度超过0.70m并侧面临空时，应有防护设施。为防止行人滑倒，踏步还应采取防滑措施。

不同类型的建筑设置台阶的要求是不同的，对待特殊人群应采取特殊的措施，如：中小学校建筑在走道有高差变化的地方必须设置台阶时，应设于明显的地方并且要有天然采光，台阶的踏步不应少于3级，并且为了确保行走安全，不得采用扇形踏步。而老年人建筑台阶的坡度应该缓和，踏步踢面高不宜大于120mm，宽不宜小于380mmm。台阶两侧应设栏杆扶手。

人流量大而相对集中的观演建筑的室内斜坡地面，坡度不宜太大，超过一定限度时就应该采用台阶的形式，如剧场建筑观众厅纵走道坡度大于1∶6时应做成高度不大于0.20m的台阶。电影院建筑观众厅地面坡度不宜过大，当坡度大于1∶8时，应采用台阶式踏步；走道踏步高度不宜大于0.16m且不应大于0.20m。

商店建筑由于人流量较大，营业部分的公用室内外台阶的踏步高度不应大于0.15m且不宜小于0.10m，踏步宽度不应小于0.30m；当高差不足两级踏步时，应按坡道设置，其坡度不应大于1∶12。

交通建筑需要快速疏散人流，不造成堵塞、拥挤等现象，在进行台阶设计时要注意到一些细节问题。交通客运站内旅客使用的疏散楼梯踏步宽度不应小于0.28m，踏步高度不应大于0.16m。当检票口与站台有高差时，应设坡道，其坡度不得大于1∶12。铁路旅客车站地道、天桥的阶梯设计应符合下列规定：踏步高度不宜大于0.14m，宽度不宜小于0.32m，每段阶梯不宜大于18步，直跑阶梯平台宽度不宜小于1.50m，踏步应采取防滑措施。

5.1.1.2　城市道路中的台阶

1）人行天桥和人行地道是另一类型的公共交通空间，采用大量的梯道构成，出入通道的梯道宽度应根据设计人流量确定，每段梯道宽度之和应大于通道宽度。设计梯道时应遵循如下标准：

（1）行人过街宜采用梯道型升降方式。梯道坡度宜采用1∶2～1∶2.5，梯道高差大于或等于3m时应设平台，平台长度大于或等于1.5m。

（2）自行车较多，又由于地形状况及其他理由不能设坡道时，可采用梯道带坡道的混合型升降方式。混合型的坡度不应陡于1∶4。

（3）人行天桥桥面及梯道踏步应采用轻质、富有弹性、防滑、无噪声并对结构有减震作用的铺装材料。梯道应设扶手。

2）公园园路台阶

公园园路不宜设梯道，如必须设梯道时，纵坡宜小于36%。支路和小路，纵坡超过 18％时，宜按台阶、梯道设计，台阶踏步数不得少于 2 级，坡度大于 58％的梯道应作防滑处理，宜设置护栏设施。游览、休憩、服务性建筑物，在游人通行量较多的情况下，室外台阶宽度不宜小于 1.5m，踏步宽度不宜小于 30cm，踏步高度不宜大于 16cm，台阶踏步数不应少于 2 级。侧方高差大于 1.0m 的台阶，应设护栏设施。

3）不应设置台阶的情况

托儿所、幼儿园建筑幼儿经常通行和安全疏散的走道不应设有台阶，当有高差时，应设置防滑坡道，其坡度不应大于 1：12。疏散走道的墙面距地面 2m 以下不应设有壁柱、管道、消火栓箱、灭火器、广告牌等突出物。

图书馆建筑总出纳台应毗邻基本书库设置。出纳台与基本书库之间的通道不应设置踏步，当高差不可避免时，应采用坡度不大于 1：8 的坡道。

5.1.2 坡道

坡道的设置有三种情况：建筑物出入口处供车辆使用的坡道；公共建筑中供残疾人使用的坡道；在某些公共建筑中使用坡道来解决交通联系的问题。使用较多的是交通性的公共建筑，例如，火车站、地铁站等出站部位就是把大量集中的人流，通过坡道输送出去，以达到快速疏散的目的。

5.1.2.1 坡道的设置

在楼地面或出入口有高差的建筑中，有些是必须设置坡道的，如住宅建筑设置了电梯的公共出入口，当有高差时，必须设轮椅坡道和扶手。有些可根据使用功能的要求，酌情进行设置。

幼儿园、托儿所建筑在幼儿安全疏散和经常出入的通道上，不应设有台阶，必要时可设防滑坡道，其坡度不应大于 1：12。

图书馆建筑的出纳台与相毗邻的基本书库之间的通道当高差不可避免时，应采用坡度不大于 1：8 的坡道。

档案馆建筑中当档案库与其他用房同层布置且楼地面有高差时，应采用坡道连通。

综合医院建筑在门诊、急诊和住院主要入口处，三层及三层以下无电梯的病房楼以及观察室与抢救室不在同一层又无电梯的急诊部，均应设置坡道，其坡度不宜大于 1：10，并应有防滑措施。通行推床的室内走道，有高差者必须用坡道相接，其坡度不宜大于 1：10。

交通客运站建筑站房与室外营运区应进行无障碍设计，候乘厅与入口不在同层时，应设置自动扶梯和无障碍电梯或无障碍坡道；当检票口与站台有高差时，应设坡道，其坡度不得大于 1：12。

5.1.2.2 坡道的设计要求

不同使用功能的建筑对坡道的设计有不同的要求。为了保证行人、车辆等的安全，一般的民用建筑室内坡道坡度不宜大于 1:8，室外坡道坡度不宜大于 1:10。室内坡道水平投影长度超过 15m 时，宜设休息平台，平台宽度应根据使用功能或设备尺寸所需缓冲空间而定。供轮椅使用的坡道坡度不应大于 1:12，困难地段不应大于 1:8。自行车推行坡道每段坡长不宜超过 6m，坡度不宜大于 1:5。机动车行坡道应符合国家现行标准《汽车库建筑设计规范》的规定。坡道应采取防滑措施。

具体到每一类型的建筑中又有其特殊性要求：

1）老年人建筑的坡道坡度不宜大于 1:12。坡道两侧应设栏杆扶手。不设电梯的三层及三层以下老年人建筑宜兼设坡道，坡道净宽不宜小于 1.5m，坡道长度不宜大于 12.0m，坡度不宜大于 1:12。坡道转弯时应设休息平台，休息平台净深度不得小于 1.50m。在坡道的起点及终点，应留有深度不小于 1.50m 的轮椅缓冲地带。坡道侧面凌空时，在栏杆下端宜设高度不小于 50mm 的安全挡台。坡道两侧至建筑物主要出入口宜安装连续的扶手。坡道两侧应设护栏或护墙，扶手高度应为 0.90m，设置双层扶手时下层扶手高度宜为 0.65m。坡道起止点的扶手端部宜水平延伸 0.30m 以上。

2）疗养院建筑主要建筑物的坡道、出入口、走道应满足使用轮椅者的要求。

3）综合医院建筑在门诊、急诊和住院主要入口处，如设坡道时，坡度不得大于 1:10。通行推床的通道，净宽不应小于 2.40m。有高差者应用坡道相接，坡道坡度应按无障碍坡道设计。

4）商店建筑室内外台阶的踏步高度不应大于 0.15m 且不宜小于 0.10m，踏步宽度不应小于 0.30m；当高差不足两级踏步时，应按坡道设置，其坡度不应大于 1:12。

5）剧场建筑观众厅纵走道坡度大于 1:10 时应做防滑处理，铺设的地毯等应为 B1 级材料，并有可靠的固定方式。坡度大于 1:6 时应做成高度不大于 0.20m 的台阶。观众厅外疏散通道的坡度：室内部分不应大于 1:8，室外部分不应大于 1:10，并应加防滑措施，室内坡道采用地毯等不应低于 B1 级材料。为残疾人设置的通道坡度不应大于 1:12；

6）电影院建筑观众厅走道最大坡度不宜大于 1:8。当坡度为 1:10～1:8 时，应做防滑处理；当坡度大于 1:8 时，应采用台阶式踏步；走道踏步高度不宜大于 0.16m 且不应大于 0.20m；供轮椅使用的坡道应符合现行行业标准《城市道路和建筑物无障碍设计规范》中的有关规定。

观众厅外的疏散走道有高差变化时宜做成坡道；当设置台阶时应有明显标志、采光或照明；疏散走道室内坡道不应大于 1:8，并应有防滑措施；为残疾人设置的坡道坡度不应大于 1:12。

7）交通客运站当候乘厅与入口不在同层时，应设置自动扶梯和无障碍电梯或无障碍坡道；汽车客运站候乘厅内应设检票口，每三个发车位不应少于一个。当采用自动检票机时，不应设置单通道。当检票口与站台有高差时，应设坡道，其坡度不得大于 1∶12。汽车客运站的发车位地面设计应坡向外侧，坡度不应小于 0.5%。

8）铁路旅客车站特大型站的包裹库各层之间应有供包裹车通行的坡道，其净宽度不应小于 3m。当坡道无栏杆时，其净宽度不应小于 4m，坡度不应大于 1∶12。

设置在站台上通向地道、天桥的出入口旅客用地道设双向出入口时，宜设阶梯和坡道各 1 处。

旅客用地道、天桥采用坡道时应有防滑措施，坡度不宜大于 1∶8。行李、包裹地道出入口坡道的坡度不宜大于 1∶12，起坡点距主通道的水平距离不宜小于 10m。

地道出入口的地面应高出站台面 0.1m，并采用缓坡与站台面相接。

9）体育建筑观众厅外的室内坡道坡度不应大于 1∶8，室外坡道坡度不应大于 1∶10，当疏散走道有高差变化时宜做坡道。

10）办公建筑的走道高差不足两级踏步时，不应设置台阶，应设坡道，其坡度不宜大于 1∶8。非机动车库应设置推行斜坡，斜坡宽度不应小于 0.30m，坡度不宜大于 1∶5，坡长不宜超过 6m；当坡长超过 6m 时，应设休息平台。

11）机动车库按出入方式，机动车库出入口可分为平入式、坡道式、升降梯式三种类型。车辆出入口及坡道的最小净高应符合规范的规定。出入口室外坡道起坡点与相连的室外车行道路的最小距离不宜小于 5.0m；错层式停车区域两直坡道之间的水平距离应使车辆在停车层作 180°转向，两段坡道中心线之间的距离不应小于 14.0m。当坡道纵向坡度大于 10% 时，坡道上、下端均应设缓坡坡段，其直线缓坡段的水平长度不应小于 3.6m，缓坡坡度应为坡道坡度的 1∶2；曲线缓坡段的水平长度不应小于 2.4m，曲率半径不应小于 20m，缓坡段的中心为坡道原起点或止点（图 5-1-1）；大型车的坡道应根据车型确定缓坡的坡度和长度。

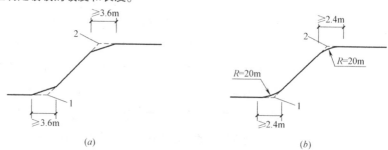

图 5-1-1　机动车坡道缓坡示意图
（a）直线缓坡；（b）曲线缓坡
1—坡道起点；2—坡道止点

非机动车库，机动轮椅车、三轮车宜停放在地面层，当条件限制需停放在其他楼层时，应设坡道式出入口或设置机械提升装置。非机动车库停车当量数量不大于 500 辆时，可设置一个直通室外的带坡道的车辆出入口；超过 500 辆时应设两个或以上出入口，且每增加 500 辆宜增设一个出入口。非机动车库车辆出入口可采用踏步式出入口或坡道式出入口。非机动车库出入口宜采用直线形坡道，当坡道长度超过 6.8m 或转换方向时，应设休息平台，平台长度不应小于 2.00m，并应能保持非机动车推行的连续性。踏步式出入口推车斜坡的坡度不宜大于 25%，单向净宽不应小于 0.35m，总净宽度不应小于 1.80m。坡道式出入口的斜坡坡度不宜大于 15%，坡道宽度不应小于 1.80m。

5.1.2.3　坡道宽度的确定

1）人行天桥、人行地道出入通道的梯道、坡道宽度应根据设计人流量确定。每端梯道或坡道宽度之和应大于通道宽度。梯道、坡道等主要设计标准规定如下：

（1）为自行车、儿童车、轮椅等的推行，应采用坡道型升降方式。坡道坡度不应陡于 1:7。纵向变坡点视具体情况加设竖曲线。坡道表面应防滑耐磨。冰冻地区应慎重选用。

（2）自行车较多，由于地形状况及其他理由不能设坡道时，可采用梯道带坡道的混合型升降方式。混合型的坡度不应陡于 1:4。

2）对于轮椅老人较多的老年公寓、老人院、老年疗养院应设坡道，坡道宽度按双排轮椅并行确定。

3）汽车库内坡道可采用直线型、曲线型和直线与曲线组合坡道，其中直线坡道可选用内直坡道式、外直坡道式。出入口可采用单车道或双车道，坡道最小净宽应符合表 5-1-1 的规定。

坡道最小宽度　　　　　　　　　　　　　　　　表 5-1-1

形式	最小宽度（m）	
	微型、小型车	轻型、中型、大型车
直线单行	3.0	3.5
直线双行	5.5	7.0
曲线单行	3.8	5.0
曲线双行	7.0	10.0

5.1.3　楼梯

楼梯由连续行走的梯级、休息平台和维护安全的栏杆（或栏板）、扶手以及相应的支托结构组成。楼梯的数量、位置、宽度和楼梯间形式应满足使用方便和安全疏散的要求。

5.1.3.1　楼梯踏步

根据建筑楼梯模数协调标准，楼梯踏步的高度不宜大于 210mm，并不宜小于 140mm，各级踏步高度均应相同；楼梯踏步的宽度，应采用 220、240、260、280、300、320mm，必要时可采用 250mm。

每个梯段的踏步不应超过 18 级，亦不应少于 3 级。踏步应采取防滑措施。

按照民用建筑设计通则的规定，楼梯踏步的高宽比应符合表 5-1-2 的规定。

楼梯踏步最小宽度和最大高度（m）　　　　　表 5-1-2

楼梯类别	最小宽度	最大高度
住宅共用楼梯	0.26	0.175
幼儿园、小学校等楼梯	0.26	0.15
电影院、剧院、体育馆、商场、医院、旅馆和大中学校等楼梯	0.28	0.16
其他建筑楼梯	0.26	0.17
专用疏散楼梯	0.25	0.18
服务楼梯、住宅套内楼梯	0.22	0.20

1）住宅建筑

套内楼梯踏步宽度不应小于 0.22m，高度不应大于 0.20m，扇形踏步转角距扶手边 0.25m 处，宽度不应小于 0.22m。公用楼梯踏步宽度不应小于 0.26m，踏步高度不应大于 0.175m。

2）老年人建筑

缓坡楼梯踏步踏面宽度，居住建筑不应小于 300mm，公共建筑不应小于 320mm。踏面高度，居住建筑不应大于 150mm，公共建筑不应大于 130mm。踏面前缘宜设高度不大于 3mm 的异色防滑警示条，踏面前缘前凸不宜大于 10mm。老年人通行的楼梯踏步面应平整防滑无障碍，界限鲜明，不宜采用黑色、显深色的表面材料。

3）托儿所、幼儿园、中小学校建筑

托儿所、幼儿园供幼儿使用的楼梯踏步高度宜为 0.13m，宽度宜为 0.26m；严寒地区不应设置室外楼梯；幼儿使用的楼梯不应采用扇形、螺旋形踏步；楼梯踏步面应采用防滑材料；楼梯间在首层应直通室外。

中小学校建筑楼梯不得采用螺形或扇步踏步。每段楼梯的踏步，不得多于 18 级，并不应少于 3 级。梯段与梯段之间，不应设置遮挡视线的隔墙。楼梯坡度不应大于 30°。各类小学楼梯踏步的宽度不得小于 0.26m，高度不得大于 0.15m。各类中学楼梯踏步的宽度不得小于 0.28m，高度不得大于 0.16m。在严寒、寒冷地区设置的室外安全疏散楼梯，应有防滑措施。

4）剧场建筑

主疏散楼梯踏步宽度不应小于 0.28m，踏步高度不应大于 0.16m，连续踏步不超过 18 级。

5）体育建筑

疏散楼梯应符合下列要求：踏步宽度不应小于 0.28m，踏步高度不应大于 0.16m，楼梯最小宽度不得小于 1.2m，转折楼梯平台深度不应小于楼梯宽度。直跑楼梯的中间平台深度不应小于 1.2m。不得采用螺旋楼梯和扇形踏步。踏步上下两级形成的平面角度不超过 10°，且每级离扶手 0.25m 处踏步宽

度超过 0.22m 时，可不受此限。

6）综合医院建筑

主楼梯踏步宽度不得小于 0.28m，高度不应大于 0.16m。

7）商店建筑

营业部分的公用楼梯室内楼梯踏步高度不应大于 0.16m，踏步宽度不应小于 0.28m，室外台阶的踏步高度不应大于 0.15m，踏步宽度不应小于 0.30m。

8）宿舍建筑

宿舍楼梯踏步宽度不应小于 0.27m，踏步高度不应大于 0.165m。小学宿舍楼梯踏步宽度不应小于 0.26m，踏步高度不应大于 0.15m。

9）铁路旅客车站建筑

旅客用地道、天桥的阶梯踏步高度不宜大于 0.14m，踏步宽度不宜小于 0.32m，每个梯段的踏步不应大于 18 级。

5.1.3.2　楼梯梯段

根据建筑楼梯模数协调标准，楼梯梯段的最大坡度不宜超过 38°，即踏步高度/踏步宽度≤0.7813。楼梯梯段部位的净高不应小于 2200mm，楼梯梯段最低、最高踏步的前缘线与顶部凸出物的内边缘线的水平距离不应小于 300mm。

楼梯梯段宽度即墙面至扶手中心线或扶手中心线之间的水平距离。楼梯梯段宽度除应符合防火规范的规定外，供日常主要交通用的楼梯的梯段宽度应根据建筑物使用特征，按每股人流为 0.55 + (0~0.15) m 的人流股数确定，并不应少于两股人流。0~0.15m 为人流在行进中人体的摆幅，公共建筑人流众多的场所应取上限值。

1）住宅建筑

套内楼梯的梯段净宽，当一边临空时，不应小于 0.75m；当两侧有墙时，不应小于 0.90m。公用楼梯梯段净宽不应小于 1.10m。六层及六层以下住宅，一边设有栏杆的梯段净宽不应小于 1m。

2）老年人建筑

老年人居住建筑和老年人公共建筑，应设符合老年体能心态特征的缓坡楼梯。老年人使用的楼梯间，其楼梯段净宽不得小于 1.20m，不得采用扇形踏步，不得在平台区内设踏步。

3）图书馆建筑

书库内工作人员专用楼梯的梯段净宽不应小于 0.80m，坡度不应大于 45°，并应采取防滑措施。书库内不宜采用螺旋扶梯。

4）剧场建筑

主要疏散楼梯不得采用螺旋楼梯，采用扇形梯段时，离踏步窄端扶手水平距离 0.25m 处踏步宽度不应小于 0.22m，宽端扶手处不应大于 0.50m，休息平台窄端不小于 1.20m。

5）电影院建筑

室内观众使用的主楼梯净宽不应小于 1.40m，室外疏散梯净宽不应小于 1.10m。下行人流不应妨碍地面人流。有候场需要的门厅，门厅内供入场使用的主楼梯不应作为疏散楼梯。

6）综合医院建筑

楼梯的位置，应同时符合防火疏散和功能分区的要求。主楼梯梯段宽度不得小于 1.65m。

7）疗养院建筑

建筑内人流使用集中的楼梯，其净宽不应小于 1.65m。

8）商店建筑

营业区的公用楼梯梯段最小净宽 1.40m，室外楼梯最小净宽 1.40m。

9）宿舍建筑

楼梯门、楼梯及走道总宽度应按每层通过人数每 100 人不小于 1m 计算，且梯段净宽不应小于 1.20m，楼梯平台宽度不应小于楼梯梯段净宽。

10）中小学校

中小学校教学用房的楼梯梯段宽度应为人流股数的整数倍。梯段宽度不应小于 1.20m，并应按 0.60m 的整数倍增加梯段宽度。每个梯段可增加不超过 0.15m 的摆幅宽度。

5.1.3.3 楼梯平台

根据建筑楼梯模数协调标准，楼梯平台部位的净高不应小于 2000mm，中间平台的深度，不应小于楼梯梯段的宽度，对不改变行进方向的平台，其深度可不受此限。

梯段改变方向时，扶手转向端处的平台最小宽度不应小于梯段宽度，并不得小于 1.20m，当有搬运大型物件需要时应适量加宽。

楼梯平台上部及下部过道处的净高不应小于 2m，梯段净高不宜小于 2.20m，梯段净高为自踏步前缘（包括最低和最高一级踏步前缘线以外 0.30m 范围内）量至上方突出物下缘间的垂直高度（图 5-1-2）。

1）住宅建筑

楼梯平台净宽不应小于楼梯梯段净宽，并不得小于 1.20m。楼梯平台的结构下缘至人行过道的垂直高度不应低于 2.00m。入口处地坪与室外地面应有高差，并不应小于 0.10m。

楼梯为剪刀梯时，楼梯平台的净宽不得小于 1.30m。

2）剧场建筑

主要疏散楼梯连续踏步超过 18 级时，应加设中间休息平台，楼梯平台宽

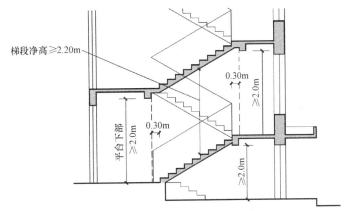

图 5-1-2　楼梯梯段和平台净高示意图

度不应小于梯段宽度,并不得小于 1.10m。

3)中小学校

除首层及顶层外,教学楼疏散楼梯在中间层的楼层平台与梯段接口处宜设置缓冲空间,缓冲空间的宽度不宜小于梯段宽度。

4)体育建筑

转折楼梯平台深度不应小于楼梯宽度。直跑楼梯的中间平台深度不应小于 1.2m。

5.1.3.4　楼梯扶手

楼梯应至少一侧设扶手,梯段净宽达三股人流时应两侧设扶手,达四股人流时宜加设中间扶手。室内楼梯扶手高度自踏步前缘线量起不宜小于 0.90m。靠楼梯井一侧水平扶手长度超过 0.50m 时,其高度不应小于 1.05m(图 5-1-3)。

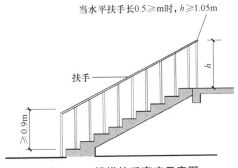

图 5-1-3　楼梯扶手高度示意图

1)老年人建筑

楼梯与坡道两侧离地高 0.90m 和 0.65m 处应设连续的栏杆与扶手,沿墙一侧扶手应水平延伸。扶手宜选用优质木料或手感较好的其他材料制作。

2)老年人居住建筑

楼梯应在内侧设置扶手。宽度在 1.50m 以上时应在两侧设置扶手。扶手安装高度为 0.80~0.85m,应连续设置。扶手应与走廊的扶手相连接。扶手端部宜水平延伸0.30m以上。

3）托儿所、幼儿园建筑

楼梯除设成人扶手外，应在梯段两侧设幼儿扶手，其高度宜为0.60m。

4）中小学校建筑

中小学校室内楼梯扶手高度不应低于0.90m，室外楼梯扶手高度不应低于1.10m；水平扶手高度不应低于1.10m。中小学校的楼梯栏杆不得采用易于攀登的构造和花饰；杆件或花饰的镂空处净距不得大于0.11m。中小学校的楼梯扶手上应加装防止学生溜滑的设施。

5）剧场建筑

楼梯应设置坚固、连续的扶手，高度不应低于0.85m。

6）宿舍建筑

扶手高度不应小于0.90m。楼梯水平段栏杆长度大于0.50m时，其扶手高度不应小于1.05m。

5.1.3.5 梯井

梯井系指由楼梯梯段和休息平台内侧围成的空间。梯井是用于消防需要，着火时消防水管从梯井通到需要灭火的楼层。

1）住宅建筑

楼梯井宽度大于0.11m时，必须采取防止儿童攀滑的措施。

2）托儿所、幼儿园、中小学校建筑

幼儿使用的楼梯，当楼梯井净宽度大于0.11m时，必须采取防止幼儿攀滑措施。中小学校建筑教学楼楼梯井的宽度，不应大于0.20m。当超过0.20m时，必须采取安全防护措施（图5-1-4）。

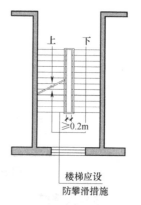

图5-1-4　幼儿园楼梯梯井示意图

5.2　电梯、自动扶梯和自动人行道

电梯和自动扶梯都是楼层之间解决垂直交通的建筑设备。自动人行道是解决水平交通的建筑设备。自动扶梯和自动人行道有疏导人流的作用，同时又在建筑环境中起到装饰作用。电梯、自动扶梯和自动人行道的设计应满足使用方便、安全可靠、造型美观的特点。

5.2.1 电梯

当居住建筑和公共建筑层数较多时，应设置电梯。某些公共建筑虽然层数不多，但有某些特殊的功能要求（如医院、疗养院等），除了布置一般的楼梯外，还需设置电梯，以解决垂直升降的问题。

5.2.1.1 电梯设置的一般规定

1）电梯不得计作安全出口。

2）以电梯为主要垂直交通的高层公共建筑和 12 层及 12 层以上的高层住宅，每栋楼设置电梯的台数不应少于 2 台。

3）建筑物每个服务区单侧排列的电梯不宜超过 4 台，双侧排列的电梯不宜超过 2×4 台；电梯不应在转角处贴邻布置。

4）电梯候梯厅的深度应符合表 5-2-1 的规定，并不得小于 1.50m（图 5-2-1）。

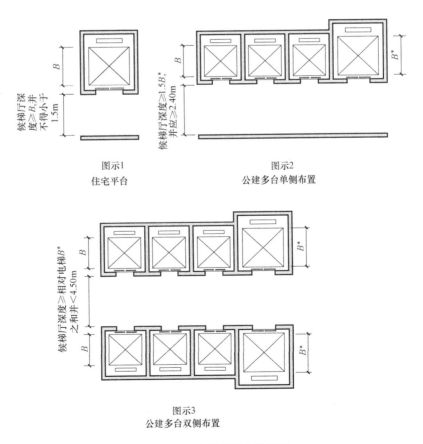

图示1
住宅平台

图示2
公建多台单侧布置

图示3
公建多台双侧布置

图 5-2-1 电梯厅深度示意图

<table>
<tr><td colspan="3" align="right">电梯候梯厅深度　　　　　　　表 5-2-1</td></tr>
</table>

电梯类别	布置方式	候梯厅深度
住宅电梯	单台	≥B
	多台单侧排列	≥B′
	多台双侧排列	≥相对电梯 B′之和并<3.50m
公共建筑电梯	单台	≥1.5B
	多台单侧排列	≥1.5B′,当电梯群为 4 台时应≥2.40m
	多台双侧排列	≥相对电梯 B′之和并<4.50m
病床电梯	单台	≥1.5B
	多台单侧排列	≥1.5B′
	多台双侧排列	≥相对电梯 B′之和

注：B 为轿厢深度，B′电梯群中最大轿厢深度

5）电梯井道和机房不宜与有安静要求的用房贴邻布置，否则应采取隔振、隔声措施。

6）机房应为专用的房间，其围护结构应保温隔热，室内应有良好通风、防尘，宜有自然采光，不得将机房顶板作水箱底板及在机房内直接穿越水管或蒸汽管。

7）消防电梯的布置应符合防火规范的有关规定。

5.2.1.2 住宅建筑的电梯设置

1）七层及以上的住宅或住户入口层楼面距室外设计地面的高度超过 16m 以上的住宅必须设置电梯。底层作为商店或其他用房的多层住宅，其住户入口层楼面距该建筑物的室外设计地面高度超过 16m 时必须设置电梯。底层做架空层或贮存空间的多层住宅，其住户入口层楼面距该建筑物的室外地面高度超过 16m 时必须设置电梯。顶层为两层一套的跃层住宅时，跃层部分不计层数。其顶层住户入口层楼面距该建筑物室外设计地面的高度不超过 16m 时，可不设电梯。

2）十二层及以上的高层住宅，每栋楼设置电梯不应少于两台，其中宜配置一台可容纳担架的电梯。十二层及十二层以上的住宅每单元只设置一部电梯时，从第十二层起应设置与相邻住宅单元联通的联系廊。联系廊可隔层设置，上下联系廊之间的间隔不应超过五层。联系廊的净宽不应小于 1.10m，局部净高不应低于 2.00m。

3）七层及七层以上住宅电梯应在设有户门和公共走廊的每层设站。住宅电梯宜成组集中布置。

5.2.1.3 公共建筑的电梯设置

1）电影院设置电梯或自动扶梯不宜贴邻观众厅设置。当贴邻设置时，应采取隔声、减振等措施。

2）医院建筑，二层医疗用房宜设电梯；三层及三层以上的医疗用房应设电梯，且不得少于 2 台。供患者使用的电梯和污物梯，应采用病床梯。医院住院部宜增设供医护人员专用的客梯、送餐和污物专用货梯。电梯井道不应

与有安静要求的用房贴邻。

3) 图书馆建筑电梯井道及产生噪声的设备机房，不宜与阅览室毗邻。并应采取消声、隔声及减振措施，减少其对整个馆区的影响。

4) 疗养院建筑不宜超过四层，若超过四层应设置电梯。

5) 旅馆建筑电梯及电梯厅设置：四级、五级旅馆建筑 2 层宜设乘客电梯，3 层及 3 层以上应设乘客电梯。一级、二级、三级旅馆建筑 3 层宜设乘客电梯，4 层及 4 层以上应设乘客电梯。乘客电梯的台数、额定载重量和额定速度应通过设计和计算确定。主要乘客电梯位置应有明确的导向标识，并应能便捷抵达。客房部分宜至少设置两部乘客电梯，四级及以上旅馆建筑公共部分宜设置自动扶梯或专用乘客电梯。服务电梯应根据旅馆建筑等级和实际需要设置，且四级、五级旅馆建筑应设服务电梯。电梯厅深度应符合现行国家标准《民用建筑设计通则》的规定，且当客房与电梯厅正对面布置时，电梯厅的深度不应包括客房与电梯厅之间的走道宽度。

6) 饮食建筑位于三层及三层以上的一级餐馆与饮食店和四层及四层以上的其他各级餐馆与饮食店均宜设置乘客电梯。

7) 图书馆的四层及四层以上设有阅览室时，应设置为读者服务的电梯，并应至少设一台无障碍电梯。二层至五层的书库应设置书刊提升设备，六层及六层以上的书库应设专用货梯。

8) 宿舍建筑，七层及七层以上宿舍或居室最高入口层楼面距室外设计地面的高度大于 21m 时，应设置电梯。

9) 展览建筑中供垂直运输物品的客货电梯宜设置独立的电梯厅，不应直接设置在展厅内。

10) 老年人建筑层数宜为三层及三层以下；四层及四层以上应设电梯。设电梯的老年人建筑，电梯厅及轿厢尺度必须保证轮椅和急救担架进出方便，轿厢沿周边离地 0.90m 和 0.65m 高处设辅助安全扶手。电梯速度宜选用慢速度，梯门宜采用慢关闭，并内装电视监控系统。

11) 老年人居住建筑宜设置电梯。三层及三层以上设老年人居住及活动空间的建筑应设置电梯，并应每层设站。电梯配置中轿厢尺寸应可容纳担架。厅门和轿门宽度应不小于 0.80m；对额定载重量大的电梯，宜选宽度 0.90m 的厅门和轿门。候梯厅的深度不应小于 1.60m，呼梯按钮高度为 0.90～1.10m。操作按钮和报警装置应安装在轿厢侧壁易于识别和触及处，宜横向布置，距地高度 0.90～1.20m，距前壁、后壁不得小于 0.40m。有条件时，可在轿厢两侧壁上都安装。电梯额定速度宜选 0.63～1.0m/s；轿门开关时间应较长；应设置关门保护装置。呼梯按钮的颜色应与周围墙壁颜色有明显区别；不应设防水地坎；基站候梯厅应设座椅，其他层站有条件时也可设置座椅。轿厢内宜配置对讲机或电话，有条件时可设置电视监控系统。

12）铁路旅客车站建筑特大型、大型站的站房内应设置自动扶梯和电梯，中型站的站房宜设置自动扶梯和电梯。设置在站台上通向地道、天桥的出入口应设自动扶梯，中型站宜设自动扶梯。

13）商店建筑内设置的自动扶梯、自动人行道除应符合现行国家标准《民用建筑设计通则》的有关规定外，还应符合自动扶梯倾斜角度不应大于30°，自动人行道倾斜角度不应超过12°。自动扶梯、自动人行道上下两端水平距离3m范围内应保持畅通，不得兼作他用。扶手带中心线与平行墙面或楼板开口边缘间的距离、相邻设置的自动扶梯或自动人行道的两梯（道）之间扶手带中心线的水平距离应大于0.50m，否则应采取措施，以防对人员造成伤害。

5.2.2 自动扶梯和自动人行道

自动扶梯和自动人行道具有连续不断输送人流的特点，在一些大型的公共建筑中，由于人流比较集中，常选择这类交通工具来疏散人流。为保证人们在使用自动扶梯和自动人行道过程中的方便与安全，在设计时应充分考虑以下几点要求：

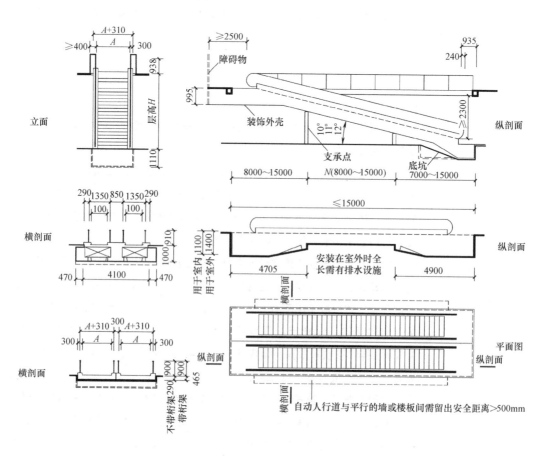

图 5-2-2 自动人行道

1）自动扶梯和自动人行道不得计作安全出口。

2）出入口畅通区的宽度不应小于2.50m，畅通区有密集人流穿行时，其宽度应加大。

3）栏板应平整、光滑和无突出物。扶手带顶面距自动扶梯前缘、自动人行道踏板面或胶带面的垂直高度不应小于0.90m。扶手带外边至任何障碍物不应小于0.50m，否则应采取措施防止障碍物引起人员伤害（图5-2-2）。

4）扶手带中心线与平行墙面或楼板开口边缘间的距离、相邻平行交叉设置时两梯道之间扶手带中心线的水平距离不宜小于0.50m，否则应采取措施防止障碍物引起人员伤害。

5）自动扶梯的梯级、自动人行道的踏板或胶带上空，垂直净高不应小于2.30m（图5-2-3）。

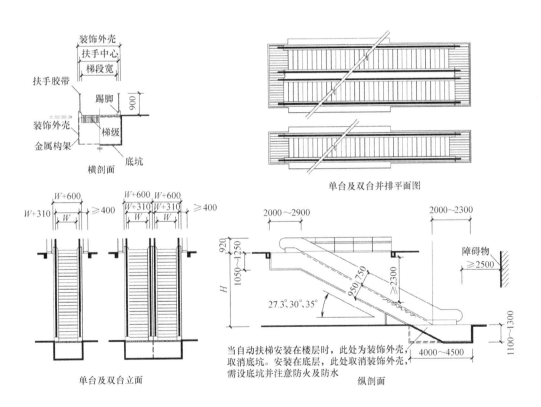

图 5-2-3　自动扶梯

6）自动扶梯的倾斜角不应超过30°，当提升高度不超过6m，额定速度不超过0.50m/s时，倾斜角允许增至35°；倾斜式自动人行道的倾斜角不应超过12°。

7）自动扶梯和层间相通的自动人行道单向设置时，应就近布置相匹配的楼梯（图5-2-4）。

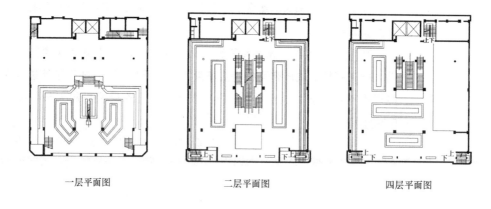

一层平面图　　　　　　二层平面图　　　　　　四层平面图

图 5-2-4　长沙市司门口商场自动扶梯、楼梯和电梯的组合设置

8）设置自动扶梯或自动人行道所形成的上下层贯通空间，应符合防火规范所规定的有关防火分区等要求。

5.3　栏杆、栏板

栏杆和栏板是高度在人体胸部至腹部之间，用以保障人身安全或分隔空间用的防护分隔构件。无论是楼梯、平台，还是一些维护构件都要用到栏杆和栏板。栏杆和栏板应根据它的材料、构造和装修标准，以及使用对象和使用场合的不同进行合理选择，适合人体尺度，确保使用过程中安全可靠。栏杆在使用过程存在的不安全因素主要表现在：是否具有承受足够大侧向冲击力的能力，杆件之间形成的空花大小是否具有不安全感，栏杆高度是否适宜，尤其是供儿童使用的栏杆和一些特殊用途的栏杆，更应该注意这些问题。栏板虽取消了杆件，但它应能承受侧向的推力，并有防止儿童攀爬的构造措施。

护窗是低窗或落地窗前设置的防止人碰撞窗玻璃而设置的安全防护分隔构件，形式多为栏杆或扶手（图 5-3-1）。

5.3.1　建筑栏杆

所有民用建筑的阳台、外廊、室内回廊、内天井、上人屋面以及室外楼梯等临空处均应设置防护栏杆，栏杆所用材料应坚固、耐久，能承受规范规定的水平荷载。栏杆设计应防止儿童攀登，无论住宅、托儿所、幼儿园、中小学等少年儿童专用活动场所，还是文化娱乐建筑、商业服务建筑、体育建筑、园林景观建筑等允许少年儿童进入活动的场所的栏杆都必须采用防止少年儿童攀登的构造。当采用垂直杆件做栏杆时，其杆件净距不应大于 0.11m，且栏杆离楼面或屋面 0.10m 高度内不宜留空。

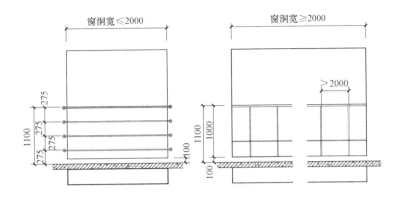

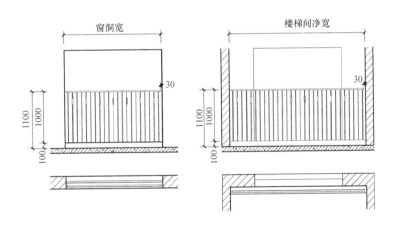

图 5-3-1 护窗栏杆的形式示例

栏杆栏板设计的规格应满足下列要求:

1) 临空高度在 24m 以下时,栏杆高度不应低于 1.05m,临空高度在 24m 及 24m 以上 (包括中高层住宅) 时,栏杆高度不应低于 1.10m。栏杆高度应从楼地面或屋面至栏杆扶手顶面垂直高度计算,如底部有宽度大于或等于 0.22m,且高度低于或等于 0.45m 的可踏部位,应从可踏部位顶面起计算 (图 5-3-2)。

2) 住宅建筑中阳台栏杆、外廊、内天井及上人屋面等临空处低层、多层住宅的净高不应低于 1.05m,中高层、高层住宅的阳台栏杆净高不应低于 1.10m。封闭阳台栏杆也应满足阳台栏杆净高要求。阳台栏杆设计必须采用防止儿童攀登的构造,栏杆的垂直杆件间净距不应大于 0.11m,放置花盆处必须采取防坠落措施。中高层、高层及寒冷、严寒地区住宅的阳台宜采用实体栏板。

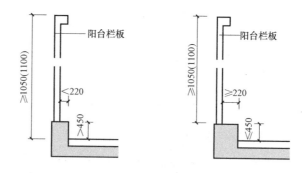

图 5-3-2　栏杆高度示意图

3）托儿所、幼儿园建筑中楼梯楼梯除设成人扶手外，应在梯段两侧设幼儿扶手，其高度宜为 0.60m。托儿所、幼儿园的外廊、室内回廊、内天井、阳台、上人屋面、平台、看台及室外楼梯等临空处应设置防护栏杆，栏杆应以坚固、耐久的材料制作，防护栏杆水平承载能力应符合《建筑结构荷载规范》的规定。防护栏杆的高度应从地面计算，且净高不应小于 1.10m。防护栏杆必须采用防止幼儿攀登和穿过的构造，当采用垂直杆件做栏杆时，其杆件净距离不应大于 0.11m。

4）中小学校上人屋面、外廊、楼梯、平台、阳台等临空部位必须设防护栏杆，防护栏杆必须牢固，安全，高度不应低于 1.10m。防护栏杆最薄弱处承受的最小水平推力应不小于 1.5kN/m。中小学校的楼梯栏杆不得采用易于攀登的构造和花饰；杆件或花饰的镂空处净距不得大于 0.11m。

5）文化馆建筑屋顶作为屋顶花园或室外活动场所时，其护栏高度不应低于 1.20m。设置金属护栏时，护栏内设置的支撑不得影响群众活动。

6）剧场建筑座席地坪高于前排 0.50m 时及座席侧面紧临有高差之纵走道或梯步时应设栏杆，栏杆应坚固，不应遮挡视线。楼座前排栏杆和楼层包厢栏杆高度不应遮挡视线，不应大于 0.85m，并应采取措施保证人身安全，下部实心部分不得低于 0.40m。

7）商店建筑营业部分供轮椅使用的坡道两侧应设高度为 0.65m 的扶手，当其水平投影长度超过 15m 时，宜设休息平台。楼梯、室内回廊、内天井等临空处的栏杆应采用防攀爬的构造，当采用垂直杆件做栏杆时，其杆件净距不应大于 0.11m；栏杆的高度及承受水平荷载的能力应符合现行国家标准《民用建筑设计通则》的规定。人员密集的大型商店建筑的中庭应提高栏杆的高度，当采用玻璃栏板时，应符合现行行业标准《建筑玻璃应用技术规程》的规定。

8）交通客运站建筑候乘厅的检票口应设导向栏杆，通道应顺直，且导向栏杆应采用柔性或可移动栏杆，栏杆高度不应低于 1.2m。港口客运站登船设施的安全防护栏杆高度不应低于 1.2m。售票窗口前宜设导向栏杆，栏杆高度不宜低于 1.2m，宽度宜与窗口中距相同。

9）铁路旅客车站天桥栏杆或窗台的净高度不宜小于 1.4m。检票口应采用柔性或可移动栏杆，其通道应顺直，净宽度不应小于 0.75m。

10）旅馆建筑中庭栏杆或栏板高度不应低于 1.20m，并应以坚固、耐久的材料制作，应能承受现行国家标准《建筑结构荷载规范》规定的水平荷载。

11）老年人建筑公用走廊应安装扶手。户内过道的主要地方应设置连续式扶手，暂不安装的，可设预埋件。老年人专用电梯的轿厢内两侧壁应安装扶手。卫生间宜设置适合坐姿的洗面台，并在侧面安装横向扶手。扶手单层设置时高度为 0.80~0.85m，双层设置时高度分别为 0.65m 和 0.90m。扶手宜保持连贯。楼梯应在内侧设置扶手，宽度在 1.50m 以上时应在两侧设置扶手，扶手安装高度为 0.80~0.85m，应连续设置。扶手应与走廊的扶手相连接，扶手端部宜水平延伸 0.30m 以上。

5.3.2　城市道路栏杆

人行天桥上护栏高度应大于或等于 1.1m。城市桥梁引道、高架路引道、立体交叉匝道、高填土道路外侧挡墙等处，高于原地面 2m 的路段，应设置车行护栏或护柱等。平面交叉、广场、停车场等需要渠化的范围，除画线、设导向岛外，可采用分隔物或护栏。大、中型桥梁上应设置高缘石与防撞护栏。

5.3.3　公园栏杆

1）作用在园桥栏杆扶手上的竖向力和栏杆顶部水平荷载均按 1.0kN/m 计算。

2）游览、休憩、服务性建筑物，游人通行量较多的建筑室外台阶，设护栏设施。建筑内部和外缘，凡游人正常活动范围边缘临空高差大于 1.0m 处，均设护栏设施，其高度应大于 1.05m，高差较大处可适当提高，但不宜大于 1.2m。护栏设施必须坚固耐久且采用不易攀登的构造，其竖向力和水平荷载应符合规范的规定。

3）公园内的示意性护栏高度不宜超过 0.4m。各种游人集中场所容易发生跌落、淹溺等人身事故的地段，应设置安全防护性护栏。各种装饰性、示意性和安全防护性护栏的构造作法，严禁采用锐角、利刺等形式。

4）电力设施、猛兽类动物展区以及其他专用防范性护栏，应根据实际需要另行设计和制作。

5.4　屋面、门窗、净高和装修

为了保障建筑物的使用安全，建筑设计要考虑到很多因素，如：屋面、门窗、突出物、装修、净高等等。不注意这些细节的设计，就会对使用带来很多不安全的隐患。

5.4.1 屋面

1）屋面面层应采用不燃烧体材料，包括屋面突出部分及屋顶加层，但一、二级耐火等级建筑物，其不燃烧体屋面基层上可采用可燃卷材防水层。

2）当屋面坡度较大或同一屋面落差较大时，应采取固定加强和防止屋面滑落的措施，屋面瓦件必须铺置牢固，防止滑落。

3）地震设防区或有强风地区的屋面应采取固定加强措施。

4）当无楼梯通达屋面时，应设上屋面的检修人孔或低于10m时可设外墙爬梯，并应有安全防护和防止儿童攀爬的措施。

5）闷顶应设通风口和通向闷顶的检修人孔，闷顶内应有防火分隔。

5.4.2 门窗

任何建筑都离不开门窗，它的结构、构造、材料、装饰及与墙体的连接方法都关系到安全因素。民用建筑中为防止门窗坠落伤人，首先应考虑与墙体连接的牢固性问题，并要满足抗风压、水密性、气密性的要求。不同材料的门窗应该选择相应的密封材料，才能达到保温隔热的效果。其次，门窗的设置各有其不同的要求。

5.4.2.1 窗的设置要求

1）窗扇的开启形式应方便使用，安全和易于维修、清洗。当采用外开窗时应加强牢固窗扇的措施。开向公共走道的窗扇，其底面高度不应低于2.0m，保证公共走道内的通行安全。

2）防火墙上必须开设窗洞时，应按防火规范的要求设置。

3）天窗应采用防破碎伤人的透光材料，天窗应有防冷凝水产生或引泄冷凝水的措施，天窗应便于开启、关闭、固定、防渗水，并方便清洗。

4）临空的窗台低于0.80m时，应采取防护措施，防护高度由楼地面起计算不应低于0.80m。住宅窗台低于0.90m时，应采取防护措施。

5）低窗台、凸窗等下部有能上人站立的宽窗台面时，贴窗护栏或固定窗的防护高度应从窗台面起计算。

公共建筑中窗的设置。

（1）托儿所、幼儿园建筑活动室、多功能活动室的窗台面距地面高度不宜大于0.60m；当窗台面距楼地面高度低于0.90m时，应采取防护措施，防护高度应由楼地面起计算，不应低于0.90m；窗距离楼地面的高度小于或等于1.80m的部分，不应设内悬窗和内平开窗扇；外窗开启扇均应设纱窗。

（2）中小学校建筑各教室前端侧窗窗端墙的长度不应小于1.00m。窗间墙宽度不应大于 1.20m。炎热地区的教学用房及教学辅助用房中，可在内外墙设置可开闭的通风窗。通风窗下沿宜设在距室内楼地面以上 0.10～0.15m 高度处。当风雨操场无围护墙时，应避免眩光影响。有围护墙的风雨操场外窗无避免眩光的设施时，窗台距室内地面高度不宜低于 2.10m。窗台高度以下的墙面宜为深色。临空窗台的高度不应低于 0.90m。

(3) 疗养院建筑疗养、理疗、医技用房及营养食堂的外门、外窗宜安装纱门纱窗。水疗室浴室的窗户应有视线遮挡措施，并应有通风排气设施。体疗室设有球类活动时，其窗户、灯具应有防护措施。

(4) 办公建筑底层及半地下室外窗宜采取安全防范措施。高层及超高层办公建筑采用玻璃幕墙时应设有清洁设施，并必须有可开启部分，或设有通风换气装置。外窗不宜过大，可开启面积不应小于窗面积的 30%，并应有良好的气密性、水密性和保温隔热性能，满足节能要求。全空调的办公建筑外窗开启面积应满足火灾排烟和自然通风要求。

(5) 铁路旅客车站建筑候车区（室）窗地比不应小于 1:6，上下窗宜设开启扇，并应有开闭设施。包裹库宜设高窗，并应加设防护设施。

(6) 图书馆建筑书库的外门窗应有防尘的密闭措施。特藏书库应设固定窗，必要时可设少量开启窗扇。书库外窗的开启扇应采取防蚊蝇的措施。

(7) 档案馆建筑档案库不得采用跨层或跨间的通长窗。档案馆的外门及首层外窗均应有可靠的安全防护设施。档案库外窗的开启扇应设纱窗。

(8) 宿舍建筑的外窗窗台不应低于 0.90m，当低于 0.90m 时应采取安全防护措施。宿舍居室外窗不宜采用玻璃幕墙。开向公共走道的窗扇，其底面距本层地面的高度不宜低于 2m。当低于 2m 时不应妨碍交通，并避免视线干扰。宿舍的底层外窗、阳台，其他各层的窗台下沿距下面屋顶平台、大挑檐、公共走廊等地面低于 2m 的外窗，应采取安全防范措施，且应满足逃生救援的要求。

5.4.2.2 门的设置要求

1) 外门构造应开启方便，坚固耐用。手动开启的大门扇应有制动装置，推拉门应有防脱轨的措施。双面弹簧门应在可视高度部分装透明安全玻璃。全玻璃门应选用安全玻璃或采取防护措施，并应设防撞提示标志。门的开启不应跨越变形缝。

2) 旋转门、电动门、卷帘门和大型门的邻近应另设平开疏散门，或在门上设疏散门（图 5-4-1）。

3) 开向疏散走道及楼梯间的门扇开足时，不应影响走道及楼梯平台的疏散宽度。

4) 在一些特殊人群使用的建筑中，门的设置要根据使用人的特征来设计。

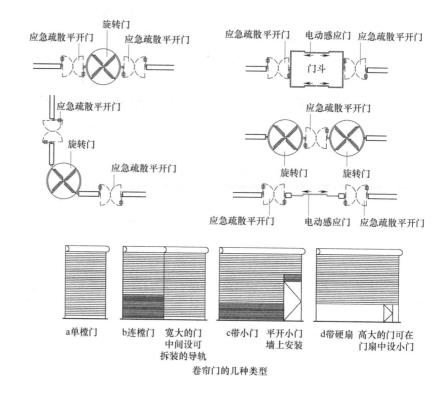

图 5-4-1 旋转门、电动感应门和卷帘门的布置示例

（1）严寒和寒冷地区托儿所、幼儿园建筑的外门应设门斗。距离地面1.20m以下部分，当使用玻璃材料时，应采用安全玻璃；距离地面 0.60m 处宜加设幼儿专用拉手；门的双面均应平滑、无棱角；门下不应设门槛；不应设置旋转门、弹簧门、推拉门，不宜设金属门；活动室、寝室、多功能活动室的门均应向人员疏散方向开启，开启的门扇不应妨碍走道疏散通行；门上应设观察窗，观察窗应安装安全玻璃。

（2）老年人居住建筑户门的有效宽度不应小于 1.0m。户门宜采用推拉门形式且门轨不应影响出入。采用平开门时，门上宜设置探视窗，并采用杆式把手，安装高度距地面 0.80～0.85m。供轮椅使用者出入的门，距地面0.15～0.35m 处宜安装防撞板。老年人居住建筑的门窗宜使用无色透明玻璃，落地玻璃门窗应装配安全玻璃，并在玻璃上设有醒目标示。

5.4.3 室内净高

室内净高是指从楼、地面面层至吊顶或楼盖、屋盖底面之间的有效使用空间的垂直距离。应按楼地面完成面至吊顶或楼板或梁底面之间的垂直距离计算。当楼盖、屋盖的下悬构件或管道底面影响有效使用空间的，应按楼地面完成面至下悬构件下缘或管道底面之间的垂直距离计算（图5-4-2）。

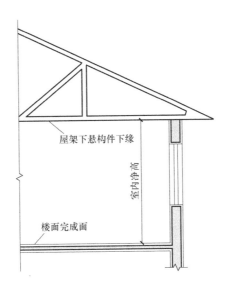

图 5-4-2　室内净高示间图

民用建筑的室内净高应符合专用建筑设计规范的规定。有设备层的建筑，设备层的净高应根据设备和管线的安装检修需要确定。有人员正常活动的架空层及避难层和地下室、局部夹层、走道等的最低处的净高均不应小于2m。

5.4.3.1　居住建筑

居住建筑的净高应满足人的居住要求，宿舍建筑居室的净高在采用单层床时，净高不应低于 2.60m；在采用双层床或高架床时，净高不应低于 3.40m。辅助用房的净高不宜低于 2.50m。住宅建筑卧室和起居室的室内净高不应低于2.40m，局部净高不应低于 2.10m，且其面积不应大于室内使用面积的1/3。利用坡屋顶内空间作卧室和起居室时，其1/2面积的室内净高不应低于 2.10m。厨房和卫生间的室内净高不应低于 2.20m。内排水横管下表面与楼面、地面净距不应低于 1.90m，且不得影响门、窗扇开启。住宅的地下室、半地下室做自行车库和设备用房时，其净高不应低于 2.00m。住宅地下机动车库库内车道净高不应低于 2.20m。车位净高不应低于 2.00m。

5.4.3.2　公共建筑

公共建筑的净高根据其不同的功能要求而有所差别。

1）托儿所、幼儿园建筑活动室、寝室、乳儿室、多功能活动室的室内最小净高不应低于表 5-4-1 的规定。

托儿所、幼儿园建筑室内最小净高（m）　　　　表 5-4-1

房间名称	净高
活动室、寝室、乳儿室	3.0
多功能活动室	3.9

2）中小学校主要房间的净高不应低于表 5-4-2 的规定。

中小学校主要房间最低净高（m）   表 5-4-2

教 室	小 学	初 中	高 中
普通教室、史地、美术、音乐教室	3.00	3.05	3.10
舞蹈教室	4.50		
科学教室、实验室、计算机教室、劳动教室、技术教室、合班教室	3.10		
阶梯教室	最后一排（楼地面最高处）距顶棚或上方突出物最小距离为 2.20m		

3）文化馆建筑计算机与网络教室室内净高不应小于 3.0m。舞蹈排练室室内净高不应小于 4.5m。美工室、展品展具制作与维修用房净高不宜小于 4.5m。

4）图书馆建筑书库、阅览室藏书区净高不得小于 2.40m。当有梁或管线时，其底面净高不宜小于 2.30m。采用积层书架的书库结构梁（或管线）底面之净高不得小于 4.70m。

5）档案馆建筑档案库净高不应低于 2.60m。

6）博物馆建筑的展厅展示一般历史文物或古代艺术品的展厅，净高不宜小于 3.5m；展示一般现代艺术品的展厅，净高不宜小于 4.0m。临时展厅的分间面积不宜小于 200m²，净高不宜小于 4.5m。文物类藏品库房净高宜为 2.8~3.0m；现代艺术类藏品、标本类藏品库房净高宜为 3.5~4.0m；特大体量藏品库房净高应根据工艺要求确定。自然博物馆，展厅净高不宜低于 4.0m。科技馆特大型馆、大型馆主要入口层展厅净高宜为 6.0~7.0m；大中型馆、中型馆主要入口层净高宜为 5.0~6.0m；特大型馆、大型馆楼层净高宜为 5.0~6.0m；大中型馆、中型馆楼层净高宜为 4.5~5.0m。

7）办公建筑中一类办公建筑不应低于 2.70m；二类办公建筑不应低于 2.60m；三类办公建筑不应低于 2.50m。办公建筑的走道净高不应低于 2.20m，贮藏间净高不应低于 2.00m。非机动车库净高不得低于 2.00m。

8）综合医院建筑室内净高诊查室不宜低于 2.60m；病房不宜低于 2.80m；公共走道不宜低于 2.30m；医技科室宜根据需要确定。

9）疗养院建筑疗养室净高不应低于 2.60m。

10）旅馆建筑房室内净高当设空调时不应低于 2.40m；不设空调时不应低于 2.60m。利用坡屋顶内空间作为客房时，应至少有 8m² 面积的净高不低于 2.40m。卫生间净高不应低于 2.20m。客房层公共走道及客房内走道净高不应低于 2.10m。

11）商店建筑营业厅的净高应按其平面形状和通风方式确定，不应低于表 5-4-3 的规定。

通风方式	自然通风			机械排风和自然通风相结合	空调通风系统
	单面开窗	前后开窗	前面敞开		
最小净高(m)	3.20	3.50	3.20	3.50	3.00

商店建筑营业厅的净高　　　　　　　表 5-4-3

设有全年不断空调，人工采光的小型厅或局部空间的净高可酌减，但不应小于 2.40m。

仓储式商店营业厅的室内净高应满足堆高机、叉车等机械设备的提升高度要求。菜市场内净高应满足通风、排除异味的要求。当采用开架书廊营业方式时，可利用空间设置夹层，其净高不应小于 2.10m。

储存库房的净高应根据有效储存空间及减少至营业厅垂直运距等确定，应按楼地面至上部结构主梁或桁架下弦底面间的垂直高度计算，并设有货架的储存库房净高不应小于 2.10m；设有夹层的储存库房净高不应小于 4.60m；无固定堆放形式的储存库房净高不应小于 3.00m。

12) 饮食建筑小餐厅和小饮食厅不应低于 2.60m，设空调者不应低于 2.40m。大餐厅和大饮食厅不应低于 3.00m，异形顶棚的大餐厅和饮食厅最低处不应低于 2.40m。厨房和饮食制作间的室内净高不应低于 3.0m。

13) 港口客运站候乘风雨廊宜结合上下船通道设置，候乘风雨廊宽度不宜小于 1.3m，净高不应低于 2.4m，并可设检票口。候乘厅检票口与客运码头间，可根据需要设置平台、廊道或其他登船设施，并应设避雨设施，净高不应低于 2.4m。

行包用房行包仓库内净高不应低于 3.6m；有机械作业的行包仓库，应满足机械作业的要求，其门的净宽度和净高度均不应小于 3.0m。

汽车客运站发车位为露天时，站台应设置雨棚。雨棚宜能覆盖到车辆行李舱位置，雨棚净高不得低于 5.0m。

国际港口客运用房出境、入境用房布置应符合联检程序的要求，并宜具备适当的灵活性和通用性。联检通道净高不宜小于 4.0m。

14) 铁路旅客车站候车区（室）利用自然采光和通风的候车区（室），其室内净高宜根据高跨比确定，并不宜小于 3.6m。行李、包裹用房中包裹库内净高度不应小于 3m。建筑天然采光和自然通风的候车室室内净高度宜根据高跨比确定，并不宜小于 3.6m。行包库室内净高度不应小于 3m。雨棚悬挂物下缘至站台面的高度不应小于 3m。旅客地道净高不应小于 2.5m，行包、邮件地道净高不应小于 3m。

15) 城市道路人行地道净高应大于或等于 2.5m。

5.4.4 装饰装修

装修是以建筑物主体结构为依托，对建筑内、外空间进行的细部加工和艺术处理。一般建筑在主体完工之后，都要进行一定的装饰装修，根据使用功能的不同，装修标准也不同。装修具有保护、美化建筑物的功能，它关系到人们生产、生活和工作环境的优劣。但是，由于装修使用的材料、构造做法以及施工技术水平，会产生不同的效果，也会给人带来不同的影响，甚至危害。所以在设计时也应要考虑装饰装修的安全性。

民用建筑的室内外装修的基本原则为：严禁破坏建筑物结构的安全性；采用节能、环保型建筑材料；根据不同使用要求，采用防火、防污染、防潮、防水和控制有害气体和射线的装修材料和辅料。

室内装修不得遮挡消防设施标志、疏散指示标志及安全出口，并不得影响消防设施和疏散通道的正常使用。室内如需要重新装修时，不得随意改变原有设施、设备管线系统。

室外装修中外墙装修必须与主体结构连接牢靠，外保温材料应与主体结构和外墙饰面连接牢固，并应防开裂、防水、防冻、防腐蚀、防风化和防脱落。应防止污染环境的强烈反光。

另外，特别注意的是存放食品、食料、种子或药物等的房间，其存放物与楼地面直接接触时，严禁采用有毒性的材料作为楼地面，材料的毒性应经有关卫生防疫部门鉴定。存放吸味较强的食物时，应防止采用散发异味的楼地面材料。

公共建筑装饰装修要充分考虑使用者的情况

1）中小学校建筑教学用房的地面应有防潮处理。在严寒地区、寒冷地区及夏热冬冷地区，教学用房的地面应设保温措施。化学实验室、药品室、准备室宜采用易冲洗、耐酸碱、耐腐蚀的楼地面做法，并装设密闭地漏。计算机教室的室内装修应采取防潮、防静电措施，并宜采用防静电架空地板，不得采用无导出静电功能的木地板或塑料地板。当采用地板采暖系统时，楼地面需采用与之相适应的材料及构造做法。风雨操场的楼、地面构造应根据主要运动项目的要求确定，不宜采用刚性地面。固定运动器械的预埋件应暗设。网络控制室内宜采用防静电架空地板，不得采用无导出静电功能的木地板或塑料地板。当采用地板采暖时，楼地面需采用相适应的构造。

教学用房及学生公共活动区的墙面宜设置墙裙，各类小学的墙裙高度不宜低于1.20m；各类中学的墙裙高度不宜低于1.40m；舞蹈教室、风雨操场墙裙高度不应低于2.10m。美术教室的墙面及顶棚应为白色。合班教室和现代艺术课教室，其墙面及顶棚应采取吸声措施。音乐教室的门窗应隔声。墙面及顶棚应采取吸声措施。风雨操场窗台高度以下的墙面宜为深色。

教学用房的楼层间及隔墙应进行隔声处理；走道的顶棚宜进行吸声处理。美术教室的墙面及顶棚应为白色。

2）文化馆建筑群众活动用房应采用易清洁、耐磨的地面；严寒地区的儿童和老年人的活动室宜做暖性地面。舞蹈排练室地面应平整，且宜做有木龙骨的双层木地板。琴房墙面不应相互平行，墙体、地面及顶棚应采用隔声材料或做隔声处理，且房间门应为隔声门，内墙面及顶棚表面应做吸声处理。录音录像室的室内应进行声学设计，地面宜铺设木地板，并应采用密闭隔声门；不宜设外窗，并应设置空调设施。洗浴间应采用防滑地面，墙面应采用易清洗的饰面材料。

舞蹈排练室的墙面应平直，室内不得设有独立柱及墙壁柱，墙面及顶棚不得有妨碍活动安全的突出物，采暖设施应暗装。美术教室墙面应设挂镜线。档案室室内地面、墙面及顶棚的装修材料应易于清扫、不易起尘。

3) 综合医院建筑室内装修和防护宜符合医疗用房的地面、踢脚板、墙裙、墙面、顶棚应便于清扫或冲洗，其阴阳角宜做成圆角。踢脚板、墙裙应与墙面平行。手术室、检验科、中心实验室和病理科等医院卫生学要求高的用房，其室内装修应满足易清洁、耐腐蚀的要求。

4) 旅馆建筑的主要出入口上方宜设雨篷，多雨雪地区的出入口上方应设雨篷，地面应防滑。

5) 食品类商店各种用房地面、墙裙等均应为可冲洗的面层，并严禁采用有毒和起化学反应的涂料。菜市场类建筑，其地面、货台和墙裙应采用易于冲洗的面层。饮食建筑餐厅与饮食厅的室内各部面层均应选用不易积灰、易清洁的材料，墙及天棚阴角宜作成弧形。

6) 铁路旅客车站建筑售票室内工作区地面宜高出售票厅地面 0.3m。严寒和寒冷地区宜采用保暖材质地面。旅客站台应采用刚性防滑地面，并满足行李、包裹车荷载的要求，通行消防车的站台还应满足消防车荷载的要求。

7) 电影院建筑设计规范室内装修所用材料应符合现行国家标准《民用建筑工程室内环境污染控制规范》中的有关规定；应采用防火、防污染、防潮、防水、防腐、防虫的装修材料和辅料。改建、扩建电影院观众厅的室内装修应保证建筑结构的安全性。当观众吊顶内管线较多且空间有限不能进入检修时，可采用便于拆卸的装配式吊顶板或在需要部位设置检修孔；吊顶板与龙骨之间应连接牢靠。观众厅的走道地面宜采用阻燃深色地毯。观众席地面宜采用耐磨、耐清洗地面材料。银幕边框、银幕后墙及附近的侧墙和银幕前方的顶棚应采角无光黑色或深色装修材料，台口、大幕及沿幕应采用无光黑色或深色装修材料。放映机房的地面宜采用防静电、防尘、耐磨、易清洁材料。墙面与顶棚宜做吸声处理。

8) 体育建筑举行重大比赛时，田径检录处宜设在练习场地或进入比赛区之前的区域。由运动员检录处至比赛场地应采用专用通道（或地道），并应采用塑胶或其他弹性材料地面。当不作永久性的时，可临时铺设塑胶地毯。

9) 展览建筑的展厅和人员通行的区域的地面、楼面面层材料应耐磨、防滑。展厅不宜采用大面积的透明幕墙或透明顶棚。

10）公园设的游览、休憩、服务性建筑物有吊顶的亭、廊、敞厅，吊顶采用防潮材料。亭、廊、花架、敞厅等供游人坐憩之处，不采用粗糙饰面材料，也不采用易刮伤肌肤和衣物的构造。

11）老年人建筑室内装修应做到：室内墙面应采用耐碰撞、易擦拭的装修材料，色调宜用暖色。室内通道墙面阳角宜做成圆角或切角，下部宜作 0.35m 高的防撞板。室内地面应选用平整、防滑、耐磨的装修材料。卧室、起居室、活动室宜采用木地板或有弹性的塑胶板；厨房、卫生间及走廊等公用部位宜采用清扫方便的防滑地砖。老年人使用的卫生洁具宜选用白色。墙面不应有突出物。灭火器和标识板等应设置在不妨碍使用轮椅或拐杖通行的位置上。走廊转弯处的墙面阳角宜做成圆弧或切角。

5.5 各类井道和电气

建筑物中的各类井道很多，常见的有：电梯井、管道井、烟道、通风道和垃圾管道。

由于各类管道连通着两层或多层建筑的空间，管井内的垂直落差很大。因此，防止各种管线的相互干扰、防火、防盗、防坠落是各类井道设计要考虑的安全问题。

建筑电气安全是保证建筑安全运行的重要内容。由于现代建筑的设备内容越来越多，建筑对于各种设备的依赖程度越来越高，这些设备的运行都依赖建筑电气系统的支持，因此，建筑电气的安全对于建筑安全而言，是至关重要的。

5.5.1 各类井道的设置

管道井是建筑物中用于布置竖向设备管线的竖向井道。烟道是用来排除各种烟气的管道。通风道是可以排除室内蒸汽、潮气或污浊空气以及输送新鲜空气的管道。垃圾管道是用来输送垃圾的竖向通道，现在民用建筑中已很少使用。管道的布置直接关系到建筑物的使用要求、美观和安全（图 5-5-1）。

5.5.1.1 电梯井的设置

电梯井应独立设置，井内严禁敷设可燃气体和甲、乙、丙类液体管道，不应敷设与电梯无关的电缆、电线等。电梯井的井壁除设置电梯门、安全逃生门和通气孔洞外，不应设置其他开口。

5.5.1.2 管道井的设置

1）管道井、烟道、通风道和垃圾管道应分别独立设置，不得使用同一管道系统，并应用非燃烧体材料制作。

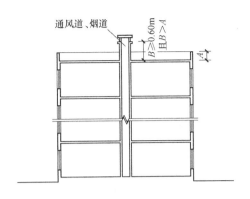

图 5-5-1 竖向井道示意图

2）管道井的断面尺寸除应满足设备管线的布置要求外，还应满足管道安装和检修所需空间的要求。

3）管道井宜在每层靠公共走道的一侧设检修门或可拆卸的壁板。

4）在安全、防火和卫生方面互有影响的管道不应敷设在同一竖井内。

5）管道井壁、检修门及管井开洞部分等应符合防火规范的有关规定。通常情况下，管道上的检修门为丙级防火门。

5.5.1.3　烟道和通风道的设置

1）烟道和通风道的断面、形状、尺寸和内壁应有利于排烟（气）通畅，防止产生阻滞、涡流、窜烟、漏气和倒灌等现象。

2）烟道和通风道应伸出屋面，伸出高度应有利烟气扩散，并应根据屋面形式、排出口周围遮挡物的高度、距离和积雪深度确定。平屋面伸出高度不得小于 0.60m，且不得低于女儿墙的高度。坡屋面伸出高度应符合下列规定：烟道和通风道中心线距屋脊小于 1.50m 时，应高出屋脊 0.60m；烟道和通风道中心线距屋脊 1.50～3.00m 时，应高于屋脊，且伸出屋面高度不得小于 0.60m；烟道和通风道中心线距屋脊大于 3.00m 时，其顶部同屋脊的连线同水平线之间的夹角不应大于 10°，且伸出屋面高度不得小于 0.60m（图5-5-2）。

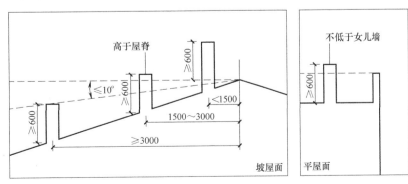

图 5-5-2　屋面烟道和风道的设计要求

5.5.1.4　垃圾管道的设置

1）民用建筑不宜设置垃圾管道。多层建筑不设垃圾管道时，应根据垃圾收集方式设置相应设施。中高层及高层建筑不设置垃圾管道时，每层应设置封闭的垃圾分类、贮存收集空间，并宜有冲洗排污设施。

2）如设置垃圾管道时，应符合下列规定：垃圾管道宜靠外墙布置，管道主体应伸出屋面，伸出屋面部分加设顶盖和网栅，并采取防倒灌措施。垃圾出口应有卫生隔离，底部存纳和出运垃圾的方式应与城市垃圾管理方式相适应。垃圾道内壁应光滑、无突出物。垃圾斗应采用不燃烧和耐腐蚀的材料制作，并能自行关闭密合。高层建筑、超高层建筑的垃圾斗应设在垃圾道前室内，该前室应采用丙级防火门。

5.5.2　各类井道的防火

1）建筑内的电梯井等竖井

电梯井应独立设置，井内严禁敷设可燃气体和甲、乙、丙类液体管道，不应敷设与电梯无关的电缆、电线等。电梯井的井壁除设置电梯门、安全逃生门和通气孔洞外，不应设置其他开口。电缆井、管道井、排烟道、排气道、垃圾道等竖向井道，应分别独立设置。井壁的耐火极限不应低于1.00h，井壁上的检查门应采用丙级防火门。建筑内的电缆井、管道井应在每层楼板处采用不低于楼板耐火极限的不燃材料或防火封堵材料封堵。建筑内的电缆井、管道井与房间、走道等相连通的孔隙应采用防火封堵材料封堵。建筑内的垃圾道宜靠外墙设置，垃圾道的排气口应直接开向室外，垃圾斗应采用不燃材料制作，并应能自行关闭（图5-5-3）。

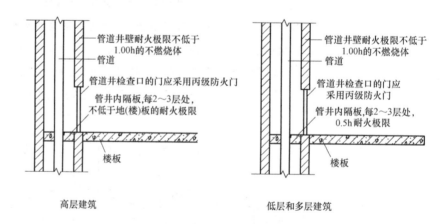

图5-5-3　竖向管井的防火分隔

防烟、排烟、供暖、通风和空气调节系统中的管道及建筑内的其他管道，在穿越防火隔墙、楼板和防火墙处的孔隙应采用防火封堵材料封堵。风管穿过防火隔墙、楼板和防火墙时，穿越处风管上的防火阀、排烟防火阀两侧各2.0m范围内的风管应采用耐火风管或风管外壁应采取防火保护措施，且耐火极限不应低于该防火分隔体的耐火极限。

2）汽车库、修车库、停车场

电梯井、管道井、电缆井和楼梯间应分别独立设置。管道井、电缆井的井壁应采用不燃材料，且耐火极限不应低于1.00h；电梯井的井壁应采用不燃材料，且耐火极限不应低于2.00h。

电缆井、管道井应在每层楼板处采用不燃材料或防火封堵材料进行分隔，且分隔后的耐火极限不应低于楼板的耐火极限，井壁上的检查门应采用丙级防火门。

5.5.3 电气设备

5.5.3.1 民用建筑电气的一般规定

1）民用建筑物内配变电所宜接近用电负荷中心。应方便进出线。应方便设备吊装运输。不应设在厕所、浴室或其他经常积水场所的正下方，且不宜与上述场所相贴邻；装有可燃油电气设备的变配电室，不应设在人员密集场所的正上方、正下方、贴邻和疏散出口的两旁。当配变电所的正上方、正下方为住宅、客房、办公室等场所时，配变电所应作屏蔽处理（图5-5-4）。

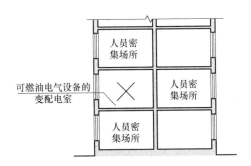

图 5-5-4 可燃油电气设备变配电室示意图

2）安装可燃油油浸电力变压器总容量不超过1260kVA、单台容量不超过630kVA的变配电室可布置在建筑主体内首层或地下一层靠外墙部位，并应设直接对外的安全出口，变压器室的门应为甲级防火门。外墙开口部位上方，应设置宽度不小于1.0m不燃烧体的防火挑檐。

3）变压器室、配电室的进出口门应向外开启。变压器室、配电室等应设置防雨雪和小动物从采光窗、通风窗、门、电缆沟等进入室内的设施。

4）变配电室的电缆夹层、电缆沟和电缆室应采取防水、排水措施。变配电室不应有与其无关的管道和线路通过。

5) 配变电所防火门的级别应符合下列要求:

(1) 设在高层建筑内的配变电所,应采用耐火极限不低于 2h 的隔墙、耐火极限不低于 1.50h 的楼板和甲级防火门与其他部位隔开。

(2) 可燃油油浸变压器室通向配电室或变压器室之间的门应为甲级防火门。配变电所内部相通的门,宜为丙级的防火门。配变电所直接通向室外的门,应为丙级防火门。

5.5.3.2 建筑智能系统的机房设置

1) 建筑智能系统的机房可单独设置,也可合用设置。消防控制室、安防监控中心宜设在建筑物的首层或地下一层,且应采用耐火极限不低于 2h 或 3h 的隔墙和耐火极限不低于 1.50h 或 2.0h 的楼板与其他部位隔开,并应设直通室外的安全出口。

2) 建筑智能化系统的机房宜铺设架空地板、网络地板或地面线槽,宜采用防静电、防尘材料,机房净高不宜小于 2.50m。

3) 机房室内温度冬天不宜低于 18℃,夏天不宜高于 27℃。室内湿度冬天宜大于 30%,夏天宜小于 65%。

4) 建筑智能化系统的机房不应设在厕所、浴室或其他经常积水场所的正下方,且不宜与上述场所相贴邻。

5) 建筑智能化系统的重要机房应远离强磁场所。建筑智能化系统的重要机房应做好自身的物防、技防。建筑智能化系统应根据系统的风险评估采取防雷措施,应做等电位联结。

5.5.3.3 电气竖井、智能系统竖井的设置要求

1) 高层建筑电气竖井在利用通道作为检修面积时,竖井的净宽度不宜小于 0.80m。高层建筑智能系统竖井在利用通道作为检修面积时,竖井的净宽度不宜小于 0.60m。多层建筑智能系统竖井在利用通道作为检修面积时,竖井的净宽度不宜小于 0.35m。

2) 电气竖井、智能系统竖井内宜预留电源插座,应设应急照明灯,控制开关宜安装在竖井外。

3) 智能系统竖井宜与电气竖井分别设置,其地坪或门槛宜高出本层地坪 0.15~0.30m。

4) 电气竖井、智能系统竖井井壁应为耐火极限不低于 1h 的不燃烧体,检修门应采用不低于丙级的防火门。

5) 电气竖井、智能系统竖井内的环境指标应保证设备正常运行。

5.5.3.4 公共建筑的电气安全

1) 托儿所、幼儿园的房间内应设置插座,且位置和数量根据需要确定。插座应采用安全型,安装高度不应低于 1.8m。插座回路与照明回路应分开设

置，插座回路应设置剩余电流动作保护。幼儿活动场所不宜安装配电箱、控制箱等电气装置；当不能避免时，应采取安全措施，装置底部距地面高度不得低于 1.8m。

2）中小学校应设置安全的供电设施和线路。各幢建筑的电源引入处应设置电源总切断装置和可靠的接地装置，各楼层应分别设置电源切断装置。室内线路应采用暗线敷设。中小学校的电源插座回路、各实验室内，教学用电应设置专用线路，并应有可靠的接地措施。电源侧应设置短路保护、过载保护措施的配电装置。电开水器电源、室外照明电源均应设置剩余电流动作保护器。

3）文化馆建筑报告厅、计算机与网络教室、计算机机房、多媒体视听教室、录音录像室、电子图书阅览室、维修间等场所宜设置专用配电箱，且设备用电宜采用单独回路供电。各类用房室内线路宜采用暗敷设方式。多媒体视听教室、计算机与网络教室等场所宜设置防静电地板，且语音、数据、设备电源等线路宜采用地面线槽沿静电地板下布线。

4）图书馆公用空间与内部使用空间的照明宜分别配电和控制。书库电源总开关箱应设于库外，书库照明宜分区、分架控制。当沿金属书架敷设照明线路及安装照明设备时，应设置剩余电流动作保护措施。图书馆建筑内电气配线宜采用低烟无卤阻燃型电线电缆。

5）博物馆建筑陈列展览区内不应有外露的配电设备；当展区内有公众可触摸、操作的展品电气部件时应采用安全低电压供电。藏品库房的电源开关应统一安装在藏品库区的藏品库房总门之外，并应设置防剩余电流的安全保护装置。熏蒸室的电气开关应设置在室外。藏品库房和展厅的电气照明线路应采用铜芯绝缘导线穿金属保护管暗敷；利用古建筑改建时，可采取铜芯绝缘导线穿金属保护管明敷。博物馆建筑应根据其使用性质和重要性、发生雷电事故的可能性及造成后果的严重性，进行防雷设计。特大型、大型、大中型博物馆应按第二类防雷建筑物进行设计，中型、小型博物馆根据年预计雷击次数确定防雷等级，并应按不低于第三类防雷建筑物进行设计。

6）电影院建筑观众厅及放映机房等处墙面及吊顶内的照明线路应采用阻燃型铜芯绝缘导线或铜芯绝缘电缆穿金属管或金属线槽敷设。放映机房、保安监控设备用房及其他弱电系统控制机房内采用专用接地装置时，接地电阻值不应大于 4Ω。采用共用接地装置时，接地电阻值不应大于 1Ω。

7）办公建筑的电源进线处应设置明显切断装置和计费装置。用电量较大时应设置变配电所。电气管线应暗敷，管材及线槽应采用非燃烧材料。

8）商店建筑除消防负荷外的配电干线，可采用铜芯或电工级铝合金电缆和母线槽，营业区配电分支线路应采用铜芯导线。对于大型和中型商店建筑的营业厅，线缆的绝缘和护套应采用低烟低毒阻燃型。大中型商店建筑的营业场所内导线明敷设时，应穿金属管、可绕金属电线导管或金属线槽敷设。

9）汽车库建筑在机械式汽车库中，严禁设置或穿越与本车库无关的管道、电缆等管线。

10）老年人住宅和老年人公寓电气系统应采用埋管暗敷。老年人居住建筑中宜采用带指示灯的宽板开关。长过道宜安装多点控制的照明开关，卧室宜采用多点控制照明开关，浴室、厕所可采用延时开关。开关离地高度宜为1.10m。除电梯厅和应急照明外，均应采用节能自熄开关。起居室、卧室内的插座位置不应过低，设置高度宜为0.60～0.80m。

11）公园内不宜设置架空线路，必须设置时，应避开主要景点和游人密集活动区，且不得影响原有树木的生长，对计划新栽的树木，应提出解决树木和架空线路矛盾的措施。电力线路及主园路的照明线路宜埋地敷设，架空线必须采用绝缘线。公共场所的配电箱应加锁，并宜设在非游览地段。园灯接线盒外罩应考虑防护措施。园内游乐设备、制高点的护栏等应装置防雷设备或提出相应的管理措施。

建筑电气防火

1）消防用电设备应采用专用的供电回路，当建筑内的生产、生活用电被切断时，应仍能保证消防用电。消防配电干线宜按防火分区划分，消防配电支线不宜穿越防火分区。

2）消防控制室、消防水泵房、防烟和排烟风机房的消防用电设备及消防电梯等的供电，应在其配电线路的最末一级配电箱处设置自动切换装置。

3）消防配电线路明敷时（包括敷设在吊顶内），应穿金属导管或采用封闭式金属槽盒保护，金属导管或封闭式金属槽盒应采取防火保护措施；当采用阻燃或耐火电缆并敷设在电缆井、沟内时，可不穿金属导管或采用封闭式金属槽盒保护；当采用矿物绝缘类不燃性电缆时，可直接明敷。暗敷时，应穿管并应敷设在不燃性结构内且保护层厚度不应小于30mm。消防配电线路宜与其他配电线路分开敷设在不同的电缆井、沟内；确有困难需敷设在同一电缆井、沟内时，应分别布置在电缆井、沟的两侧，且消防配电线路应采用矿物绝缘类不燃性电缆。

4）电力电缆不应和输送甲、乙、丙类液体管道、可燃气体管道、热力管道敷设在同一管沟内。配电线路不得穿越通风管道内腔或直接敷设在通风管道外壁上，穿金属导管保护的配电线路可紧贴通风管道外壁敷设。配电线路敷设在有可燃物的闷顶、吊顶内时，应采取穿金属导管、采用封闭式金属槽盒等防火保护措施。

5）开关、插座和照明灯具靠近可燃物时，应采取隔热、散热等防火措施。卤钨灯和额定功率不小于100W的白炽灯泡的吸顶灯、槽灯、嵌入式灯，其引入线应采用瓷管、矿棉等不燃材料作隔热保护。额定功率不小于60W的白炽灯、卤钨灯、高压钠灯、金属卤化物灯、荧光高压汞灯（包括电感镇流器）等，不应直接安装在可燃物体上或采取其他防火措施。

6）可燃材料仓库内宜使用低温照明灯具，并应对灯具的发热部件采取隔热等防火措施，不应使用卤钨灯等高温照明灯具。配电箱及开关应设置在仓库外。

5.6 无障碍设计

建筑师在进行建筑设计时，首先是要明确建筑物的适用对象。比如幼儿园，在设计时就必须考虑幼儿的尺度；福利院，就必须考虑残疾人的行动特点才能合理地进行设计。考虑公共建筑的使用对象时，不能仅考虑健康的成年人，而应将残疾人、老年人和儿童等服务对象也考虑在内，方便这一部分人群的使用。基于这种认识，建筑师应设计出包括残疾人、老年人和儿童在内的所有人都能安全、便利地使用的建筑。

随着社会文明的进步，公共设施需要适应各种类型人群的问题，已成为世界范围内普遍存在并越来越受到关注的社会问题。20 世纪 50 年代末，西方发达国家就开始注意这一问题，并取得了很大进展。70 年代以来，日本吸取了发达国家的经验，积极为老年人和残疾人探索并提供便利的物质环境条件，提高这部分人的自立程度，使得他们的生活圈子大为扩展。我国自 20 世纪 80 年代起开始这方面的努力，包括颁布现行的《无障碍设计规范》，发行了现行的有关无障碍设施的通用图集。

无障碍设计是指城市道路和建筑物为了保证残疾人（包括视觉残疾、肢体残疾）和体能缺陷者（老年人、儿童）的使用而进行的相关设计。无障碍设计包括城市道路无障碍设计和建筑物无障碍设计两部分内容。

城市道路无障碍设计的范围包括：新建、改建和扩建的城市道路、城市广场、城市绿地。

建筑物无障碍设计的建筑类型包括所有类型的公共建筑和居住建筑。虽然各种类型公共建筑无障碍设计的内容和要求都不同，但都包括：建筑基地内的道路和停车场、建筑入口、入口平台、门、水平与垂直交通、卫生间。因此，本节只介绍建筑物无障碍设计的有关内容。

5.6.1 缘石坡道

为了方便行动不便的人特别是乘轮椅者通过路口，人行道的路口需要设置缘石坡道。缘石坡道的坡面应平整、防滑；缘石坡道的坡口与车行道之间宜没有高差；当有高差时，高出车行道的地面不应大于 10mm；宜优先选用全宽式单面坡缘石坡道。全宽式单面坡缘石坡道的坡度不应大于 1：20；三面坡缘石坡道正面及侧面的坡度不应大于 1∶12；其他形式的缘石坡道的坡度均不应大于 1∶12。全宽式单面坡缘石坡道的宽度应与人行道宽度相同；三面坡缘石坡道的正面坡道宽度不应小于 1.20m；其他形式的缘石坡道的坡口宽度均不应小于 1.50m（图 5-6-1）。

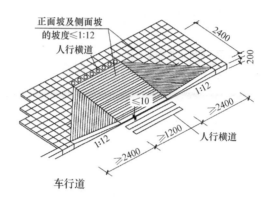

图 5-6-1　缘石坡道示意图

5. 6. 2　盲道

盲道按其使用功能可分为行进盲道和提示盲道；盲道的纹路应凸出路面 4mm 高；盲道铺设应连续，应避开树木（穴）、电线杆、拉线等障碍物，其他设施不得占用盲道；盲道的颜色宜与相邻的人行道铺面的颜色形成对比，并与周围景观相协调，宜采用中黄色；盲道型材表面应防滑。行进盲道应与人行道的走向一致；行进盲道的宽度宜为 250～500mm；行进盲道宜在距围墙、花台、绿化带 250～500mm 处设置；行进盲道宜在距树池边缘 250～500mm 处设置；如无树池，行进盲道与路缘石上沿在同一水平面时，距路缘石不应小于 500mm，行进盲道比路缘石上沿低时，距路缘石不应小于 250mm；盲道应避开非机动车停放的位置；行进盲道的触感条规格应符合表 5-6-1 的规定。

行进盲道的触感条规格　　　　　　　　表 5-6-1

部位	尺寸要求（mm）
面宽	25
底宽	35
高度	4
中心距	62～75

行进盲道在起点、终点、转弯处及其他有需要处应设提示盲道，当盲道的宽度不大于 300mm 时，提示盲道的宽度应大于行进盲道的宽度；提示盲道的触感圆点规格应符合表 5-6-2 的规定。

提示盲道的触感圆点规格   表 5-6-2

部位	尺寸要求(mm)
表面直径	25
底面直径	35
圆点高度	4
圆点中心距	50

5.6.3　无障碍出入口

无障碍出入口包括平坡出入口；同时设置台阶和轮椅坡道的出入口；同时设置台阶和升降平台的出入口，三种类别。

无障碍出入口的地面应平整、防滑；室外地面滤水箅子的孔洞宽度不应大于15mm；同时设置台阶和升降平台的出入口宜只应用于受场地限制无法改造坡道的工程。除平坡出入口外，在门完全开启的状态下，建筑物无障碍出入口的平台的净深度不应小于1.50m；建筑物无障碍出入口的门厅、过厅如设置两道门，门扇同时开启时两道门的间距不应小于1.50m；建筑物无障碍出入口的上方应设置雨棚。

无障碍出入口的平坡出入口的地面坡度不应大于1∶20，当场地条件比较好时，不宜大于1∶30；同时设置台阶和轮椅坡道的出入口，轮椅坡道的坡度应符合坡道规定。

5.6.4　轮椅坡道

轮椅坡道宜设计成直线形、直角形或折返形。轮椅坡道的净宽度不应小于1.00m，无障碍出入口的轮椅坡道净宽度不应小于1.20m。轮椅坡道的高度超过300mm且坡度大于1∶20时，应在两侧设置扶手，坡道与休息平台的扶手应保持连贯，扶手应符合相关规定。轮椅坡道的最大高度和水平长度应符合表5-6-3的规定。

轮椅坡道的最大高度和水平长度   表 5-6-3

坡度	1∶20	1∶16	1∶12	1∶10	1∶8
最大高度(m)	1.20	0.90	0.75	0.60	0.30
水平长度(m)	24.00	14.40	9.00	6.00	2.40

注：其他坡度可用插入法进行计算。

轮椅坡道的坡面应平整、防滑、无反光。轮椅坡道起点、终点和中间休息平台的水平长度不应小于1.50m。轮椅坡道临空侧应设置安全阻挡措施。轮椅坡道应设置无障碍标志，无障碍标志应符合有关规定（图5-6-2）。

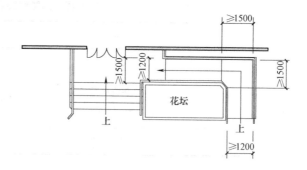

图 5-6-2　轮椅道示意图

5.6.5　无障碍通道、门

无障碍室内走道不应小于 1.20m，人流较多或较集中的大型公共建筑的室内走道宽度不宜小于 1.80m（图 5-6-3）；室外通道不宜小于 1.50m；检票口、结算口轮椅通道不应小于 900mm（图 5-6-4）。

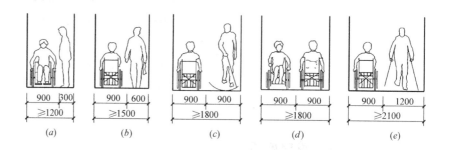

| (a) | (b) | (c) | (d) | (e) |

图 5-6-3　无障碍通道

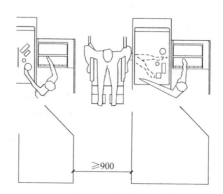

图 5-6-4　结算通道

无障碍通道应连续，其地面应平整、防滑、反光小或无反光，并不宜设置厚地毯；无障碍通道上有高差时，应设置轮椅坡道；室外通道上的雨水箅子的孔洞宽度不应大于 15mm；固定在无障碍通道的墙、立柱上的物体或标牌距地面的高度不应小于 2.00m；如小于 2.00m 时，探出部分的宽度不应大于 100mm；如突出部分大于 100mm，则其距地面的高度应小于 600mm；斜向的自动扶梯、楼梯等下部空间可以进入时，应设置安全挡牌（图 5-6-5）。

图 5-6-5　以杖探测墙

门的无障碍设计不应采用力度大的弹簧门并不宜采用弹簧门、玻璃门；当采用玻璃门时，应有醒目的提示标志；自动门开启后通行净宽度不应小于 1.00m；平开门、推拉门、折叠门开启后的通行净宽度不应小于 800mm，有条件时，不宜小于 900mm；在门扇内外应留有直径不小于 1.50m 的轮椅回转空间；在单扇平开门、推拉门、折叠门的门把手一侧的墙面，应设宽度不小于 400mm 的墙面；平开门、推拉门、折叠门的门扇应设距地 900mm 的把手，宜设视线观察玻璃，并宜在距地 350mm 范围内安装护门板；门槛高度及门内外地面高差不应大于 15mm，并以斜面过渡；无障碍通道上的门扇应便于开关；宜与周围墙面有一定的色彩反差，方便识别（图 5-6-6）。

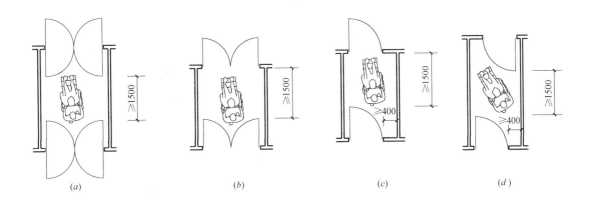

图 5-6-6　门的无障碍设计

5.6.6 无障碍楼梯、台阶

无障碍楼梯宜采用直线形楼梯；公共建筑楼梯的踏步宽度不应小于 280mm，踏步高度不应大于 160mm；不应采用无踢面和直角形突缘的踏步（图 5-6-7）；宜在两侧均做扶手；如采用栏杆式楼梯，在栏杆下方宜设置安全阻挡措施；踏面应平整防滑或在踏面前缘设防滑条；距踏步起点和终点250～300mm宜设提示盲道；踏面和踢面的颜色宜有区分和对比；楼梯上行及下行的第一阶宜在颜色或材质上与平台有明显区别。

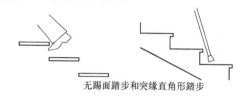

无踢面踏步和突缘直角形踏步

图 5-6-7　残疾人楼梯禁止使用的踏步形式

公共建筑的室内外台阶踏步宽度不宜小于 300mm，踏步高度不宜大于 150mm，并不应小于 100mm；踏步应防滑；三级及三级以上的台阶应在两侧设置扶手；台阶上行及下行的第一阶宜在颜色或材质上与其他阶有明显区别。

5.6.7 无障碍电梯、升降平台

无障碍电梯的候梯厅深度不宜小于 1.50m，公共建筑及设置病床梯的候梯厅深度不宜小于 1.80m；呼叫按钮高度为 0.90～1.10m；电梯门洞的净宽度不宜小于 900mm；电梯出入口处宜设提示盲道；候梯厅应设电梯运行显示装置和抵达音响（图 5-6-8）。

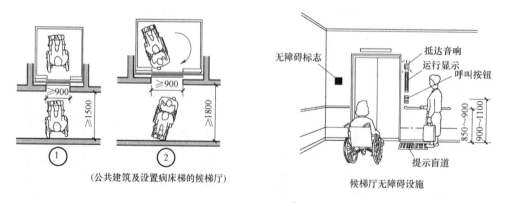

（公共建筑及设置病床梯的候梯厅）

候梯厅无障碍设施

图 5-6-8　无障碍电梯

无障碍电梯的轿厢门开启的净宽度不应小于 800mm；在轿厢的侧壁上应设高 0.90～1.10m 带盲文的选层按钮，盲文宜设置于按钮旁；轿厢的三面壁

上应设高 850～900mm；轿厢内应设电梯运行显示装置和报层音响；轿厢正面高 900mm 处至顶部应安装镜子或采用有镜面效果的材料；轿厢的规格应依据建筑性质和使用要求的不同而选用。最小规格深度不应小于 1.40m，宽度不应小于 1.10m；中型规格深度不应小于 1.60m，宽度不应小于 1.40m；医疗建筑与老人建筑宜选用病床专用电梯；电梯位置应设无障碍标志。

升降平台只适用于场地有限的改造工程；垂直升降平台的深度不应小于 1.20m，宽度不应小于 900mm，应设扶手、挡板及呼叫控制按钮；垂直升降平台的基坑应采用防止误入的安全防护措施；斜向升降平台宽度不应小于 900mm，深度不应小于 1.00m，应设扶手和挡板；垂直升降平台的传送装置应有可靠的安全防护装置（图 5-6-9）。

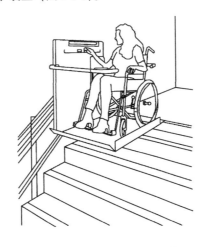

图 5-6-9　斜向式升降平台示意图

5.6.8　扶手

无障碍单层扶手的高度应为 850～900mm，无障碍双层扶手的上层扶手高度应为 850～900mm，下层扶手高度应为 650～700mm。扶手应保持连贯，靠墙面扶手的起点和终点处应水平延伸不小于 300mm 的长度（图 5-6-10）。扶手末端应向内拐到墙面或向下延伸不小于 100mm，栏杆式扶手应向下成弧形或延伸到地面上固定扶手内侧与墙面的距离不应小于 40mm（图 5-6-11）。扶手应安装坚固，形状易于抓握。圆形扶手的直径应为 35～50mm，矩形扶手的截面尺寸应为 35～50mm。扶手的材质宜选用防滑、热惰性指标好的材料（图 5-6-12）。

5.6.9　公共厕所、无障碍厕所

公共厕所的无障碍：女厕所的无障碍设施包括至少 1 个无障碍厕位和 1 个无障碍洗手盆；男厕所的无障碍设施包括至少 1 个无障碍厕位、1 个无障

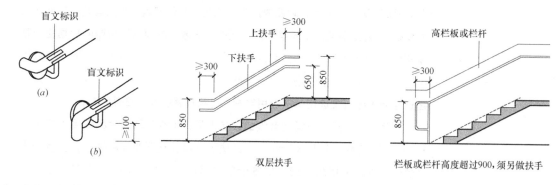

图 5-6-10　残疾人楼梯扶手设计要求 1

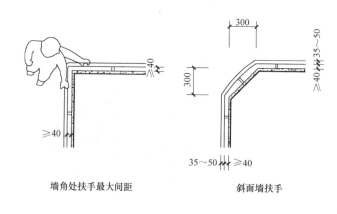

图 5-6-11　残疾人楼梯扶手设计要求 2

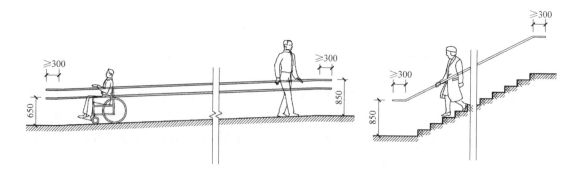

图 5-6-12　残疾人坡道扶手设计要求

碍小便器和 1 个无障碍洗手盆；厕所的入口和通道应方便乘轮椅者进入和进行回转，回转直径不小于 1.50m；门应方便开启，通行净宽度不应小于800mm；地面应防滑、不积水；无障碍厕位应设置无障碍标志。

无障碍厕位应方便乘轮椅者到达和进出，尺寸宜做到 2.00m×1.50m，不应小于 1.80m×1.00m；无障碍厕位的门宜向外开启，如向内开启，需在开启后厕位内留有直径不小于 1.50m 的轮椅回转空间，门的通行净宽不应小于

800mm，平开门外侧应设高 900mm 的横扶把手，在关闭的门扇里侧设高 900mm 的关门拉手，并应采用门外可紧急开启的插销；厕位内应设坐便器，厕位两侧距地面 700mm 处应设长度不小于 700mm 的水平安全抓杆，另一侧应设高 1.40m 的垂直安全抓杆。

无障碍厕所的无障碍设计：位置宜靠近公共厕所，应方便乘轮椅者进入和进行回转，回转直径不小于 1.50m；面积不应小于 4.00m²；当采用平开门，门扇宜向外开启，如向内开启，需在开启后留有直径不小于 1.50m 的轮椅回转空间，门的通行净宽度不应小于 800mm，平开门应设高 900mm 的横扶把手，在门扇里侧应采用门外可紧急开启的门锁；地面应防滑、不积水；内部应设坐便器、洗手盆、多功能台、挂衣钩和呼叫按钮；多功能台长度不宜小于 700mm，宽度不宜小于 400mm，高度宜为 600mm；挂衣钩距地高度不应大于 1.20m；在坐便器旁的墙面上应设高 400～500mm 的救助呼叫按钮；入口应设置无障碍标志（图 5-6-13）。

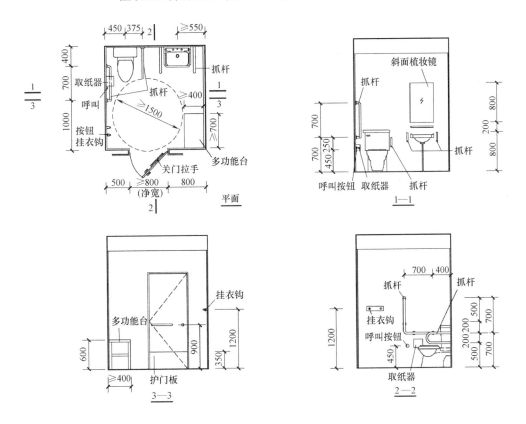

图 5-6-13　公共厕所无障碍厕所示意图

厕所里的其他无障碍设施：无障碍小便器下口距地面高度不应大于 400mm，小便器两侧应在离墙面 250mm 处，设高度为 1.20m 的垂直安全抓杆，并在离墙面 550mm 处，设高度为 900mm 水平安全抓杆，与垂直安全抓杆连接；无障碍洗手盆的水嘴中心距侧墙应大于 550mm，其底部应留出宽 750mm、高 650mm、深 450mm 供乘轮椅者膝部和足尖部的移动空间，并在洗手盆上方安装镜子，出水龙头宜采用杠杆式水龙头或感应式自动出水方式；安全抓杆应安装牢固，直径应为 30～40mm，内侧距墙不应小于 40mm；取纸器应设在坐便器的侧前方，高度为 400～500mm（图 5-6-14）。

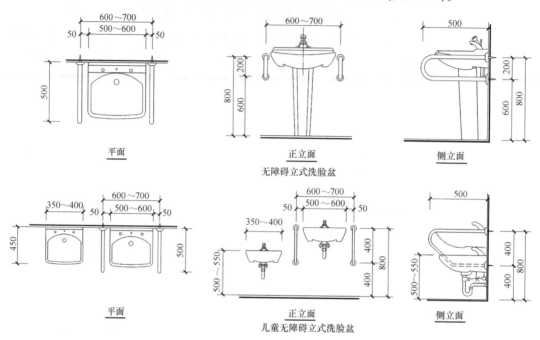

平面　　　　　正立面　　　　　侧立面
无障碍立式洗脸盆

平面　　　　　正立面　　　　　侧立面
儿童无障碍立式洗脸盆

图 5-6-14　无障碍立式洗手盆示意图

5.6.10　公共浴室

公共浴室的无障碍设施包括 1 个无障碍淋浴间或盆浴间以及 1 个无障碍洗手盆；公共浴室的入口和室内空间应方便乘轮椅者进入和使用，浴室内部应能保证轮椅进行回转，回转直径不小于 1.50m；浴室地面应防滑、不积水；浴间入口宜采用活动门帘，当采用平开门时，门扇应向外开启，设高 900mm 的横扶把手，在关闭的门扇里侧设高 900mm 的关门拉手，并应采用门外可紧急开启的插销；应设置一个无障碍厕位（图 5-6-15）。

无障碍淋浴间的短边宽度不应小于 1.50m；浴间坐台高度宜为 450mm，深度不宜小于 450mm；淋浴间应设距地面高 700mm 的水平抓杆和高 1.40～1.60m 的垂直抓杆；淋浴间内的淋浴喷头的控制开关的高度距地面不应大于 1.20m；毛巾架的高度不应大于 1.20m。

无障碍盆浴间在浴盆一端设置方便进入和使用的坐台，其深度不应小于 400mm；浴盆内侧应设高 600mm 和 900mm 的两层水平抓杆，水平长度不小

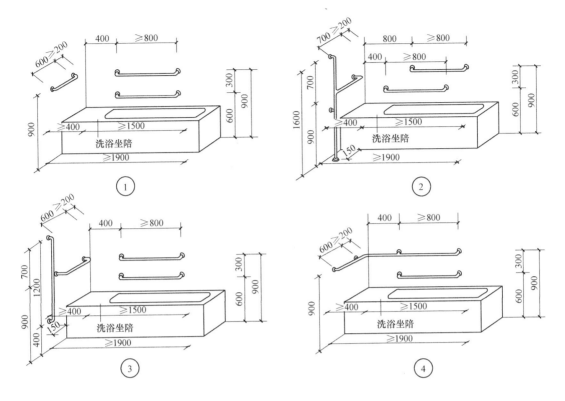

图 5-6-15 盆浴间安全抓杆

于 800mm；洗浴坐台一侧的墙上设高 900mm、水平长度不小于 600mm 的安全抓杆；毛巾架的高度不应大于 1.20m。

5.6.11 无障碍客房

无障碍客房应设在便于到达、进出和疏散的位置。房间内应有空间能保证轮椅进行回转，回转直径不小于 1.50m。无障碍客房卫生间内应保证轮椅进行回转，回转直径不小于 1.50m，卫生器具应设置安全抓杆，其地面、门、内部设施应符合规定。

无障碍客房的床间距离不应小于 1.20m；家具和电器控制开关的位置和高度应方便乘轮椅者靠近和使用，床的使用高度为 450mm；客房及卫生间应设高 400~500mm 的救助呼叫按钮；客房应设置为听力障碍者服务的闪光提示门铃。

5.6.12 无障碍住房及宿舍

户门及户内门开启后的净宽应符合本无障碍门的规定。往卧室、起居室(厅)、厨房、卫生间、储藏室及阳台的通道应为无障碍通道，并按照无障碍扶手的要求在一侧或两侧设置扶手。浴盆、淋浴、坐便器、洗手盆及安全抓杆等应符合无障碍有关规定。

无障碍住房及宿舍的单人卧室面积不应小于 7.00m²，双人卧室面积不应小于 10.50m²，兼起居室的卧室面积不应小于 16.00m²，起居室面积不应小于 14.00m²，厨房面积不应小于 6.00m²；设坐便器、洗浴器（浴盆或淋浴）、洗面盆三件卫生洁具的卫生间面积不应小于 4.00m²；设坐便器、洗浴器二件卫生洁具的卫生间面积不应小于 3.00m²；设坐便器、洗面盆二件卫生洁具的卫生间面积不应小于 2.50m²；单设坐便器的卫生间面积不应小于 2.00m²；供乘轮椅者使用的厨房，操作台下方净宽和高度都不应小于 650mm，深度不应小于 250mm；居室和卫生间内应设求助呼叫按钮；家具和电器控制开关的位置和高度应方便乘轮椅者靠近和使用；供听力障碍者使用的住宅和公寓应安装闪光提示门铃。

5.6.13 轮椅席位

轮椅席位应设在便于到达疏散口及通道的附近，不得设在公共通道范围内。观众厅内通往轮椅席位的通道宽度不应小于 1.20m。轮椅席位的地面应平整、防滑，在边缘处宜安装栏杆或栏板。每个轮椅席位的占地面积不应小于 1.10m×0.80m。在轮椅席位上观看演出和比赛的视线不应受到遮挡，但也不应遮挡他人的视线。在轮椅席位旁或在邻近的观众席内宜设置 1:1 的陪护席位。轮椅席位处地面上应设置无障碍标志（图 5-6-16）。

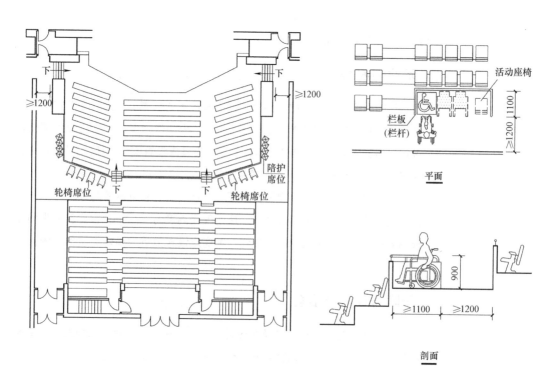

图 5-6-16　轮椅席位

5.6.14 无障碍机动车停车位

应将通行方便、行走距离路线最短的停车位设为无障碍机动车停车位。无障碍机动车停车位的地面应平整、防滑、不积水，地面坡度不应大于1：50。无障碍机动车停车位一侧，应设宽度不小于1.20m的通道，供乘轮椅者从轮椅通道直接进入人行道和到达无障碍出入口。无障碍机动车停车位的地面应涂有停车线、轮椅通道线和无障碍标志（图5-6-17）。

图5-6-17 无障碍机动车停车位

5.6.15 低位服务设施

设置低位服务设施的范围包括问询台、服务窗口、电话台、安检验证台、行李托运台、借阅台、各种业务台、饮水机等。低位服务设施上表面距地面高度宜为700~850mm，其下部宜至少留出宽750mm，高650mm，深450mm供乘轮椅者膝部和足尖部的移动空间。低位服务设施前应有轮椅回转空间，回转直径不小于1.50m。挂式电话离地不应高于900mm（图5-6-18）。

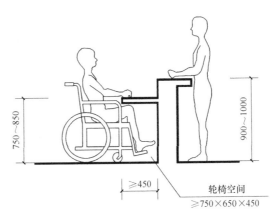

图5-6-18 低位服务台

5.6.16　无障碍标识系统、信息无障碍

　　无障碍标志包括通用的无障碍标志；无障碍设施标志牌；带指示方向的无障碍设施标志牌。

　　无障碍标志应醒目，避免遮挡。无障碍标志应纳入城市环境或建筑内部的引导标志系统，形成完整的系统，清楚地指明无障碍设施的走向及位置。

　　盲文标志可分成盲文地图、盲文铭牌、盲文站牌；盲文标志的盲文必须采用国际通用的盲文表示方法。

　　信息无障碍应符合下列规定：根据需求，因地制宜设置信息无障碍的设备和设施，使人们便捷地获取各类信息；信息无障碍设备和设施位置和布局应合理。

Chapter6　The sitip ulation of code on outdoor environment

第6章　规范在室外环境方面的规定

第6章　规范在室外环境方面的规定

　　建筑环境是指一定区域的整体情况和条件。建筑设计人员运用构思创意与设计技巧创造美好的建筑，同时也在创造美好的环境。众所周知，追求美好的环境是人的本性，而优美环境的面貌与内涵，则是反映国家、城市、乡镇风貌的最突出和最鲜明的标志。要创造优美的环境，就要协调建筑与环境的关系，建筑总体布局应结合当地的自然地理环境特征和人文特征。不应破坏自然生态环境。建筑整体造型与色彩处理要与周围环境协调，建筑基地应做环境绿化、环境美化设计，完善室外环境设施。

　　一个好的建筑设计，其室内外的空间环境应该是相互联系、相互延伸、相互渗透、相互补充的关系，使之构成一个整体统一又和谐完整的空间体系。建筑本身的功能、经济及美观的问题，基本上属于内在因素，而城市规划、周围环境、地段状况等方面的要求，则常是外在因素。要综合考虑内外因素。其重要性在于协调人、建筑与室外环境诸因素的关系，创造适度、美好的室外空间环境，满足人们的物质和精神需求。例如：当城市总体规划有要求时，建筑的高度就应按规划要求限制高度；保护区范围内、视线景观走廊及风景区范围内的建筑，市、区中心的临街建筑物，航空港、电台、电信、微波通信、气象台、卫星地面站、军事要塞工程等周围的建筑物均应考虑高度限制。这样的规范要求就保证了这些设施的基本安全使用要求及特定区域范围内的整体景观协调要求。在实际设计工作中应当立足从全局出发，因地制宜地处理好建筑与室外环境方面的关系，在满足规范要求的前提下，力求创造出协调、美好的室外空间环境。

　　规范在室外环境方面的规定涉及的内容很多，在本章中将其归纳为六个方面：基地选址和总平面；竖向设计；道路、广场和停车空间；绿化、雕塑和小品；建筑高度、外观和群体组合；建设用地经济指标。

6.1　基地选址和总平面设计

　　建筑基地指根据用地性质和使用权属确定的建筑工程项目的使用场地。建筑基地的选址直接影响到建筑的安全条件和外部环境质量。规范在建筑基地方面的要求涉及城市规划对建筑基地设计方面的规定和建筑基地与环境的关系。

　　建筑基地要选择在无地质灾害或洪水淹没等危险的安全地段，建筑物周围应具有能获得日照、天然采光、自然通风等的卫生条件，建筑物周围环境的空气、土壤、水体等不应构成对人体的危害，确保卫生安全的环境。根据各建筑类型的特点和要求，处理好建筑基地的选址与所在城市各个季节主导风向的关系，处理好建筑基地周围交通与基地内交通的关系，避免相互的干扰。

建筑基地和总平面设计的一般规定

1) 建筑基地内建筑的使用性质应符合城市规划所确定的用地性质，同时建筑基地应做绿化、美化环境设计，完善室外环境设施。基地应与道路红线相邻接，否则应设基地道路与道路红线所划定的城市道路相连接。基地内建筑面积小于或等于3000m²时，基地道路的宽度不应小于4m，基地内建筑面积大于3000m²且只有一条基地道路与城市道路相连接时，基地道路的宽度不应小于7m，若有两条以上基地道路与城市道路相连接时，基地道路的宽度不应小于4m。

2) 基地地面高程应按城市规划确定的控制标高进行设计并与相邻基地标高进行协调，不妨碍相邻各方的排水。基地地面最低处高程宜高于相邻城市道路最低高程，否则应有排除地面水的措施。

3) 建筑物与相邻基地之间应按建筑防火等要求留出空地和道路。当建筑前后各自留有空地或道路，并符合防火规范有关规定时，则相邻基地边界两边的建筑可毗连建造。

4) 建筑基地内的建筑物和构筑物均不得影响本基地或其他用地内建筑物的日照标准和采光标准。

5) 除城市规划确定的永久性空地外，紧贴基地用地红线建造的建筑物不得向相邻基地方向设洞口、门、外平开窗、阳台、挑檐、空调室外机、废气排出口及排泄雨水。

6) 建筑基地内机动车出入口位置与大中城市主干道交叉口的距离，自道路红线交叉点量起不应小于70m；与人行横道线、人行过街天桥、人行地道（包括引道、引桥）的最边缘线不应小于5m；距地铁出入口、公共交通站台边缘不应小于15m；距公园、学校、儿童及残疾人使用建筑的出入口不应小于20m；当基地道路坡度大于8%时，应设缓冲段与城市道路连接；与立体交叉口的距离或其他特殊情况，应符合当地城市规划行政主管部门的规定。大型、特大型的文化娱乐、商业服务、体育、交通等人员密集建筑的基地应至少有一面直接临接城市道路，该城市道路应有足够的宽度，以减少人员疏散时对城市正常交通的影响；基地沿城市道路的长度应按建筑规模或疏散人数确定，并至少不小于基地周长的1/6，应至少有两个或两个以上不同方向通向城市道路的（包括以基地道路连接的）出口；基地或建筑物的主要出入口，不得和快速道路直接连接，也不得直对城市主要干道的交叉口；建筑物主要出入口前应有供人员集散用的空地，其面积和长宽尺寸应根据使用性质和人数确定；绿化和停车场布置不应影响集散空地的使用，并不宜设置围墙、大门等障碍物（图6-1-1）。

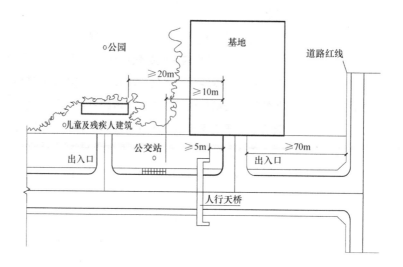

图6-1-1 基地出入口与城市主干道交叉口、过街人行道、公共交通站台、
公园、学校、儿童及残疾人等建筑物的出入口的关系

根据不同类型建筑的使用特点，规范对基地选址和总平面设计有相应的
规定。

6.1.1 托儿所、幼儿园、中小学校建筑基地选址和总平面设计

6.1.1.1 基地选址

托儿所、幼儿园建设基地的选择应符合当地总体规划和国家现行有关标
准的要求。基地应建设在日照充足、交通方便、场地平整、干燥、排水通畅、
环境优美、基础设施完善的地段；不应置于易发生自然地质灾害的地段；与
易发生危险的建筑物、仓库、储罐、可燃物品和材料堆场等之间的距离应符
合国家现行有关标准的规定；不应与大型公共娱乐场所、商场、批发市场等
人流密集的场所相毗邻；应远离各种污染源，并应符合国家现行有关卫生、
防护标准的要求；园内不应有高压输电线、燃气、输油管道主干道等穿过。
托儿所、幼儿园的服务半径宜为300～500m。

中小学校内要有布置运动场的场地和提供设置给水排水及供电设施的条
件；学校主要教学用房的外墙面与铁路的距离不应小于300m；与机动车流量
超过每小时270辆的道路同侧路边的距离不应小于80m，当小于80m时，必
须采取有效的隔声措施；学校不宜与市场、公共娱乐场所，医院太平间等不
利于学生学习和身心健康以及危及学生安全的场所毗邻；校区内不得有架空
高压输电线穿过；中学服务半径不宜大于1000m；小学服务半径不宜大于
500m。走读小学生不应跨过城镇干道、公路及铁路。有学生宿舍的学校，可

不受此限制。

6.1.1.2　总平面设计

1) 托儿所、幼儿园的总平面设计应包括总平面布置、竖向设计和管网综合等设计。总平面布置应包括建筑物、室外活动场地、绿化、道路布置等内容，设计应功能分区合理、方便管理、朝向适宜、日照充足，创造符合幼儿生理、心理特点的环境空间。

三个班及以上的托儿所、幼儿园建筑应独立设置。两个班及以下时，可与居住建筑合建，但应符合下列规定：幼儿生活用房应设在居住建筑的底层；应设独立出入口，并应与其他建筑部分采取隔离措施；出入口处应设置人员安全集散和车辆停靠的空间；应设独立的室外活动场地，场地周围应采取隔离措施；室外活动场地范围内应采取防止物体坠落措施。

托儿所、幼儿园每班应设专用室外活动场地，面积不宜小于 60m²，各班活动场地之间宜采取分隔措施；应设全园共用活动场地，人均面积不应小于 2m²；地面应平整、防滑、无障碍、无尖锐突出物，并宜采用软质地坪；共用活动场地应设置游戏器具、沙坑、30m 跑道、洗手池等，宜设戏水池，储水深度不应超过 0.30m；游戏器具下面及周围应设软质铺装；室外活动场地应有 1/2 以上的面积在标准建筑日照阴影线之外。

托儿所、幼儿园场地内绿地率不应小于 30%，宜设置集中绿化用地。绿地内不应种植有毒、带刺、有飞絮、病虫害多、有刺激性的植物。

供应区内宜设杂物院，并应与其他部分相隔离。杂物院应有单独的对外出入口。

基地周围应设围护设施，围护设施应安全、美观，并应防止幼儿穿过和攀爬。在出入口处应设大门和警卫室，警卫室对外应有良好的视野。

托儿所、幼儿园出入口不应直接设置在城市干道一侧；其出入口应设置供车辆和人员停留的场地，且不应影响城市道路交通。

托儿所、幼儿园的幼儿生活用房应布置在当地最好朝向，冬至日底层满窗日照不应小于 3h。夏热冬冷、夏热冬暖地区的幼儿生活用房不宜朝西向；当不可避免时，应采取遮阳措施（图 6-1-2）。

2) 小学校用地应包括建筑用地、体育用地、绿化用地、道路及广场、停车场用地。有条件时宜预留发展用地。校园的显要位置设置国旗升旗场地。中小学校总平面设计中，教学用房、教学辅助用房、行政管理用房、服务用房、运动场地、自然科学园地及生活区应分区明确、布局合理、联系方便、互不干扰。风雨操场应离开教学区、靠近室外运动场地布置。音乐教室、琴房、舞蹈教室应设在不干扰其他教学用房的位置。学校的校门不宜开向城镇干道或机动车流量每小时超过 300 辆的道路。校门处应留出一定缓冲距离（图 6-1-3）。

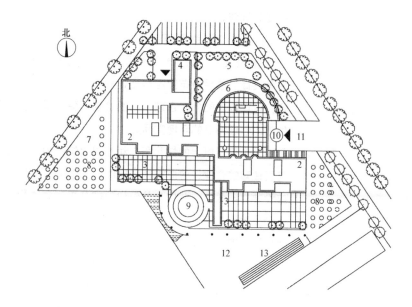

图 6-1-2 郑州市开发区亿龙幼儿园总平面图

1—音体室；2—儿童单元；3—班活动场地；4—厨房；5—绿地；6—办公；7—饲养场；

8—植物园；9—水池；10—土丘；11—入口广场；12—公共活动场地；13—跑道

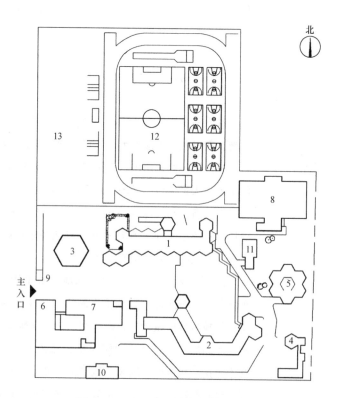

图 6-1-3 北京市第四中学总平面图

1—教学楼；2—科技楼；3—阶梯教室；4—音乐教室；5—阅览室；6—食堂礼堂；7—行政办公；

8—游泳池馆；9—传达室；10—教学楼；11—生活用房；12—运动房；13—绿化用地

学校植物园地的肥料堆积发酵场及小动物饲养场不得污染水源和邻近建筑物，位于建筑的下风向。

6.1.2 文化馆、图书馆、档案馆基地选址和总平面设计

6.1.2.1 基地选址

文化馆、图书馆、档案馆馆址的选择应符合城市总体规划和文化建筑的布点要求，新建文化馆宜有独立的建筑基地，当与其他建筑合建时，应满足使用功能的要求，且自成一区，并应设置独立的出入口。基地应选择位置适中、交通便利、便于群众文化活动的地区；环境应适宜，并宜结合城镇广场、公园绿地等公共活动空间综合布置；与各种污染源及易燃易爆场所的控制距离应符合国家现行有关标准的规定；工程地质及水文地质较好的地段。

图书馆基地的选择应满足当地总体规划的要求。基地应选择位置适中、交通方便、环境安静、工程地质及水文地质条件较有利的地段。与易燃易爆、噪声和散发有害气体、强电磁波干扰等污染源之间的距离，应符合国家现行有关安全、消防、卫生、环境保护等标准的规定。图书馆宜独立建造。当与其他建筑合建时，应满足图书馆的使用功能和环境要求，并宜单独设置出入口。

档案馆基地选址应纳入并符合城市总体规划的要求。应选择工程地质条件和水文地质条件较好的地段，并宜远离洪水、山体滑坡等自然灾害易发生的地段；且地势较高、场地干燥、排水通畅、空气流通和环境安静的地段；远离易燃、易爆场所，不应设在有污染腐蚀性气体源的下风向；馆址应建在交通方便，且城市公用设施比较完备的地区。

6.1.2.2 总平面设计

1）文化馆的总平面设计应功能分区明确，群众活动区宜靠近主出入口或布置在便于人流集散地部位；人流和车辆交通线应合理，道路布置应便于道具、展品的运输和装卸；基地至少应设有两个出入口，且当主要出入口紧邻城市交通干道时，应符合城乡规划的要求并应留出疏散缓冲距离。(图6-1-4)。

2）文化馆建筑的总平面应划分静态功能区和动态功能区，且应分区明确、互不干扰，并应按照人流和疏散通道布局功能区。静态功能区和动态功能区宜分别设置功能区的出入口。文化馆应设置室外活动场地，并应设置在动态功能区一侧，场地规整、交通方便、朝向较好；应预留布置活动舞台的位置，并应为活动舞台及其设施设备预留必要的条件。

3）文化馆的庭院设计，应符合地形、地貌、场区布置及建筑功能分区的关系，布置室外休息活动场所、绿化及环境景观等，并宜在人流集中的路边设置宣传栏、画廊、报刊橱窗等宣传设施。基地内应设置机动车及非机动车停车场（库）且停车数量应符合城乡规划的规定。停车场地不得占用室外活

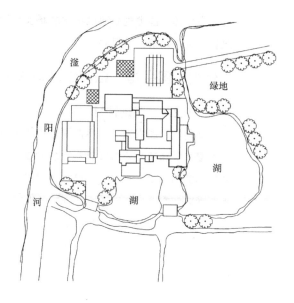

图 6-1-4 邯郸市苏曹镇文化中心总平面图

动场地。当文化馆基地距医院、学校、幼儿园、住宅等建筑较近时，室外活动场地及建筑内噪声较大的功能用房应布置在医院、学校、幼儿园、住宅等建筑的远端，并应采取防干扰措施。

4）图书馆总平面布置应功能分区明确、总体布局合理、各区联系方便、互不干扰，并留有发展用地。交通组织应做到人、车分流，道路布置应便于读者、工作人员进出及安全疏散，便于图书运送和装卸。建筑及道路应符合无障碍设计要求。设有少年儿童阅览区的图书馆，该区应有单独的出入口和室外活动场地。(图 6-1-5)。

5）图书馆的室外环境除当地规划部门有专门的规定外，新建公共图书馆

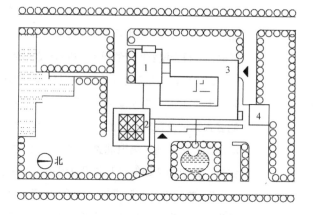

图 6-1-5 四川大学图书馆总平面图

1—书房、阅览区；2—学生阅览区；3—教师、特藏、办公；4—报告厅

的建筑物基地覆盖率不宜大于40％。当地有统筹建设的停车场或停车库外，基地内应设置供内部和外部使用的机动车停车场地以及非机动车停放场地。馆区内应根据馆的性质和所在地点做好绿化设计。绿化率不宜小于30％。

6）档案馆的总平面布置应根据近远期建设计划的要求，宜进行一次规划、一次建设或分期建设；人员集散场地、道路、停车场和绿化用地等室外用地应统筹安排；基地内道路应与城市道路或公路连接，并应符合消防安全要求；道路、停车设施及建筑物应符合无障碍设计要求（图6-1-6）。

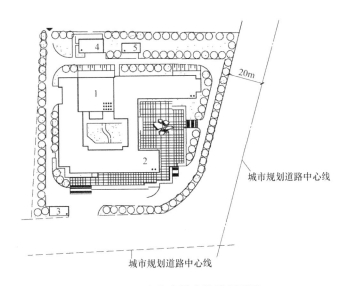

图6-1-6　湖北省档案馆总平面图

1—档案库；2—查询、业务和技术用房；3—传达室；4—变配电间；5—消防水泵房

6.1.3　博物馆建筑基地选址和总平面设计

6.1.3.1　基地选址

博物馆基地选择应符合城市规划和文化设施布局的要求；基地的自然条件、街区环境、人文环境应与博物馆的类型及其收藏、教育、研究的功能特征相适应；基地面积应满足博物馆的功能要求，并宜有适当发展余地。基地周边应交通便利，公用配套设施比较完备；应场地干燥、排水通畅、通风良好；与易燃易爆场所、噪声源、污染源的距离，应符合国家现行有关安全、卫生、环境保护标准的规定。

博物馆建筑基地不应选择在下列地段：易因自然或人为原因引起沉降、地震、滑坡或洪涝的地段；空气或土地被或可能被严重污染的地段；有吸引啮齿动物、昆虫或其他有害动物的场所或建筑附近。

博物馆建筑宜独立建造。当与其他类型建筑合建时，博物馆建筑应自成一区。

在历史建筑、保护建筑、历史遗址上或其近旁新建、扩建或改建博物馆建筑，应遵守文物管理和城市规划管理的有关法律和规定。

6.1.3.2 总平面设计

博物馆建筑的总体布局应遵循下列原则：应便利观众使用、确保藏品安全、利于运营管理；室外场地与建筑布局应统筹安排，并应分区合理、明确、互不干扰、联系方便；应全面规划，近期建设与长远发展相结合。

博物馆建筑的总平面设计应符合下列规定：新建博物馆建筑的建筑密度不应超过 40%。基地出入口的数量应根据建筑规模和使用需要确定，且观众出入口应与藏品、展品进出口分开设置。人流、车流、物流组织应合理；藏品、展品的运输线路和装卸场地应安全、隐蔽，且不应受观众活动的干扰。观众出入口广场应设有供观众集散地空地，空地面积应按高峰时段建筑内向该出入口疏散的观众量的 1.2 倍计算确定，且不应少于 0.4m² /人。特大型馆、大型馆建筑的观众主入口到城市道路出入口的距离不宜小于 20m，主入口广场宜设置供观众避雨遮阴的设施。建筑与相邻基地之间应按防火、安全要求留出空地和道路，藏品保存场所的建筑物宜设环形消防车道。对噪声不敏感的建筑、建筑部位或附属用房等宜布置在靠近噪声源的一侧。

博物馆建筑的露天展场应符合下列规定：应与室内公共空间和流线组织统筹安排；应满足展品运输、安装、展览、维修、更换等要求；大型展场宜设置问询、厕所、休息廊等服务设施。

博物馆建筑基地内设置的停车位数量，应按其总建筑面积的规定计算确定（图 6-1-7）。

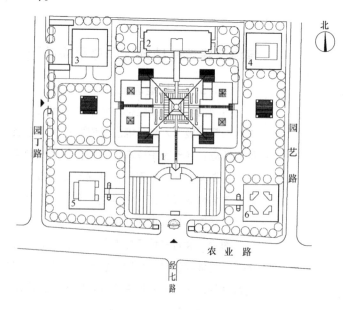

图 6-1-7　河南省博物馆总平面图

1—主馆；2—文物库；3—办公楼；4—培训楼；5—电教楼；6—石刻艺术馆

6.1.4 电影院、剧场建筑基地选址和总平面设计

6.1.4.1 基地选址

1) 电影院、剧场基地选择应符合城镇规划要求，合理布点。电影院基地宜选择交通方便的中心区和居住区，并远离工业污染源和噪声源；至少应有一面直接临接城市道路。与基地临接的城市道路的宽度不宜小于电影院安全出口宽度总和，且与小型电影院连接的道路宽度不宜小于 8m，与中型电影院连接的道路宽度不宜小于 12m，与大型电影院连接的道路宽度不宜小于 20m，与特大型电影院连接的道路宽度不宜小于 25m；基地沿城市道路方向的长度应按建筑规模和疏散人数确定，并不应小于基地周长的 1/6；基地应有两个或两个以上不同方向通向城市道路的出口；基地和电影院的主要出入口，不应和快速道路直接连接，也不应直对城镇主要干道的交叉口；电影院主要出入口前应设有供人员集散用的空地或广场，其面积指标不应小于 0.2m² /座，且大型及特大型电影院的集散空地的深度不应小于 10m；特大型电影院的集散空地宜分散设置。基地的机动车出入口设置应符合《民用建筑设计通则》中的有关规定。

2) 剧场基地应至少有一面临接城镇道路，或直接通向城市道路的空地。临接的城市道路可通行宽度不应小于剧场安全出口宽度的总和，并应符合下列规定：800 座及以下，不应小于 8m；801～1200 座，不应小于 12m；1201 座以上，不应小于 15m。

3) 剧场主要入口前的空地应符合下列规定：

剧场建筑从红线退后距离应符合城镇规划要求，并按不小于 0.20m² /座留出集散空地；当剧场前的集散空地不能满足规定，或剧场前面疏散口的宽度不能满足计算要求时，应在剧场后面或侧面另辟疏散口，并应设有与其疏散容量相适应的疏散通路或空地。剧场建筑后面及侧面临接道路可视为疏散通路，但其宽度不得小于 3.50m。剧场基地临接两条道路或位于交叉路口时，应满足车行视距要求，且主要入口或疏散口的位置应符合城市交通规划要求。剧场基地应设置停车场，或由城镇规划统一设置。

6.1.4.2 总平面设计

1) 电影院总平面布置应符合下列规定：宜为将来的改、建和发展留有余地；建筑布局应使基地内人流、车流合理分流，并应有利于消防、停车和人员集散。基地内应为消防提供良好道路和工作场地，并应设置照明。内部道路可兼作消防车道，其净宽不应小于 4m，当穿越建筑物时，净高不应小于 4m。

停车场（库）设计应符合下列规定：新建、扩建电影院的基地内宜设置停车场，停车场的出入口应与道路连接方便；贵宾和工作人员的专用停车场

宜设置在基地内；贴邻观众厅的停车场（库）产生的噪声应采取适当的措施进行处理，防止对观众厅产生影响；停车场布置不应影响集散空地或广场的使用，并不宜设置围墙、大门等障碍物。

绿化设计应符合当地行政主管部门的有关规定。

场地应进行无障碍设计，并应符合国家现行行业标准《城市道路和建筑物无障碍设计规范》中的有关规定。

综合建筑内设置的电影院，应符合下列规定：楼层的选择应符合现行国家标准《建筑设计防火规范》中的相关规定；不宜建在住宅楼、仓库、古建筑等建筑内。综合建筑内设置的电影院应设置在独立的竖向交通附近，并应有人员集散空间；应有单独出入口通向室外，并应设置明显标示（图6-1-8）。

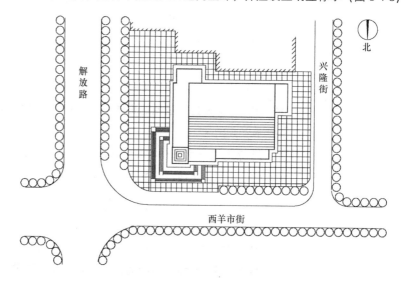

图 6-1-8　太原某电影院总平面图

2）剧场总平面设计应功能分区明确，避免人流与车流交叉。布景运输车辆应能直接到达景物出入口。应为消防提供良好道路和工作场地及回车场地，并应设置照明。内部道路可兼作消防车道，其净宽不应小于 3.50m，穿越建筑物时净高不应小于 4.00m。总平面内应满足排水、隔噪、节能等方面的要求，并根据条件布置绿化。总平面内宜设机动车及自行车停车场，或由城镇交通规划统一考虑。设备用房应置于对观众干扰最少的位置，且应注意安全、卫生、消声、减振和设备安装维修的方便（图6-1-9）。

3）剧场室外环境设计及绿化应符合城镇规划要求，并应充分进行绿化，创造良好的环境。演员宿舍、餐厅、厨房等附建于剧场主体建筑时，必须形成独立的防火分区，并有单独的疏散通道及出入口。总平面设计应符合无障碍设计要求。

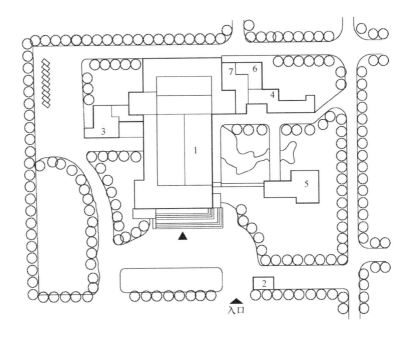

图 6-1-9　广州市友谊剧院总平面图

1—剧场；2—售票；3—接待；4—厕所；5—小卖；6—空调；7—变电

6.1.5　体育建筑的基地选址和总平面设计

6.1.5.1　基地选址

1）建筑基地的选择，应符合城镇当地总体规划和体育设施的布局要求，讲求使用效益、经济效益、社会效益和环境效益。

2）适合开展运动项目的特点和使用要求。

3）交通方便。根据体育设施规模大小，基地至少应分别有一面或二面临接城市道路。该道路应有足够的通行宽度，以保证疏散和交通。

4）充分利用城市已有基础设施。环境较好。与污染源、高压线路、易燃易爆物品场所之间的距离达到有关防护规定，防止洪涝、滑坡等自然灾害，并注意体育设施使用时对周围环境的影响。

6.1.5.2　总平面设计

1）全面规划远近期建设项目，一次规划、逐步实施，并为可能的改建和发展留有余地。

2）建筑布局合理，功能分区明确，交通组织顺畅，管理维修方便，并满足当地规划部门的相关规定和指标（图 6-1-10）。

3）满足各运动项目的朝向、光线、风向、风速、安全、防护等要求。

4）注重环境设计，充分保护和利用自然地形和天然资源（如水面、林木等），考虑地形和地质情况，减少建设投资。

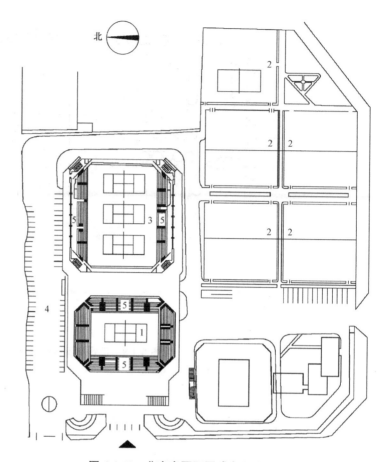

图 6-1-10 北京市国际网球中心总平面图

1—网球比赛场；2—网球练习场；3—网球馆；4—停车场；5—观众席

5) 总出入口布置应明显，不宜少于二处，并以不同方向通向城市道路。观众出入口的有效宽度不宜小于0.15m/百人的室外安全疏散指标。观众疏散道路应避免集中人流与机动车流相互干扰，其宽度不宜小于室外安全疏散指标。

6) 道路应满足通行消防车的要求，净宽度不应小于3.5m，上空有障碍物或穿越建筑物时净高不应小于4m。体育建筑周围消防车道应环通；当因各种原因消防车不能按规定靠近建筑物时，应采取下列措施之一满足对火灾扑救的需要：消防车在平台下部空间靠近建筑主体；消防车直接开入建筑内部；消防车到达平台上部以接近建筑主体；平台上部设消火栓。

7) 观众出入口处应留有疏散通道和集散场地，场地不得小于0.2m²/人，可充分利用道路、空地、屋顶、平台等。

8) 停车场设计应符合下列要求：基地内应设置各种车辆的停车场，停车场出入口应与道路连接方便。如因条件限制，停车场也可在邻近基地的地区，由当地市政部门统一设置。但部分专用停车场（贵宾、运动员、工作人员等）宜设在基地内。承担正规或国际比赛的体育设施，在设施附近应设有电视转播车的停放位置。

9) 基地的环境设计应根据当地有关绿化指标和规定进行，并综合布置绿化、花坛、喷泉、坐凳、雕塑和小品建筑等各种景观内容。绿化与建筑物、构筑物、道路和管线之间的距离，应符合有关规定。

10) 总平面设计中有关无障碍的设计应符合现行行业标准的有关规定。

6.1.6 办公建筑的基地选址和总平面设计

6.1.6.1 基地选址

办公建筑基地的选择，应符合当地总体规划的要求。办公建筑基地宜选在工程地质和水文地质有利、市政设施完善且交通和通信方便的地段。办公建筑基地与易燃易爆物品场所和产生噪声、尘烟、散发有害气体等污染源的距离，应符合安全、卫生和环境保护有关标准的规定。

6.1.6.2 总平面设计

总平面布置应合理布局、功能分区明确、节约用地、交通组织顺畅，并应满足当地城市规划行政主管部门的有关规定和指标。应进行环境和绿化设计。绿化与建筑物、构筑物、道路和管线之间的距离，应符合有关标准的规定。办公建筑与其他建筑共建在同一基地内或与其他建筑合建时，应满足办公建筑的使用功能和环境要求，分区明确，宜设置单独出入口。总平面应合理布置设备用房、附属设施和地下建筑的出入口。锅炉房、厨房等后勤用房的燃料、货物及垃圾等物品的运输应设有单独通道和出入口。基地内应设置机动车和非机动车停放场地（库）。总平面设计应符合现行行业标准《城市道路和建筑物无障碍设计规范》的有关规定（图6-1-11）。

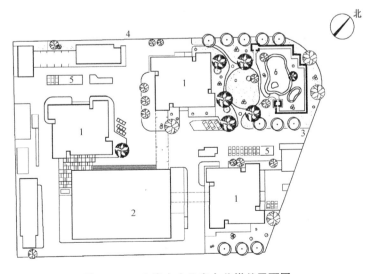

图 6-1-11　上海市大八字办公梯总平面图

1—主楼；2—综合楼；3—主要出入口；4—辅助出入口；5—停车场；6—喷水池

6.1.7 综合医院与传染病医院的基地选址和总平面设计

6.1.7.1 基地选址

综合医院选址应符合当地城镇规划、区域卫生规划和环保评估要求。基地选择交通方便，宜面临2条城市道路；宜便于利用城市基础设施；环境宜安静，应远离污染源；地形宜力求规整，适宜医院功能布局；远离易燃、易爆物品的生产和储存区，并应远离高压线路及其设施；不应临近少年儿童活动密集场所；不应污染、影响城市的其他区域。

新建传染病医院选址应符合当地城镇规划、区域卫生规划和环保评估的要求。基地选择应交通方便，并便于利用城市基础设施；环境应安静，远离污染源；用地宜选择地形规整、地质构造稳定、地势较高且不受洪水威胁的地段；不宜设置在人口密集的居住与活动区域；应远离易燃、易爆产品生产、储存区域及存在卫生污染风险的生产加工区域。

新建传染病医院选址，以及现有传染病医院改建和扩建及传染病区建设时，医疗用建筑物与院外周边建筑应设置大于或等于20m绿化隔离卫生间距。

6.1.7.2 总平面设计

综合医院总平面设计合理进行功能分区，洁污、医患、人车等流线组织清晰，并应避免院内感染风险；建筑布局紧凑，交通便捷，并应方便管理、减少能耗；应保证住院、手术、功能检查和教学科研等用房的环境安静；病房宜能获得良好朝向；宜留有可发展或改建、扩建的用地；应有完整的绿化规划；对废物的处理作出妥善的安排，并应符合有关环境保护法令、法规的规定（图6-1-12）。

医院出入口不应少于2处，人员出入口不应兼作尸体或废弃物出入口。在门诊、急诊和住院用房等入口附近应设车辆停放场地。太平间、病理解剖室应设于医院隐蔽处。需设焚烧炉时，应避免风向影响，并应与主体建筑隔离。尸体运送路线应避免与出入院路线交叉。

环境设计应充分利用地形、防护间距和其他空地布置绿化景观，并应有供患者康复活动的专用绿地；应对绿化、景观、建筑内外空间、环境和室内外标识导向系统等做综合性设计；在儿科用房及入口附近，宜采取符合儿童生理和心理特点的环境设计。病房建筑的前后间距应满足日照和卫生间距的要求，且不宜小于12m。

在医院用地内不得建职工住宅。医疗用地与职工住宅用地毗连时，应分隔，并应另设出入口。

传染病医院总平面设计应合理进行功能分区，洁污、医患、人车等流线组织应清晰，并应避免院内感染；主要建筑物应有良好朝向，建筑物间距应

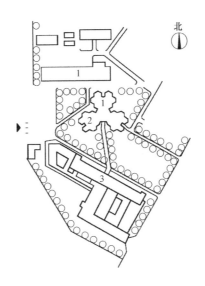

6-1-12 成都中医学院附属医院总平面图

1—病房；2—医技；3—门诊

满足卫生、日照、采光、通风、消防等要求；宜留有可发展或改建、扩建用地；有完整的绿化规划；对废弃物妥善处理，并应符合国家现行有关环境保护的规定。

院区出入口不应少于两处。车辆停放场地应按规划与交通部门要求设置。绿化规划应结合用地条件进行。对涉及污染环境的医疗废弃物及污废水，应采取环境安全保护措施。医院出入口附近应布置救护车冲洗消毒场地。

6.1.8 疗养院的基地选址和总平面设计

6.1.8.1 基地选址

疗养院建设应符合城乡建设总体规划和疗养区综合规划的要求。疗养院宜设在气候适宜，风景优美，具有利用某种天然疗养因子（天然疗养因子系指含有负离子的新鲜空气、矿泉水、治疗泥等。）预防和治疗疾病条件的地区。

基地位置应是交通方便，环境幽静，日光充足，通风良好并具有电源、给排水条件和便于种植、造园之处。基地应为总平面布置中的功能分区、主要出入口和供应入口的设置，以及庭园绿化、活动场地等的合理安排提供可能性。

6.1.8.2 总平面设计

疗养院由疗养、理疗、医技用房，以及文体活动场所，行政办公，附属用房等组成。总平面设计应充分注意基地原有地貌、地物、园林、绿化、水面等的利用。

疗养院的疗养用房与理疗用房、营养食堂若分开布置时，宜用通廊联系。疗养用房主要朝向的间距，除应符合当地日照要求外，最小间距不应小于12m。疗养院绿化设计应结合当地条件和使用功能的要求并选择能美化环境，净化空气的树种花草。疗养院可根据需要和地形条件，设置室外体育活动场地。职工生活用房不应建在疗养院内，若建在同一基地，则应与疗养院分隔，并另设出入口。当疗养院设在疗养区内，应充分利用该疗养区已有或准备建设的公用医疗设施、文体活动场所和其他公共设施（图6-1-13）。

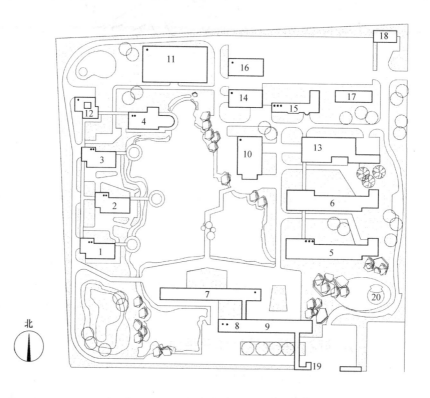

图6-1-13 天津市干部疗养院总平面图

1——一号疗养楼；2——二号疗养楼；3——三号疗养楼；4——四号疗养楼；5——五号疗养楼；6——六号疗养楼；7——理疗楼；8——医技楼；9——行政办公；10——体疗楼；11——水疗楼；12——干部营养食堂；13——一般营养食堂；14——职工食堂；15——供应、洗衣、宿舍；16——锅炉房；17——后勤楼；18——变电及汽车库；19——门卫和传达；20——花房

6.1.9　旅馆建筑的基地选址和总平面设计

6.1.9.1　基地选址

旅馆建筑的选址应符合当地城乡总体规划的要求，并应结合城乡经济、文化、自然环境及产业要求进行布局。旅馆建筑基地应选择工程地质及水文地质条件有利、排水通畅、有日照条件且采光通风较好、环境良好的地段，

并应避开可能发生地址灾害的地段；不应在有气体和烟尘影响的区域内，且应远离污染源和储存易燃、易爆物的场所；宜选择交通便利、附近的公共服务和基础设施较完备的地段。在历史文化名城、历史文化保护区、风景名胜地区及重点文物保护单位附近，旅馆建筑的选址及建筑布局，应符合国家和地方有关保护规划要求。

旅馆建筑的基地应至少有一面直接临接城市道路或公路，或应设道路与城市道路或公路相连接。位于特殊地理环境中的旅馆建筑，应设置水路或航路等其他交通方式。当旅馆建筑设有 200 间（套）以上客房时，其基地的出入口不宜少于 2 个，出入口的位置应符合城乡交通规划的要求。旅馆建筑基地宜具有相应的市政配套条件。旅馆建筑基地用地大小应符合国家和地方政府的相关规定，应能与旅馆建筑的类型、客房间数及相关活动需求相匹配。

6.1.9.2 总平面设计

旅馆建筑总平面应根据当地气候条件、地理特征等进行布置。建筑布局应有利于冬季日照和避风，夏季减少得热和充分利用自热通风。总平面布置应功能分区明确、总体布局合理，各个部分联系方便、互不干扰。应对旅馆建筑的使用和各种设备使用过程中可能产生的噪声和废气采取措施，不得对旅馆建筑的公共部分、客房部分等和邻近建筑产生不良影响（图 6-1-14）。

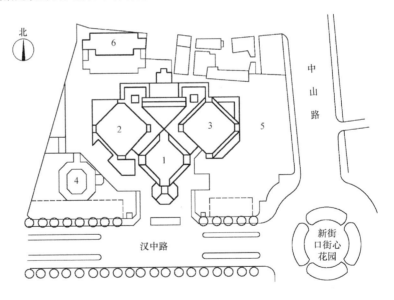

图 6-1-14　南京市金陵酒店总平面图

1—门厅；2—主楼；3—宴会厅；4—游泳池；5—花园；6—多层车库

旅馆建筑的交通应合理组织，保证流线清晰，避免人流、货流、车流相互干扰，并应满足消防疏散要求。应合理布置设备用房、附属设施和地下建筑的出入口。锅炉房、厨房等后勤用房的燃料、货物及垃圾等物品的运输宜设有单独通道和出入口。四级和五级旅馆建筑的主要人流出入口附近宜设置专用的出租车排队候客车道或候客车位，且不宜占用城市道路或公路，避免影响公共交通。应合理安排各种管道，做好管道综合，并应便于维护和检修。

当旅馆建筑与其他建筑共建在同一基地内或同一建筑内时，应满足旅馆建筑的使用功能和环境要求，并应符合下列规定：旅馆建筑部分应单独分区，客人使用的主要出入口宜独立设置；旅馆建筑部分宜集中设置；从属于旅馆建筑但同时对外营业的商店、餐厅等不应影响旅馆建筑本身的使用功能。

除当地有统筹建设的停车场或停车库外，旅馆建筑基地内应设置机动车和非机动车的停放场地或停车库。机动车和非机动车停车位数量应符合当地规划主管部门的规定。

旅馆建筑总平面布置应进行绿化设计，绿地面积的指标应符合当地规划主管部门的规定；栽种的树种应根据当地气候、土壤和净化空气的能力等条件确定；室外停车场宜采取结合绿化的遮阳措施；度假旅馆建筑室外活动场地宜结合绿化做好景观设计。

6.1.10 饮食建筑、商店建筑的基地选址和总平面设计

6.1.10.1 饮食建筑

饮食建筑的修建必须符合当地城市规划与食品卫生监督机构的要求，选择群众使用方便，通风良好，并具有给水排水条件和电源供应的地段。饮食建筑严禁建于产生有害、有毒物质的工业企业防护地段内；与有碍公共卫生的污染源应保持一定距离，并须符合当地食品卫生监督机构的规定。饮食建筑的基地出入口应按人流、货流分别设置，妥善处理易燃、易爆物品及废弃物等的运存路线与堆场。在总平面布置上，应防止厨房（或饮食制作间）的油烟、气味、噪声及废弃物等对邻近建筑物的影响。一、二级餐馆与一级饮食店建筑宜有适当的停车空间。

6.1.10.2 商店建筑

商店建筑宜根据城市整体商业布局及不同零售业态选择基地位置，并应满足当地城市规划的要求。大型和中型商店建筑基地宜选择在城市商业区或主要道路的适宜位置。对于易产生污染的商店建筑，其基地选址应有利于污染的处理和排放。经营易燃易爆及有毒性类商品的商店建筑不应位于人员密集场所附近，且安全距离应符合现行国家标准《建筑设计防火规范》的有关规定。商店建筑不宜布置在甲、乙类厂（库）房，甲、乙、丙类液体和可燃气体储罐以及可燃材料堆场附近，且安全距离应符合现行国家标准《建筑设计防火规范》的有关规定。

大型商店建筑的基地沿城市道路的长度不宜小于基地周长的1/6，并宜有不少于两个方向的出入口与城市道路相连接。大型和中型商店建筑基地内

的雨水应有组织排放，且雨水排放不得对相邻地块的建筑及绿化产生影响。

大型和中型商店建筑的主要出入口前，应留有人员集散场地，且场地的面积和尺度应根据零售业态、人数及规划部门的要求确定。大型和中型商店建筑的基地内应设置专用运输通道，且不影响主要顾客人流，其宽度不应小于4m，宜为7m，运输通道设在地面时，可与消防车道结合设置。大型和中型商店建筑的基地内应设置垃圾收集处、装卸载区和运输车辆临时停放处等服务性场地。当设在地面上时，其位置不应影响主要顾客人流和消防扑救，不应占用城市公共区域，并应采取适当的视线遮蔽措施。商店建筑基地内应按现行国家标准《无障碍设计规范》的规定设置无障碍设施，并应与城市道路无障碍设施相连接。

大型商店建筑应按当地城市规划要求设置停车位。在建筑物内设置停车库时，应同时设置地面临时停车位。商店建筑基地内车辆出入口数量应根据停车位的数量确定，并应符合国家现行标准《汽车库建筑设计规范》和《汽车库、修车库、停车场设计防火规范》的规定；当设置2个或2个以上车辆出入口时，车辆出入口不宜设在同一条城市道路上。

大型和中型商店建筑应进行基地内的环境景观设计及建筑夜景照明设计。(图 6-1-15)。

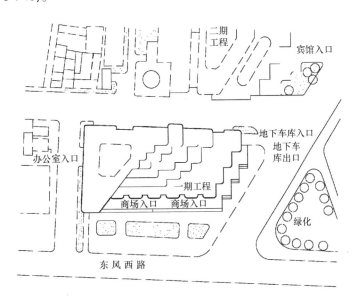

图 6-1-15　昆明市五华商场总平面图

6.1.11　交通客运站建筑设计、铁路旅客车站的基地选址和总平面设计

6.1.11.1　基地选择

交通客运站选址应符合城镇总体规划的要求，站址应有供水、排水、供

电和通信等条件；站址应避开易发生地质灾害的区域；站址与有害物品、危险品等污染源的防护距离，应符合环境保护、安全和卫生等国家现行有关标准的规定；港口客运站选址应具有足够的水域和陆域面积，适宜的码头岸线和水深。

铁路旅客车站的选址应设于方便旅客集散、换乘并符合城镇发展的区域。有利于铁路和城镇多种交通形式的发展。少占或不占耕地，减少拆迁及填挖方工程量。符合国家安全、环境保护、节约能源等有关规定。铁路旅客车站选址不应选择在地形低洼、易淹没以及不良地质地段。

6.1.11.2　总平面设计

1）交通客运站总平面布置应合理利用地形条件，布局紧凑，节约用地，远、近期结合，并宜留有发展余地。

汽车客运站总平面布置应包括站前广场、站房、营运停车场和其他附属建筑等内容。汽车进站口、出站口应满足营运车辆通行要求，并应符合下列规定：一、二级汽车客运站进站口、出站口应分别设置，三、四级汽车客运站宜分别设置；进站口、出站口净宽不应小于 4.0m，净高不应小于 4.5m；汽车进站口、出站口与旅客主要出入口之间应设不小于 5.0m 的安全距离，并应有隔离措施；汽车进站口、出站口与公园、学校、托幼、残障人使用的建筑及人员密集场所的主要出入口距离不应小于 20.0m；汽车进站口、出站口与城市干道之间宜设有车辆排队等候的缓冲空间，并应满足驾驶员行车安全视距的要求。汽车客运站站内道路应按人行道路、车行道路分别设置。双车道宽度不应小于 7.0m；单车道宽度不应小于 4.0m；主要人行道路宽度不应小于 3.0m（图 6-1-16）。

港口客运站总平面布置应包括站前广场、站房、客运码头（或客货滚装船码头）和其他附属建筑等内容。

2）铁路旅客车站的总平面布置应包括车站广场、站房和站场客运设施，并应统一规划，整体设计。铁路旅客车站的总平面布置应符合城镇发展规划要求，结合城市轨道交通、公共交通枢纽、机场、码头等道路的发展，合理布局。建筑功能多元化、用地集约化，并留有发展余地。使用功能分区明确，各种流线简捷、顺畅。车站广场交通组织方案遵循公共交通优先的原则，交通站点布局合理。特大型、大型站的站房应设置经广场与城市交通直接相连的环形车道。当站区有地下铁道车站或地下商业设施时，宜设置与旅客车站相连接的通道。

铁路旅客车站的流线设计应符合下列规定：旅客、车辆、行李、包裹和邮件的流线应短捷，避免交叉。进、出站旅客流线应在平面或空间上分开。减少旅客进出站和换乘的步行距离。

特大型站站房宜采用多方向进、出站的布局。特大型、大型站应设置垃

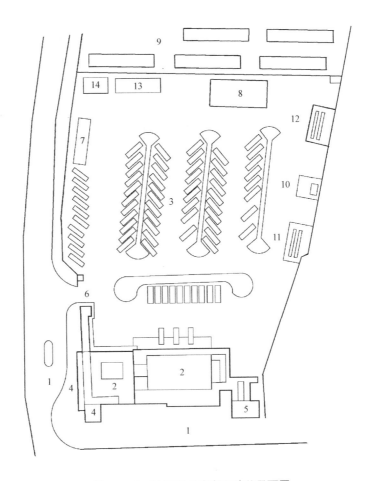

图 6-1-16 淮安市公路客运站总平面图

1—站前广场；2—站房；3—停车场；4—短途区；5—零担区；6—进出站口；7—值班室；

8—修理车间；9—生活区；10—洗车台；11—加油站；12—修车台；

13—食堂；14—浴室

圾收集设施和转运站。站内废水、废气的处理，应符合国家有关标准的规定。车站的各种室外地下管线应进行总体综合布置，并应符合现行国家标准《城市工程管线综合规划规范》的有关规定。(图 6-1-17)。

6.1.12 宿舍建筑基地选址和总平面设计要求

6.1.12.1 基地选址

宿舍不应建在易发生地质灾害的地区，宿舍用地宜选择有日照条件，且采光、通风良好，便于排水的地段。宿舍选址应防止噪声和各种污染源的影响，并应符合有关卫生防护标准的规定。宿舍宜接近工作和学习地点，并宜靠近公用食堂、商业网点、公共浴室等方便生活的服务配套设施，其距离不宜超过 250m。

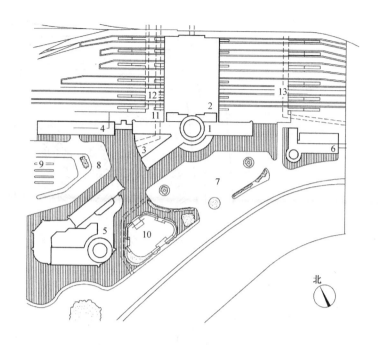

图 6-1-17　天津市铁路客运站总平面图

1—主站房；2—高架候车厅；3—出站厅；4—行包综合楼；5—商业服务综合楼；

6—邮电梯；7—主广场（小汽车大客车停车场）；8—副广场（出租车停车场）；

9—公交终点站；10—下沉式自行车停车场；11—出站地道；

12—行包地道；13—邮包地道

6.1.12.2　总平面设计

宿舍附近应有活动场地、集中绿地、自行车存放处，宿舍区内宜设机动车停车位。宿舍建筑的房屋间距应满足国家标准有关防火及日照的要求，且应符合各地城市规划行政主管部门的相关规定。机动车不得在宿舍区内过境

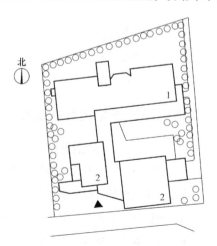

图 6-1-18　某宿舍总平面图

1—8 层职工宿舍；2—公用楼

穿行。宿舍区内公共交通空间、步行道系统及宿舍出入口，应设置无障碍设施。宿舍区内应设有明显的标识系统（图6-1-18）。

6.1.13 老年人建筑基地选址和总平面设计

6.1.13.1 基地选址

1）中小型老年人居住建筑基地选址宜与居住区配套设置，位于交通方便、基础设施完善、临近医疗设施的地段。大型、特大型老年人居住建筑可独立建设并配套相应设施。

2）基地应选在地质稳定、场地干燥、排水通畅、日照充足、远离噪声和污染源的地段，基地内不宜有过大、过于复杂的高差。

3）基地内建筑密度，市区不宜大于30%，郊区不宜大于20%。

4）大型、特大型老年人居住建筑基地用地规模应具有远期发展余地，基地容积率宜控制在0.5以下。

5）大型、特大型老年人居住建筑规划结构应完整，功能分区明确，安全疏散出口不应少于2个。出入口、道路和各类室外场地的布置，应符合老年人活动特点。有条件时，宜临近儿童或青少年活动场所。

6.1.13.2 总平面设计

1）老年人居住用房应布置在采光通风好的地段，应保证主要居室有良好的朝向，冬至日满窗日照不宜小于2小时。

2）道路系统应简洁通畅，具有明确的方向感和可识别性，避免人车混行。道路应设明显的交通标志及夜间照明设施，在台阶处宜设置双向照明并设扶手。道路设计应保证救护车能就近停靠在住栋的出入口。专供老年人使用的停车位应相对固定，并应靠近建筑物和活动场所入口处。

3）老年人使用的步行道路应做成无障碍通道系统，道路的有效宽度不应小于0.90m；坡度不宜大于2.5%；当大于2.5%时，变坡点应予以提示，并宜在坡度较大处设扶手。步行道路路面应选用平整、防滑、色彩鲜明的铺装材料。

4）应为老年人提供适当规模的绿地及休闲场地，并宜留有供老人种植劳作的场地。场地布局宜动静分区，供老年人散步和休憩的场地宜设置健身器材、花架、座椅、阅报栏等设施，并避免烈日暴晒和寒风侵袭。供老年人观赏的水面不宜太深，深度超过0.60m时应设防护措施。距活动场地半径100m内应有便于老年人使用的公共厕所（图6-1-19）。

5）与老年人活动相关的各建筑物附近应设供轮椅使用者专用的停车位，其宽度不应小于3.50m，并应与人行通道衔接。轮椅使用者使用的停车位应设置在靠停车场出入口最近的位置上，并应设置国际通用标志。

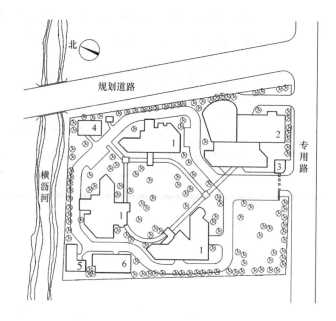

图 6-1-19 上海市众仁老年公寓总平面图

1—公寓；2—综合楼；3—门卫；4—机房；5—后勤；6—变电

6.2 场地竖向设计

竖向设计指为满足道路交通、地面排水、建筑布置和景观等方面的综合要求，对自然地形进行利用、改造，确定坡度、控制高程和平衡土石方等而进行的设计。竖向设计要遵循安全、适用、经济、美观的原则，充分发挥土地潜力，节约用地，合理利用地形、地质条件，满足建筑用地的使用要求，减少土石方及防护工程量，保护建筑基地内的生态环境，增强环境景观效果。

6.2.1 竖向与地面形式

1）根据城市用地的性质、功能，结合自然地形，规划地面形式可分为平坡式、台阶式和混合式。用地自然坡度小于5%时，宜规划为平坡式，建筑基地地面竖向设计时地面坡度不应小于0.2%；用地自然坡度大于8%时，宜规划为台阶式。

2）台阶式和混合式中的台地规划应符合下列规定：台地划分应与规划布局和总平面布置相协调，应满足使用性质相同的用地或功能联系密切的建（构）筑物布置在同一台地或相邻台地的布局要求；台地的长边应平行于等高线布置；台地高度、宽度和长度应结合地形并满足使用要求确定。台地的高度宜为1.5~3.0m。城市主要建设用地适宜规划坡度应符合表6-2-1的规定。

城市主要建设用地适宜规划坡度   表 6-2-1

用地名称	最小坡度(%)	最大坡度(%)
公共设施用地	0.2	20
居住用地	0.2	25
工业用地、仓储用地	0.2	10
城市道路用地、港口用地	0.2	5
铁路用地	0	2

6.2.2 竖向与平面布局

1) 城市用地选择及用地布局应充分考虑竖向规划的要求,并应符合下列规定:

(1) 城市中心区用地应选择地质及防洪排涝条件较好且相对平坦和完整的用地,自然坡度应小于 15%。

(2) 居住用地应选择向阳、通风条件好的用地,自然坡度应小于 30%。

(3) 工业用地和仓储用地宜选择便于交通组织和生产工艺流程组织的用地,自然坡度宜小于 15%。

(4) 城市开敞空间用地宜利用填方较大的区域。

2) 街区竖向规划应与用地的性质和功能相结合,并应符合下列规定。

(1) 建设用地分台应考虑地形坡度、坡向和风向等因素的影响,以适应建筑布置的要求。

(2) 公共设施用地分台布置时,台地间高差宜与建筑层高成倍数关系。

(3) 居地用地分台布置时,宜采用小台地形式。

(4) 防护工程宜与具有防护功能的专用绿地结合设置。

3) 挡土墙、护坡与建筑的最小间距应符合下列规定:居住区内的挡土墙与住宅建筑的间距应满足住宅日照和通风的要求。高度大于 2m 的挡土墙和护坡的上缘与建筑间水平距离不应小于 3m,其下缘与建筑间的水平距离不应小于 2m。

6.2.3 竖向与排水

1) 建筑基地内应有排除地面及路面雨水至城市排水系统的措施,排水方式要根据城市规划的要求来确定,有条件的地区应采取雨水回收利用措施。采用车行道排泄地面雨水时,雨水口形式及数量应根据汇水面积、流量、道路纵坡长度等确定,单侧排水的道路及低洼易积水的地段,应采取排雨水时不影响交通和路面清洁的措施。建筑物底层出入口处应采取措施防止室外地面雨水回流。

2) 地面排水坡度不宜小于 0.2%,坡度小于 0.2% 时宜采用多坡向或特殊措施排水。

　　3）地面的规划高程应比周边道路的最低路段高程高出 0.2m 以上，用地的规划高程应高于多年平均地下水位。

6.2.4　竖向与道路广场

　　1）基地机动车、步行道的纵坡均不应小于 0.2%，亦不应大于 8%。机动车道坡长不应大于 200m，在个别路段可不大于 11%，其坡长不应大于 80m；在多雪严寒地区不应大于 5%，其坡长不应大于 600m；横坡应为 1%～2%。步行道的纵坡在多雪严寒地区不应大于 4%，横坡应为 1%～2%。非机动车道的纵坡不应小于 0.2%，亦不应大于 3%，其坡长不应大于 50m；在多雪严寒地区不应大于 2%，其坡长不应大于 100m；横坡应为 1%～2%。

　　2）基地内人流活动的主要地段，要设置无障碍人行道。山地和丘陵地区竖向设计尚应符合有关规范的规定。

　　3）广场竖向规划除满足自身功能要求外，尚应与相邻道路和建筑物相衔接。广场的最小坡度为 0.3%；最大坡度平原地区应为 1%，丘陵和山区应为 3%。

6.2.5　竖向与景观

　　1）城市用地竖向规划应有明确的景观规划设想，保留城市规划用地范围内的制高点、俯瞰点和有明显特征的地形、地物，保持和维护城市绿化、生态系统的完整性，保护有价值的自然风景和有历史文化意义的地点、区段和设施，保护和强化城市有特色的、自然和规划的边界线，构筑美好的城市天际轮廓线。

　　2）城市用地分类应重视景观要求，城市用地作分类处理时，挡土墙、护坡的尺度和线型应与环境协调。有条件时宜少采用挡土墙，城市公共活动区宜将挡土墙、护坡、踏步和梯道等室外设施与建筑作为一个有机整体进行规划。地形复杂的山区城市，挡土墙、护坡、梯道等室外设施较多，其形式和尺度宜有韵律感。公共活动区内挡土墙高于 1.5m、生活生产区内挡土墙高于 2m 时，宜作艺术处理或以绿化遮蔽。

　　3）城市滨水地区的竖向规划应规划和利用好近水空间。水体对城市生态环境和景观的作用是十分重要的。因地制宜、创造性地利用自然条件，在满足功能要求的同时，创作出更美好的环境景观。

6.3　道路、广场和停车空间

　　建筑设计中应从建筑群的使用性质出发，着重分析功能关系，并加以合理的分区，运用道路、广场等交通联系手段加以组织，使总体空间环境的布局联系方便、紧凑合理，同时提供必要的停车场地。

6.3.1　道路

1）建筑基地内道路应符合下列规定：

（1）建筑基地内应设道路与城市道路相连接，其连接处的车行路面应设限速设施，道路应能通达建筑物的安全出口。

（2）沿街建筑应设连通街道和内院的人行通道（可利用楼梯间），其间距不宜大于80m。

（3）道路改变方向时，路边绿化及建筑物不应影响行车有效视距（图6-3-1）。

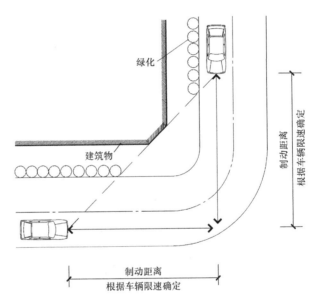

图 6-3-1　行车视距与建筑物和路边绿化的关系

（4）基地内车流量较大时应设人行道路。

2）建筑基地道路宽度应符合下列规定：

建筑基地内单车道路宽度不应小于4m，双车道路不应小于7m，人行道路宽度不应小于1.50m。车行道路改变方向时，应满足车辆最小转弯半径要求。消防车道路应按消防车最小转弯半径要求设置。

3）道路与建筑物间距应符合下列规定：

（1）基地内设有室外消火栓时，车行道路与建筑物的间距应符合防火规范的有关规定。

（2）基地内不宜设高架车行道路，当设置高架人行道路与建筑平行时应有保护私密性的视距和防噪声的要求。

6.3.2 广场

1) 广场是由于城市功能上的要求而设置的，是供人们活动的空间。城市广场通常是城市居民生活的中心，广场上可进行集会、交通集散、游览休憩、商业服务和文化宣传等，广场旁一般都布置有城市中的重要建筑物，布置各种设施和绿地。

2) 城市广场按其性质、用途及在道路网中的地位分为公共活动广场、集散广场、交通广场、纪念性广场与商业广场等五类，有些广场兼有多种功能。应按照城市规划确定的性质、功能和用地范围，结合交通特征、地形、自然环境等进行广场设计，并处理好与毗连道路及主要建筑物出入口的衔接，以及和四周建筑物协调，注意广场的艺术风貌。广场应按人流、车流分离的原则，布置分隔、导流等设施，并采用交通标志与标线指示行车方向、停车场地、步行活动区。

(1) 公共活动广场：主要供居民文化休息活动。有集会功能时，应按集会的人数计算需用场地，并对大量人流迅速集散的交通组织以及与其相适应的各类车辆停放场地进行合理布置和设计。

(2) 集散广场：主要为解决人流、车流的交通集散而设，如影、剧院前的广场，体育场，展览馆前的广场，交通枢纽站站前广场等，均起着交通集散的作用。集散广场应根据高峰时间人流和车辆的多少、公共建筑物主要出入口的位置，结合地形，合理布置车辆与人群的进出通道、停车场地、步行活动地带等。

飞机场、港口码头、铁路车站与长途汽车站等站前广场应与市内公共汽车、电车、地下铁道的站点布置统一规划，组织交通，使人流、客货运车流的通路分开，行人活动区与车辆通行区分开，离站、到站的车流分开。必要时，设人行天桥或人行地道。各类站前广场应包括机动车与非机动车停车场、道路、旅客活动、绿化等用地，绿化与建筑小品的设计要按功能要求分区布置，站前广场应与城市道路相连。

站前广场的规模，要根据客运站规模分级及实际情况确定，应有良好的排水设施，防止地面积水。站前广场应明确划分车流路线、客流路线、停车区域、活动区域及服务区域。旅客进出站路线应短捷流畅。站前广场设计应合理组织客流、车流、物流，力求流线短捷、顺畅。站前广场应设残疾人通道，其设置应符合无障碍设计的规定。站前广场位于城市干道尽端时，宜增设通往站前广场的道路。位于干道一侧时，宜适当加大站前广场进深。

大型体育馆（场）、展览馆、博物馆、公园及大型影（剧）院门前广场应结合周围道路进出口，采取适当措施引导车辆、行人集散。

(3) 交通广场：包括桥头广场、环形交通广场等，应处理好广场与所衔接道路的交通，合理确定交通组织方式和广场平面布置，减少不同流向人车的相互干扰，必要时设人行天桥或人行地道。

(4) 纪念性广场是以纪念性建筑物为主体的广场，广场设计结合地形布置绿化与供瞻仰、游览活动的铺装场地。为保持环境安静，应另辟停车场地，避免导入车流。

(5) 商业广场是以人行活动为主的广场，应合理布置商业贸易建筑、人流活动区。广场的人流进出口应与周围公共交通站协调，合理解决人流与车流的干扰。

3) 各类广场通道与道路衔接的出入口处，要满足行车视距的要求。广场竖向设计应根据平面布置、地形、土方工程、地下管线、广场上主要建筑物标高、周围道路标高与排水要求等进行，并考虑广场整体布置的美观。广场排水应考虑广场地形的坡向、面积大小、相连接道路的排水设施，采用单向或多向排水。

4) 广场设计坡度，平原地区应小于或等于 1%，最小为 0.3%；丘陵和山区应小于或等于 3%。地形困难时，可建成阶梯式广场。与广场相连接的道路纵坡度以 0.5%～2% 为宜。困难时最大纵坡度不应大于 7%，积雪及寒冷地区不应大于 6%，但在出入口处应设置纵坡度小于或等于 2% 的缓坡段。

6.3.3 停车空间

1) 停车空间包括各类停车库及停车场，有机动车停车及非机动车停车。停车空间的设计应有利于车辆出入交通的组织，并尽可能地做到一定的绿化布置。停车场车辆停放方式按汽车纵轴线与通道的夹角关系，有平行式、斜列式（与通道成 30°、45°、60°角停放）、垂直式三种（图 6-3-2）。按车辆停发方式的不同，有前进停车、前进发车；前进停车、后退发车；后退停车、前进发车等三种（图 6-3-3）。

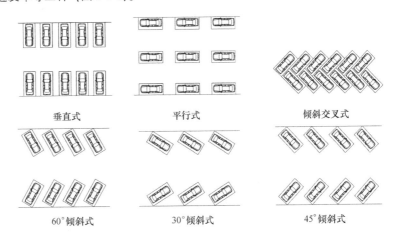

图 6-3-2 汽车停车场车辆停放方式 1

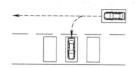 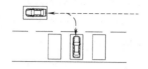 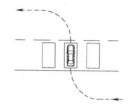

所需通道宽度较大，用于行
车集中、出车不急的车库。

所需通道宽度最小，用于有紧急
出车要求的多层、地下车库。

所需通道宽度最大，进出方便，用于
有紧急出车要求的多层、地下车库。

前进停车，后退发车

后退停车、前进发车

前进停车、前进发车

图 6-3-3 汽车停车场车辆停发方式 2

2）在建筑基地内设置地下停车场时，车辆出入口应设有效显示标志，标志设置高度不应影响人、车通行。建筑基地内利用道路边设停车位时，不应影响有效通行宽度。

3）车库基地出入口的设计应符合下列规定：

（1）地下车库出入口距基地道路的交叉路口或高架路的起坡点不应小于
7.50m（图 6-3-4）。

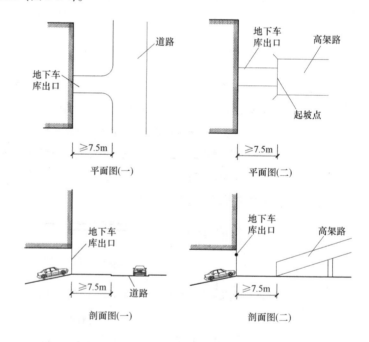

图 6-3-4 地下车库出入口与道路关系 1

（2）地下车库出入口与道路垂直时，出入口与道路红线应保持不小于
7.50m 安全距离。地下车库出入口与道路平行时，应经不小于 7.50m 长的缓冲车道汇入基地道路（图 6-3-5）。

（3）基地出入口不应直接与城市快速路相连接，且不宜直接与城市主干

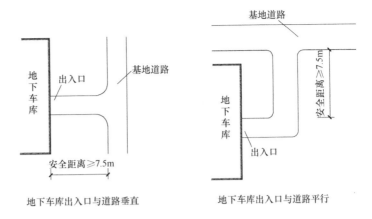

地下车库出入口与道路垂直　　　　　地下车库出入口与道路平行

图 6-3-5　地下车库出入口与道路关系 2

路相连接。

(4) 基地主要出入口的宽度不应小于 4m，并应保证出入口与内部通道衔接的顺畅。

(5) 当需在基地出入口办理车辆出入手续时，出入口处应设置候车道，且不应占用城市道路；机动车候车道宽度不应小于 4m、长度不应小于 10m，非机动车应留有等候空间。

(6) 机动车库基地出入口应具有通视条件，与城市道路连接的出入口地面坡度不宜大于 5%。

(7) 机动车库基地出入口处的机动车道路转弯半径不宜小于 6m，且应满足基地通行车辆最小转弯半径的要求。

(8) 相邻机动车库基地出入口之间的最小距离不应小于 15m，且不应小于两出入口道路转弯半径之和。

4) 居住区应就近设置停车场（库）或将停车库附建在住宅建筑内。机动车和非机动车停车位数量应符合有关规范或当地城市规划行政主管部门的规定。公共建筑应按建筑面积或使用人数，并根据当地城市规划行政主管部门的规定，在建筑物内或在同一基地内，或统筹建设的停车场（库）内设置机动车和非机动车停车车位。

5) 停车位面积应根据车辆类型、停放方式、车辆进出、乘客上下所需的纵向与横向净距的要求确定。停车场总面积除应满足停车需要外，还应包括绿化及附属设施等所需的面积。

6) 停车场内车位布置可按纵向或横向排列分组安排，每组停车不应超过50 辆。各组之间无通道时，亦应留出大于或等于 6m 的防火通道。停车场出入口不应少于两个，其净距宜大于 10m；条件困难或停车容量小于 50 辆时，可设一个双车道出入口，其进出通道的宽度宜采用 9～10m。

7) 停车场出入口应有良好的通视条件，并设置交通标志。停车场的竖向设计应与排水设计结合,最小坡度与广场要求相同,与通道平行方向的最大纵坡度为1%,与通道垂直方向为3%。

8) 汽车库库址的车辆出入口,距离城市道路的规划红线不应小于7.5m,并在距出入口边线内2m处作视点的120°范围内至边线外7.5m以上不应有遮挡视线障碍物(图6-3-6)。库址车辆出入口与城市人行过街天桥、地道、桥梁或隧道等引道口的距离应大于50m;距离道路交叉口应大于80m(图6-3-7)。

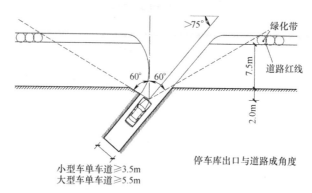

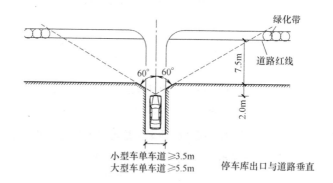

图6-3-6 停车库出口视线设计要求

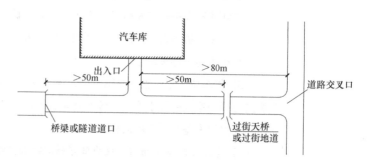

图6-3-7 汽车库出入口与城市道路关系

9) 自行车停车场应结合道路、广场和建筑布置,划定专门用地,合理安排。自行车的停放方式有垂直式和斜列式两种。平面布置可按场地条件采用单排或双排排列（图 6-3-8）。自行车停车场的规模应根据所服务的建筑性质、平均高峰日吸引车次总量，平均停放时间、每日场地有效周转次数以及停车不均衡系数等确定。自行车停车场出入口不应少于两个。出入口宽度应满足两辆车同时推行进出，一般为 2.5～3.5m。场内停车区应分组安排，每组场地长度以 15～20m 为宜。场地铺装应平整、坚实、防滑。坡度宜小于或等于 4%，最小坡度为 0.3%。停车区宜有车棚、存车支架等设施。

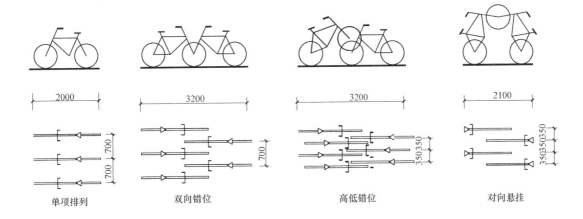

图 6-3-8　自行车的停放形式和占地尺寸

6.4　绿化、雕塑和建筑小品

物质与精神的双重需求，是创造建筑形式美的主要依据。运用绿化、雕塑及各种小品等手段，丰富建筑的室外空间环境情趣，可以取得多样统一的室外环境效果。相对于建筑室外环境其他部分而言，绿化、雕塑和小品的设计自由度要大一些，但在设计中仍要遵循有关设计规范的规定。

6.4.1　绿化

建筑工程项目应包括的绿化工程，宜采用包括垂直绿化和屋顶绿化等在内的全方位绿化，绿地面积的指标应符合有关规范或当地城市规划行政主管部门的规定，例如在《城市居住区规划设计规范》中规定"新区建设绿地率不应低于 30%；旧区改建不宜低于 25%，"就是对绿地面积做出的相应规定，在居住区规划设计中正常情况下都应达到相应的指标规定。

绿化的配置和布置方式应根据城市气候、土壤和环境功能等条件确定。在不同地域环境、气候、土壤等条件下，要采用不同的绿化植物及绿化设计。在《城市道路工程设计规范》中规定，道路绿化设计应综合考虑沿街建筑性质、环境、日照、通风等因素，分段种植。在同一路段内的树种、形态、高矮与色彩不宜变化过多，并做到整齐规则和谐一致。绿化布置应乔木与灌木、落叶与常绿、树木与花卉草皮相结合，色彩和谐，层次鲜明，四季景色不同。

广场绿化应根据各类广场的功能、规模和周边环境进行设计。广场绿化应利于人流、车流集散。公共活动广场周边宜种植高大乔木。集中成片绿地不应小于广场总面积的 25%，并宜设计成开放式绿地，植物配置宜疏朗通透。车站、码头、机场的集散广场绿化应选择具有地方特色的树种。集中成片绿地不应小于广场总面积的 10%。纪念性广场应用绿化衬托主体纪念物，创造与纪念主题相应的环境气氛。

停车场周边应种植高大庇荫乔木，并宜种植隔离防护绿带。在停车场内宜结合停车间隔带种植高大庇荫乔木（图 6-4-1）。停车场种植的庇荫乔木可选择行道树种。其树木枝下高度应符合停车位净高度的规定：小型汽车为

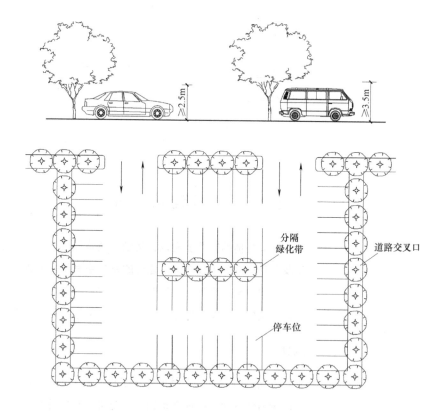

图 6-4-1 停车场的绿化

2.5m；中型汽车为 3.5m；载货汽车为 4.5m。

绿化与建筑物、构筑物、道路和管线之间的距离，应符合有关规范规定。绿化不应遮挡路灯照明，当树木枝叶遮挡路灯照明时，应合理修剪。在距交通信号灯及交通标志牌等交通安全设施的停车视距范围内，不应有树木枝叶遮挡。应防止树木根系对地下管线缠绕及对地下建筑防水层的破坏。

城市道路与建筑物之间的路侧绿带设计应根据相邻用地性质、防护和景

观要求进行设计，并应保持在路段内的连续与完整的景观效果。路侧绿带宽度大于8m时，可设计成开放式绿地。开放式绿地中，绿化用地面积不得小于该段绿带总面积的70%。濒临江、河、湖、海等水体的路侧绿地，应结合水面与岸线地形设计成滨水绿带。滨水绿带的绿化应在道路和水面之间留出透景线。道路护坡绿化应结合工程措施栽植地被植物或攀缘植物。

应保护自然生态环境，并应对古树名木采取保护措施。古树，指树龄在一百年以上的树木；名木，指国内外稀有的以及具有历史价值和纪念意义等重要科研价值的树木。古树名木是人类的财富，也是国家的活文物，新建、改建、扩建的建设工程影响古树名木生长的，必须提出避让和保护措施，在绿化设计中要尽量发挥古树名木的文化历史价值的作用，丰富环境的文化内涵。

6.4.2 雕塑和小品

硬质景观是相对种植绿化这类软质景观而确定的名称，泛指用质地较硬的材料组成的景观。硬质景观主要包括雕塑和建筑小品等。

雕塑按使用功能分为纪念性、主题性、功能性与装饰性雕塑等。从表现形式上可分为具象和抽象，动态和静态雕塑等。

雕塑和小品与周围环境共同塑造出一个完整的视觉形象，同时赋予景观空间环境以生气和主题。在布局上一定应注意与周围环境的关系，恰如其分地确定雕塑和小品的材质、色彩、体量、尺度、题材、位置等，展示其整体美、协调美。特殊场合的中心广场或主要公共建筑区域，可考虑主题性或纪念性雕塑。雕塑应具有时代感，要以美化环境保护生态为主题，体现环境的人文精神。以贴近人为原则，切忌尺度超长过大。

建筑小品是既有功能要求，又具有点缀、装饰和美化作用的、从属于某一建筑空间环境的小体量建筑、游憩观赏设施和指示性标志物等的统称。通常以其小巧的格局、精美的造型来点缀空间，使空间诱人而富于意境，从而提高整体环境景观的艺术境界。应配合建筑、道路、绿化及其他公共服务设施而设置，起到点缀、装饰和丰富景观的作用。

干道两侧及繁华地区的建筑物前，除特殊情况，不得设置实体围墙或高围墙，一般宜采用下列形式分界：绿篱、花坛（花池）、栅栏、透景围墙、半透景围墙。围栏的高度，最高不得超过1.8m。胡同里巷、楼群甬道设置的景门，其造型和色调应与环境协调。

6.5 建筑高度、建筑外观和群体组合

随着经济发展与社会进步，人们对建筑室外环境质量提出了更高的要求。

在建筑室外环境设计中，应当将建筑作为配角，而将外部空间作为主体，根据外部空间与建筑实体的虚实关系和图底关系，着重解决外部空间围合的形态和各环境要素的联系。有益于提高建筑室外空间的地位，使内外空间相结合共同贡献于整体环境。

在建筑室外环境中，对空间环境质量影响最大的因素是建筑实体本身对外部空间的影响，主要包括建筑的高度、建筑的外观和建筑群体组合三个方面。规范从城市规划的要求、消防要求、日照间距和公共空间使用安全等几个方面都有相应的规定。

6.5.1　建筑高度

6.5.1.1　建筑按层数和高度的分类

民用建筑按使用功能可分为居住建筑和公共建筑两大类。民用建筑按地上层数或高度分类划分应符合下列规定：

1）住宅建筑按层数分类：一层至三层为低层住宅，四层至六层为多层住宅，七层至九层为中高层住宅，十层及十层以上为高层住宅。

2）除住宅建筑之外的民用建筑高度不大于 24m 者为单层和多层建筑，大于 24m 者为高层建筑（不包括建筑高度大于 24m 的单层公共建筑）。

3）建筑高度大于 100m 的民用建筑为超高层建筑。

6.5.1.2　对建筑高度的限定

建筑设计中建筑高度的限定涉及公共空间安全、卫生和景观。下列地区应实行建筑高度控制：

1）对建筑高度有特别要求的地区，应按城市规划要求控制建筑高度。

2）沿城市道路的建筑物，应根据道路的宽度控制建筑裙楼和主体塔楼的高度。

3）机场、电台、电信、微波通信、气象台、卫星地面站、军事要塞工程等周围的建筑，当其处在各种技术作业控制区范围内时，应按净空要求控制建筑高度。

4）当建筑处在国家或地方公布的各级历史文化名城、历史文化保护区、文物保护单位和风景名胜区内时，应按国家或地方制定的保护规划和有关条例进行。

5）建筑高度控制还应符合当地城市规划行政主管部门和有关专业部门的规定。

6）规范对某些类型建筑的层数有明确的规定：

（1）小学教学楼不应超过四层，中学、中师、幼师教学楼不应超过五层。

（2）疗养院建筑不宜超过四层，若超过四层应设置电梯。

（3）老年人建筑层数宜为三层及三层以下；四层及四层以上应设电梯。

(4) 托儿所、幼儿园的生活用房在一、二级耐火等级的建筑中，不应设在四层及四层以上；三级耐火等级的建筑不应设在三层及三层以上；四级耐火等级的建筑不应超过一层。

7) 建筑高度控制的计算应符合下列规定：

(1) 机场、电台、电信、微波通信、气象台、卫星地面站、军事要塞工程等周围的建筑，当其处在各种技术作业控制区范围内时，应按建筑物室外地面至建筑物和构筑物最高点的高度计算（图6-5-1）。

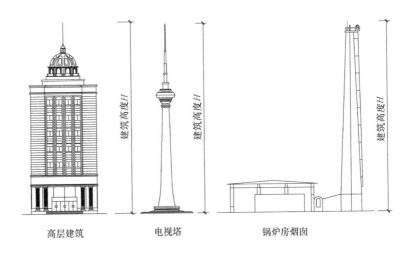

图 6-5-1 建筑物和构筑物最高点示意图

(2) 处在国家或地方公布的各级历史文化名城、历史文化保护区、文物保护单位和风景名胜区内建筑的高度，应按建筑物室外地面至建筑物和构筑物最高点的高度计算。

(3) 以上两类区域以外建筑的高度：平屋顶应按建筑物室外地面至其屋面面层或女儿墙顶点的高度计算；坡屋顶应按建筑物室外地面至屋檐和屋脊的平均高度计算。

(4) 建筑的下列突出物不计入建筑高度内：局部突出屋面的楼梯间、电梯机房、水箱间等辅助用房占屋顶平面面积不超过1/4者，突出屋面的通风道、烟囱、装饰构件、花架、通信设施等，空调冷却塔等设备（图6-5-2）。

6.5.2 建筑外观

1) 建筑外观在造型艺术处理上，需要从性格特征出发，结合周围环境及规划的特征，运用各种形式美的规律，按照一定的设计意图，创造出完整而优美的室外空间环境，建筑外观造型与色彩处理应与周围环境协调。

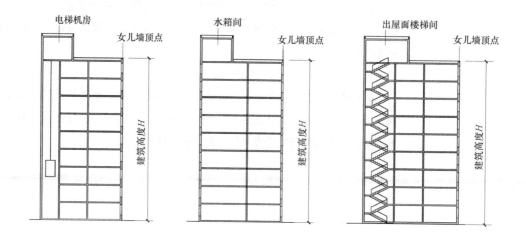

图 6-5-2　不计入建筑高度部分示意图

2）在具体的建筑设计中有些需遵循的相应规范。建筑物及附属设施不得突出道路红线（即规划的城市道路（含居住区级道路）用地的边界线）和用地红线（指各类建筑工程项目用地的使用权属范围的边界线）建造，不得突出的建筑突出物为：

（1）地下建筑物及附属设施，包括结构挡土桩、挡土墙、地下室、地下室底板及其基础、化粪池等。

（2）地上建筑物及附属设施，包括门廊、连廊、阳台、室外楼梯、台阶、坡道、花池、围墙、平台、散水明沟、地下室进排风口、地下室出入口、集水井、采光井等（图 6-5-3）。

（3）除基地内连接城市的管线、隧道、天桥等市政公共设施外的其他设施。

3）经当地城市规划行政主管部门批准，允许突出道路红线的建筑突出物为：

（1）在有人行道的路面上空，2.50m 以上允许突出建筑构件：凸窗、窗扇、窗罩、空调机位，突出的深度不应大于 0.50m。2.50m 以上允许突出活动遮阳，突出宽度不应大于人行道宽度减 1m，并不应大于 3m（图 6-5-4）。3m 以上允许突出雨篷、挑檐，突出的深度不应大于 2m。5m 以上允许突出雨篷、挑檐，突出的深度不宜大于 3m（图 6-5-5）。

（2）在无人行道的路面上空，4m 以上允许突出建筑构件：窗罩、空调机位，突出深度不应大于 0.50m（图 6-5-6）。

4）建筑突出物与建筑本身应有牢固的结合。

5）建筑物和建筑突出物均不得向道路上空直接排泄雨水、空调冷凝水及从其他设施排出的废水。

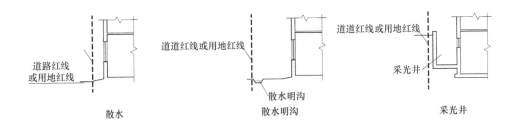

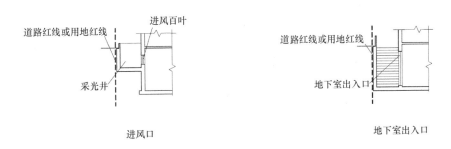

图 6-5-3　建筑突出物示意图

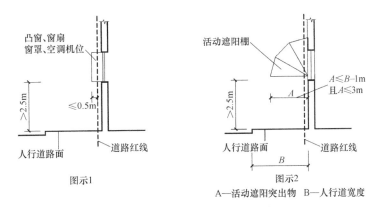

图 6-5-4　允许突出的建筑构件示意图 1

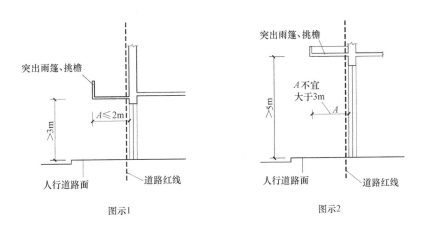

图 6-5-5　允许突出的建筑构件示意图 2

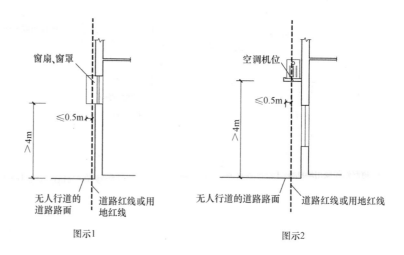

图示1   图示2

图 6-5-6 允许突出的建筑构件示意图 3

6) 当地城市规划行政主管部门在用地红线范围内另行划定建筑控制线时,建筑物的基底不应超出建筑控制线,突出建筑控制线的建筑突出物和附属设施应符合当地城市规划的要求。

7) 属于公益上有需要而不影响交通及消防安全的建筑物、构筑物,包括公共电话亭、公共交通候车亭、治安岗等公共设施及临时性建筑物和构筑物,经当地城市规划行政主管部门的批准,可突入道路红线建造。

8) 骑楼、过街楼和沿道路红线的悬挑建筑建造不应影响交通及消防的安全,在有顶盖的公共空间下不应设置直接排气的空调机、排气扇等设施或排出有害气体的通风系统。

6.5.3 建筑群体组合

建筑群体布置多样化,是建筑群体组合设计中应考虑的重要内容,要达到多样化的目的,首先要重视、体现地方特色和建筑物本身的个性,如对建筑单体的选用,南方宜通透,北方宜封闭;对群体的布置,南方宜开敞,以利通风降温,北方宜南敞北闭,以利太阳照射升温和防止北面风沙的侵袭;其次,要根据整体规划构思,单体结合群体,造型结合色调,平面结合空间综合进行考虑;第三,多样化和空间层次丰富,并不单纯体现在形体多、颜色多和群体组合花样多等方面,还必须强调在协调的前提下,求多样、求丰富、求变化的基本原则,否则只能得到杂乱无章、面貌零乱的效果。

建筑群体的空间组合应结合当地的自然与地理环境特征,满足相应的日照间距、通风、采光、人流组织等规范方面的要求,从建筑群的使用性质出发,着重分析功能关系,加以合理的分区。

建筑群体布局中建筑间距应符合防火规范要求和建筑用房天然采光的要求，并应防止视线干扰；有日照要求的建筑应符合下列建筑日照标准的要求，并应执行当地城市规划行政主管部门制定的相应的建筑间距规定：

(1) 每套住宅至少应有一个居住空间获得日照。

(2) 宿舍半数以上的居室，应能获得同住宅居住空间相等的日照标准。

(3) 托儿所、幼儿园的主要生活用房，应能获得冬至日不小于 3h 的日照标准。

(4) 老年人住宅、残疾人住宅的卧室、起居室，医院、疗养院半数以上的病房和疗养室，中小学半数以上的教室应能获得冬至日不小于 2h 的日照标准（图 6-5-7）。

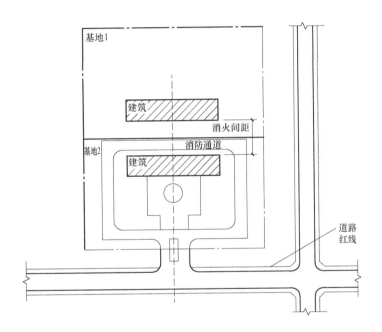

图 6-5-7　建筑群体布局中建筑间距示意图

对有地震等自然灾害地区，建筑布局应符合有关安全标准的规定；建筑布局应使建筑基地内的人流、车流与物流合理分流，防止干扰，并有利于消防、停车和人员集散；建筑布局应根据地域气候特征，防止和抵御寒冷、暑热、疾风、暴雨、积雪和沙尘等灾害侵袭，并应利用自然气流组织好通风，防止不良小气候产生；根据噪声源的位置、方向和强度，应在建筑功能分区、道路布置、建筑朝向、距离以及地形、绿化和建筑物的屏障作用等方面采取综合措施，以防止或减少环境噪声；建筑物与各种污染源的卫生距离，应符合有关卫生标准的规定。

6.6 建筑用地经济指标

建筑用地经济指标是衡量建筑项目用地是否科学合理和节约集约的综合指标，是核定建筑用地规模的尺度，是审批建筑项目用地和进行工程咨询、规划、设计的重要依据。建筑用地经济指标是伴随科学合理利用有限土地资源的需要而产生的，是伴随着不同时期，人们要求对于不可再生资源消耗的节约化程度不断提高，而逐步得到强化的。控制建筑用地经济指标的目的是为了节约利用土地、提高土地利用水平。

建筑基地：根据用地性质和使用权属确定的建筑工程项目的使用场地。

道路红线：规划的城市道路（含居住区级道路）用地的边界线。它的组成包括：通行机动车或非机动车和行人交通所需的道路宽度；敷设地下、地上工程管线和城市公用设施所需增加的宽度；种植行道树所需的宽度。任何建筑物、构筑物不得越过道路红线。根据城市景观的要求，沿街建筑物应从道路红线外侧退后建设。

用地红线：各类建筑工程项目用地的使用权属范围的边界线。

建筑控制线：有关法规或详细规划确定的建筑物、构筑物的基底位置不得超出的界线，又称为建筑红线。

建筑面积密度：每公顷建筑用地上容纳的建筑物的总建筑面积（m^2/hm^2）。建筑面积密度是反映建筑用地使用强度的主要指标。计算建筑物的总建筑面积时，通常不包括±0.000以下地下建筑面积。建筑面积密度的表示公式为：建筑面积密度＝（总建筑面积÷建筑用地面积）（m^2/hm^2）。

建筑密度：在一定范围内，建筑物的基底面积总和与占用地面积的比例（%）。建筑密度是反映建筑用地经济性的主要指标之一。计算公式为：建筑密度＝建筑基底总面积÷建筑用地总面积。

容积率：在一定范围内，建筑面积总和与用地面积的比值。容积率是衡量建筑用地使用强度的一项重要指标。容积率的值是无量纲的比值，通常以地块面积为1，地块内建筑物的总建筑面积对地块面积的倍数，即为容积率的值。容积率以公式表示如下：容积率＝总建筑面积÷建筑用地面积。

当建设单位在建筑设计中为城市提供永久性的建筑开放空间，无条件地为公众使用时，该用地的既定建筑密度和容积率可给予适当提高，且应符合当地城市规划行政主管部门有关规定。

绿地率：一定地区内，各类绿地总面积占该地区总面积的比例（%）。绿地率是反映城市或用地范围内绿化水平的基本指标之一。

城市道路绿化规划与设计中在规划道路红线宽度时，应同时确定道路绿地率。道路绿地率应符合下列规定：园林景观路绿地率不得小于40%；红线宽度大于 50m 的道路绿地率不得小于 30%，红线宽度在 40～50m 的道路绿地率不得小于 25%，红线宽度小于 40m 的道路绿地率不得小于 20%。

在居住区规划设计中，新区建设绿地率不应低于 30%；旧区改建不宜低于 25%。

建筑设计应符合法定规划控制的建筑密度、容积率和绿地率的要求。

Chapter7   The sitipulation of code on residential buildings design

第7章　规范在住宅设计方面的规定

第7章 规范在住宅设计方面的规定

　　住宅建筑与人们日常生活密切相关。据统计，人的一生中大约有80%的时间是在室内度过的，而其中绝大部分又是在住宅中度过的。因此，住宅设计的合理与否，室内环境是否舒适，成为人们在选择住宅时的一个首要因素。在建筑师的设计工作中，有很大一部分都是围绕与住宅相关的工作进行的。住宅设计是建筑设计中的一个重要的组成部分。因此，住宅设计的相关规范是一名建筑师必须掌握的知识。

　　与住宅有关的建筑设计规范主要有三部：《住宅设计规范》、《住宅建筑规范》、《城市居住区规划设计规范》。

　　《住宅设计规范》是《住宅建筑规范》在设计方面的细化，是部分强制执行的规范。

　　《住宅建筑规范》是我国首部全文强制执行的规范。它使用的对象是全方位的，是参与住宅建设活动的各方主体必须遵守的准则，是管理者对住宅建设、使用及维护依法履行监督和管理职能的基本技术依据。同时，也是住宅使用者判定住宅是否合格和正确使用住宅的基本要求。

　　《城市居住区规划设计规范》是关于城市居住区规划设计的规范。

　　本章主要着眼于规范与住宅设计有关的规定，从住宅的户内套型、公共部分、室内环境、室内设备、经济技术评价、住宅建筑节能、居住区规划七个方面来进行介绍。

　　基本概念：

　　1) 住宅：供家庭居住使用的建筑。

　　2) 套型由居住空间和厨房、卫生间等共同组成的基本住宅单位。

　　3) 使用面积：房间实际能使用的面积，不包括墙、柱等结构构造的面积(图 7-1-1)。

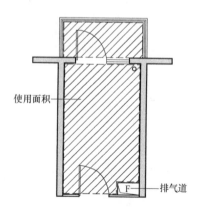

图 7-1-1　使用面积示意图

4) 层高：上下相邻两层楼面或楼面与地面之间的垂直距离。

5) 室内净高：楼面或地面至上部楼板底面或吊顶底面之间的垂直距离。

6) 凸窗：凸出建筑外墙面的窗户。

7) 跃层住宅：套内空间跨越两个楼层且设有套内楼梯的住宅。

8) 附建公共用房：附于住宅主体建筑的公共用房，包括物业管理用房、符合噪声标准的设备用房、中小型商业用房、不产生油烟的餐饮用房等。

9) 设备层：建筑物中专为设置暖通、空调、给水排水和电气的设备和管道施工人员进入操作的空间层。

7.1 户内套型

住宅应按套型设计，是指每套住宅的分户界线应明确，必须独门独户，每套住宅至少应包含卧室、起居室、厨房和卫生间等基本空间。要求将这些功能空间设计于户门之内，不得共用或合用。基本功能空间不等于房间，没有要求独立封闭，有时不同的功能空间会部分地重合或相互"借用"。当起居功能空间和卧室功能空间合用时，称为兼起居的卧室。

住宅套型的使用面积不应小于下列规定：

1) 由卧室、起居室（厅）、厨房和卫生间等组成的住宅套型，其使用面积不应小于 30m²。

2) 由兼起居的卧室、厨房和卫生间等组成的住宅最小套型，其使用面积不应小于 22m²。

7.1.1 住宅中的卧室和起居室

住宅设计应避免穿越卧室进入另一卧室，而且应保证卧室有直接采光和自然通风的条件。卧室的最小面积是根据居住人口、家具尺寸及必要的活动空间确定的。双人卧室不小于 9m²，单人卧室不小于 5m²，兼起居的卧室为 12m²。

起居室在住宅套型中，已成为必不可少的居住空间。起居室的主要功能是供家庭团聚、接待客人、看电视之用，常兼有进餐、杂务、交通等作用。要保证这一空间能直接采光和自然通风，宜有良好的视野景观。起居室的使用面积应在 10m² 以上才能满足必要的家具布置和方便使用。除了应保证一定的使用面积外，应减少交通干扰，厅内门的数量不宜过多，门的位置应集中布置，宜有适当的直线墙面布置家具。只有保证 3m 以上直线墙面布置一组沙发，起居室才有一相对稳定的使用空间（图 7-1-2）。较大的套型中，除了起居室以外，另有的过厅或餐厅等可无直接采光，但其面积不宜大于 10m² 否则套内无直接采光的空间过大，降低了居住生活标准（图 7-1-3）。

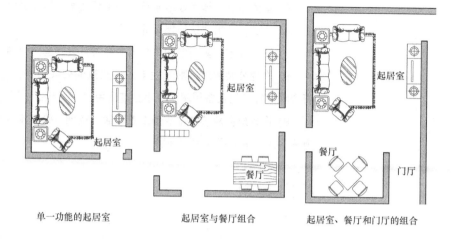

单一功能的起居室　　　　起居室与餐厅组合　　　起居室、餐厅和门厅的组合

图 7-1-2　起居室平面布置示例

无直接采光的
餐厅、过厅其
使用面积不宜
大于10m²

图 7-1-3　无直接采光空间

7.1.2　厨房

由卧室、起居室（厅）、厨房和卫生间等组成的住宅套型的厨房使用面积不应小于 4.0m²；由兼起居的卧室、厨房和卫生间等组成的住宅最小套型的厨房使用面积不应小于 3.5m²。厨房应有直接对外的采光通风口，保证基本的操作需要和自然采光、通风换气。因此厨房应有可通向室外并开启的门或窗，以保证自然通风。厨房布置在套内近入口处，有利于管线布置及厨房垃圾清运，是套型设计时达到洁污分区的重要保证，有条件时应尽量做到（图 7-1-4）。

厨房应设置洗涤池、案台、炉灶及排油烟机等设施，设计时应按操作流程合理布置（图 7-1-5），按炊事操作流程排列，排油烟机的位置应与炉灶位置对应，并应与排气道直接连通（图 7-1-6）。厨房的平面应根据具体情况灵活布置（图 7-1-7）。单排布置的厨房，其操作台最小宽度为 0.50m，考虑操

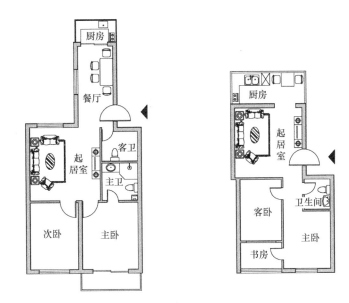

图 7-1-4　厨房在住宅套内的位置应靠近入口

作人下蹲打开柜门、抽屉所需的空间或另一人从操作人身后通过的极限距离，要求厨房最小净宽为 1.50m（图 7-1-8）。双排布置设备的厨房，两排设备之间的距离按人体活动尺度要求，不应小于 0.90m（图 7-1-9）。

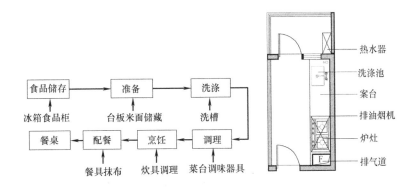

图 7-1-5　厨房操作内容及流程　　　　**图 7-1-6　厨房平面布置图**

7.1.3　卫生间

每套住宅应设卫生间至少应配置便器、洗浴器、洗面器三件卫生设备或为其预留位置。三件卫生设备集中配置的卫生间的使用面积不应小于 2.50m²。卫生间可根据使用功能要求组合不同的设备。不同组合的空间使用面积不应小于下列规定：设便器、洗面器的为 1.80m²；设便器、洗浴器的为 2.00m²；设洗面器、洗浴器的为 2.00m²；设洗面器、洗衣机的为 1.80m²；单设便器的为 1.10m²（图 7-1-10）。住宅的卫生间面积要保证无障碍设计要求和为照顾儿童使用时留有余地。

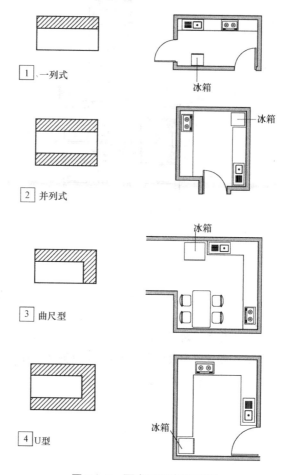

1 一列式

2 并列式

3 曲尺型

4 U型

冰箱

图 7-1-7　厨房平面类型示例

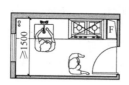

图 7-1-8　单排布置的厨房

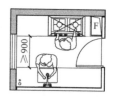

图 7-1-9　双排布置的厨房

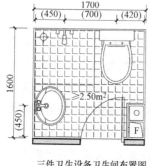

三件卫生设备卫生间布置图

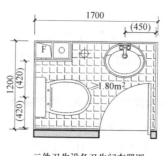

二件卫生设备卫生间布置图

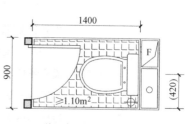

一件卫生设备卫生间布置图

图 7-1-10　卫生间布置示意图

无前室的卫生间的门不应直接开向起居室或厨房。卫生间的地面防水层，因施工质量差而发生漏水的现象十分普遍，同时管道噪声、水管冷凝水下滴等问题也很严重，因此不得将卫生间直接布置在下层住户的卧室、起居室和厨房的上层，跃层住宅中允许将卫生布置在本套内的卧室、起居室、厨房的上层，并均应采取防水、隔声和便于检修的措施。

洗衣为基本生活需求，洗衣机是普遍使用的家用设备，所以在住宅设计时套内需设置洗衣机的位置，包括专用给排水接口和电插座等（图7-1-11）。

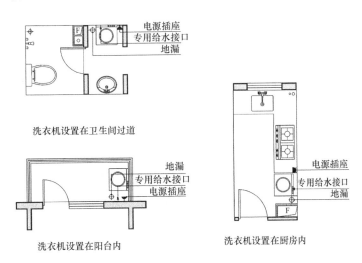

图 7-1-11　洗衣机布置示意图

7.1.4　住宅的层高和室内净高

对于普通住宅，层高一般宜为 2.80m，不宜过高或过低。把住宅层高控制在 2.80m 以下，不仅是控制投资的问题，更重要的是为住宅节地、节能、节材、节约资源。

卧室和起居室是住宅套内活动最频繁的空间，也是大型家具集中的场所，要求其室内净高不低于 2.40m，以保证基本使用要求。卧室和起居室室内局部净高不应低于 2.10m，是指室内梁底处的净高、活动空间上部吊柜的柜底与地面的距离等应在 2.10m 以上，才能保证身材较高的居民的基本活动并具有安全感（图 7-1-12）。在一间房间中，低于 2.40m 的梁和吊柜不应太多，不应超过室内空间的 1/3 面积，否则视为净高低于 2.40m。利用坡屋顶内空间作卧室和起居室时，其 1/2 面积的室内净高不应低于 2.10m（图 7-1-13）。当净高低于 2.10m 的空间超过一半时，实际使用很不方便。

厨房和卫生间人流交通较少，室内净高可比卧室和起居室（厅）低。厨房、卫生间的室内净高不应低于 2.20m。厨房、卫生间内排水横管下表面与楼面、地面净距不应低于 1.90m，且不得影响门、窗扇开启。

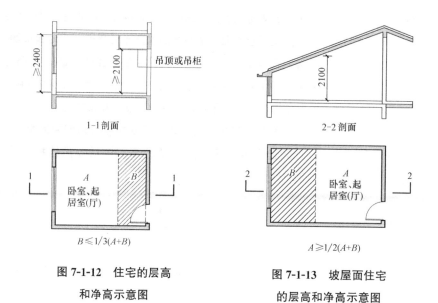

1-1 剖面　　　　　　　　　　　　　2-2 剖面

$B \leqslant 1/3(A+B)$　　　　　　　　　　$A \geqslant 1/2(A+B)$

图 7-1-12　住宅的层高　　　　　　图 7-1-13　坡屋面住宅
和净高示意图　　　　　　　　　的层高和净高示意图

7.1.5　阳台

阳台是室内与室外之间的过渡空间，在城市居住生活中发挥了越来越重要的作用。住宅应设阳台，住宅底层和退台式住宅的上人屋面可设平台。栏杆（包括栏板局部栏杆）的垂直杆件净距应小于 0.11m，才能防止儿童钻出。同时为防止因栏杆上放置花盆而坠落伤人，要求可搁置花盆的栏杆必须采取防止坠落措施。

六层及六层以下的住宅阳台栏杆净高不应低于 1.05m，七层及七层以上的住宅阳台栏杆净高不应低于 1.10m。封闭阳台栏杆也应满足阳台栏杆净高要求。七层及七层以上的住宅和寒冷、严寒地区住宅的阳台宜采用实体栏板(图 7-1-14)。

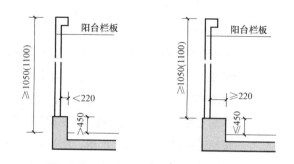

图 7-1-14　住宅栏杆、栏板示意图

顶层阳台应设雨罩。各层套住宅之间毗连的阳台应设分隔板。阳台、雨罩均应做有组织排水，雨罩及开敞阳台应做防水措施。

当阳台设有洗衣设备时，应设置专用给、排水管线及专用地漏，阳台楼、地面均应做防水；严寒和寒冷地区应封闭阳台，并应采取保温措施。

当阳台或建筑外墙设置空调室外机时，其安装位置应符合下列要求：能通畅地向室外排放空气和自室外吸入空气；在排出空气一侧不应有遮挡物；可方便地对室外机进行维修和清扫换热器；安装位置不应对室外人员形成热污染。

7.1.6 过道、贮藏空间和套内楼梯

套内入口的过道，常起门斗的作用，既是交通要道，又是更衣、换鞋和临时搁置物品的场所，是搬运大型家具的必经之路。在大型家具中沙发、餐桌、钢琴等的尺度较大，要求在一般情况下，过道净宽不宜小于1.20m。

通往卧室、起居室（厅）的过道要考虑搬运写字台、大衣柜等的通过宽度，尤其在入口处有拐弯时，门的两侧应有一定余地，该过道不应小于1.00m。通往厨房、卫生间、贮藏室的过道净宽可适当减小，但也不应小于0.90m。各种过道在拐弯处应考虑搬运家具的路线，方便搬运（图7-1-15）。

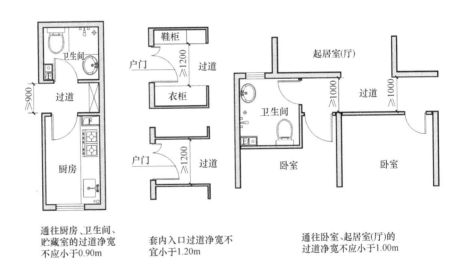

通往厨房、卫生间、贮藏室的过道净宽不应小于0.90m

套内入口过道净宽不宜小于1.20m

通往卧室、起居室（厅）的过道净宽不应小于1.00m

图7-1-15 住宅套内过道宽度示意图

套内合理设置贮藏空间或位置对提高居室空间利用率，使室内保持整洁起到很大作用。居住实态调查资料表明，套内壁柜常因通风防潮不良造成贮藏物霉烂，本条要求对设于底层或靠外墙、靠卫生间等容易受潮的壁柜应采取防潮措施。

套内楼梯一般在两层住宅和跃层住宅内做垂直交通使用。套内楼梯的净宽，当一边临空时，其净宽不应小于0.75m，当两边为墙面时，其净宽不应小于0.90m，这是搬运家具和日常手提东西上楼梯的最小宽度（图7-1-16）。套内楼梯的踏步宽度不应小于0.22m，高度不应大于0.20m。使用扇形楼梯

时，踏步宽度自较窄边起 0.25m 处的踏步宽度不应小于 0.22m，是考虑人上下楼梯时，脚踏扇形踏步的部位。

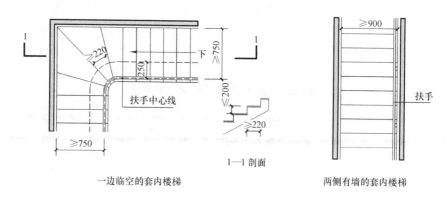

图 7-1-16 住宅套内楼梯宽度示意图

7.1.7 门窗

没有邻接阳台或平台的外窗窗台，如距地面净高较低，容易发生儿童坠落事故。要求当窗台距地面低于 0.90m 时，应采取防护措施。有效的防护高度应保证净高 0.90m。距离楼（地）面 0.45m 以下的台面、横栏杆等容易造成无意识攀登的可踏面，不应计入窗台净高。

当设置凸窗时，窗台高度低于或等于 0.45m 时，防护高度从窗台面起算不应低于 0.90m；可开启窗扇窗洞口底距窗台面的净高低于 0.90m 时，窗洞口处应有防护措施。其防护高度从窗台面起算不应低于 0.90m；严寒和寒冷地区不宜设置凸窗（图 7-1-17）。

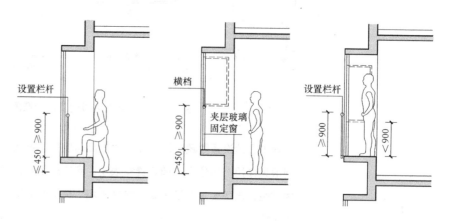

图 7-1-17 住宅凸窗示意图

从安全防范和满足住户安全感的角度出发，底层住宅的外窗和阳台门下沿低于 2.00m 且紧邻走廊或共用上人屋面上均应有一定的防卫措施。

居住生活中的私密性要求已成为住宅的重要使用要求之一，住宅凹口的窗和面临走廊的窗要采取措施避免视线干扰，如设固定式亮窗并采用压花玻璃以遮挡走廊中人的视线。

住宅入户门要求设计采用安全防卫门，并宜将几种功能如保温、防盗、防火、隔声集于一门。住宅入户门向外开户时，不应妨碍套外其他人员的正常交通。一般可采用加大楼梯平台、设大小扇门、入口处设凹口等措施，以保证安全疏散。

厨房和卫生间的门应在下部设有效截面积不小于 0.02m² 的固定百叶，或距地面留出不小于 30mm 的缝隙。

住宅各部位门洞的最小尺寸是根据使用要求的最低标准提出的，各部位门洞的最小尺寸应符合表 7-1-1 的规定。

门洞最小尺寸   表 7-1-1

类别	洞口宽度（m）	洞口高度（m）
共用外门	1.20	2.00
户（套）门	1.00	2.00
起居室（厅）门	0.90	2.00
卧室门	0.90	2.00
厨房门	0.80	2.00
卫生间门	0.70	2.00
阳台门（单扇）	0.70	2.00

7.2　公共部分

住宅的公共部分是指各套的户门之外的部分，这部分由单元内或整栋住宅的居民共同使用，住宅的公共部分包括：楼梯和电梯、走廊和出入口、垃圾收集设施、地下室和半地下室、附建公共用房等。

7.2.1　楼梯和电梯

目前国内住宅楼梯间绝大多数是靠外墙布置的，这有利于天然采光、自然通风和排烟，也有利于节约能源，符合使用及防火疏散的要求。高层住宅的楼梯间当受平面布置限制不能直接对外开窗时，须设防烟楼梯间，采用人工照明和机械通风排烟措施，以符合防火规范有关规定。

7.2.1.1　楼梯

梯段最小净宽是根据使用要求、模数标准、防火规范的规定等综合因素加以确定的。楼梯梯段净宽不应小于 1.10m，不超过六层的住宅，一边设有栏杆的梯段净宽不应小于 1.00m。楼梯平台净宽不应小于楼梯梯段净宽，且不得小于 1.20m。如果平台上有暖气片、配电箱等凸出物时，平台宽度以凸出面起算（图7-2-1），垃圾道不宜占用平台（图7-2-2）。楼梯平台的结构下缘至人行过道的垂直高度不应低于2.00m。入口处地坪与室外地面应有高差，并不应小于0.10m。当住宅建筑带有半地下室、地下室时，还应严防雨水倒灌（图7-2-3）。

图7-2-1　楼梯平台宽度

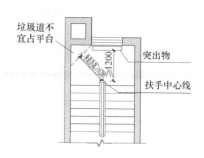

图7-2-2　楼梯平台设垃圾道

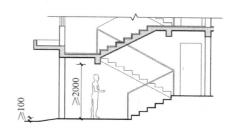

图7-2-3　住宅楼梯示意图

对于楼梯踏步，考虑到居民上下楼的方便性，尤其是老年人，踏步宽度以不小于0.26m，高度不大于0.175m，坡度为33.94°为宜。扶手高度不宜小于0.90m。楼梯水平段栏杆长度大于0.50m时，其扶手高度不应小于1.05m。楼梯栏杆垂直杆件间净空不应大于0.11m。楼梯井宽度大于0.11m，而且必须采取防止儿童攀滑的措施。

7.2.1.2　电梯

电梯是中高层、高层住宅的主要垂直交通工具，多少层开始设计电梯是个居住标准的问题，各国标准不同。在欧美一些国家，一般规定四层起应设电梯，苏联、日本及我国台湾省规范规定六层起应设电梯。我国规范严格规定七层（含七层）以上必须设置电梯。住户入口层楼面距室外地面的高度在16m以上的住宅必须设置电梯。

底层作为商店或其他用房的多层住宅，其住户入口层楼面距该建筑物的室外设计地面高度超过 16m 时必须设置电梯。底层做架空层或贮存空间的多层住宅，其住户入口层楼面距该建筑物的室外地面高度超过 16m 时必须设置电梯。顶层为两层一套的跃层式住宅时，跃层部分不计层数。其顶层住户入口层楼面距该建筑物室外设计地面的高度不超过 16m 时，可不设电梯。住宅中间层有直通室外地面的出入口并具有消防通道时，其层数可由中间层起计算（图 7-2-4）。

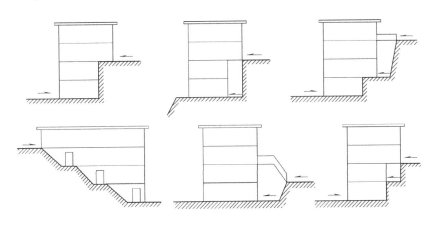

利用地形高差按层分设入口，可使多层房屋出入方便

图 7-2-4　台地住宅的分层出入口

十二层及十二层以上的住宅，每栋楼设置电梯不应少于两台，主要考虑到其中的一台电梯进行维修时，居民可通过另一部电梯通行。住宅要适应多种功能需要，因此，电梯的设置除考虑日常人流垂直交通需要外，还要考虑保障病人安全、能满足紧急运送病人的担架乃至较大型家具等需要。

十二层及十二层以上的住宅每个住宅单元只设置一部电梯时，在电梯维修期间，会给居民带来极大不便，只能通过联系廊或屋顶连通的方式从其他单元的电梯通行。当一栋楼只有一部能容纳担架的电梯时，其他单元只能通过联系廊到达这电梯运输担架。在两个住宅单元之间设置联系廊并非推荐做法，只是一种过渡做法。从第十二层起应设置与可容纳担架的电梯联通的联系廊。联系廊可隔层设置，上下联系廊之间的间隔不应超过五层。联系廊的净宽不应小于 1.10m，局部净高不应低于 2.00m（图 7-2-5）。

七层及七层以上住宅电梯应在设有户门或公共走廊的每层设站。住宅电梯宜成组集中布置。候梯厅为满足日常候梯人停留、搬运家具和担架病人等需要深度所以不应小于多台电梯中最大轿箱的深度，且不应小于 1.50m。电梯不应紧邻卧室布置（图 7-2-6）。

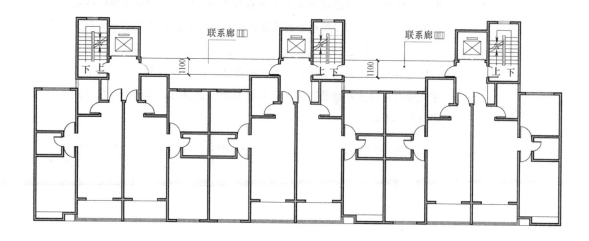

图 7-2-5　联系廊设置示意

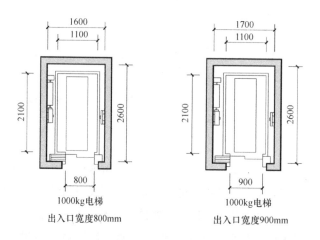

图 7-2-6　住宅电梯示意图

7.2.2　走廊和出入口

外廊、内天井及上人屋面等处一般都是交通和疏散通道，人流较集中，特别在紧急情况下容易出现拥挤现象，临空处栏杆高度应有安全保障。因此对六层及六层以下住宅栏杆的最低安全高度确定为 1.05m。对于七层及七层以上住宅，由于人们登高和临空俯视时会产生恐惧的心理，而造成不安全感，如适当提高栏杆高度将会增加人们心理的安全感，故比低层、多层住宅的要求提高了 0.05m，即不应低于 1.10m。为防止儿童攀登，垂直杆件间净空不应大于 0.11m。对栏杆的开始计算部位应从栏杆下部可踏部位起计，以确保安全高度。

外廊是指居民日常必经之主要通道，不包括单元之间的联系廊等辅助外廊。从调查来看，严寒和寒冷地区由于气候寒冷、风雪多，外廊型住宅都做成封闭外廊（有的外廊在墙上开窗户，也有的做成玻璃窗全封闭的挑廊）；另夏热冬冷地区，因冬季很冷，风雨较多，设计标准也规定设封闭外廊。故在住宅中作为主要通道的外廊宜做封闭外廊。由于沿外廊一侧通常布置厨房、卫生间，封闭外廊需要良好通风，还要考虑防火排烟，故规定封闭外廊要有能开启的窗扇或通风排烟设施。走廊通道的净宽不应小于1.20m，局部净高不应低于2.00m。

为防止阳台、外廊和开敞楼梯平台物品下坠伤人，设在下部的出入口应采取设置雨罩等安全措施。

在住宅建筑设计中，有的对出入口门头处理很简单，各栋住宅出入口没有自己的特色，形成千篇一律，以至于住户不易识别自己的家门。要求出入口设计上要有醒目的识别标志，包括建筑装饰、建筑小品、单元门牌编号等。同时在出入口处应按户数设置信报箱，三层以上住宅建筑应采用国家标准《住宅楼房信报箱》规定的统一规格的信报箱，每户一格。十层及十层以上定为高层住宅，其入口人流相对较大，同时信报箱等公共设施需要一定的布置空间，因此对十层及十层以上住宅应设置入口门厅。

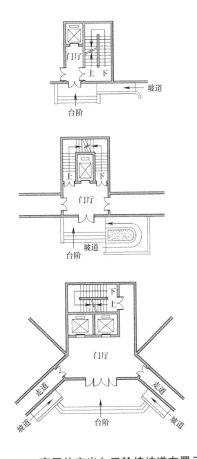

图7-2-7　高层住宅出入口轮椅坡道布置示例

设电梯的住宅，其公共出入口通常又设踏步，给行动不便的残疾人（乘轮椅）及老龄人上楼造成很大困难。应在住宅楼出入口处设方便轮椅上下的坡道和扶手，以解决因室内外地坪高差带来的不便（图7-2-7）（图7-2-8）。

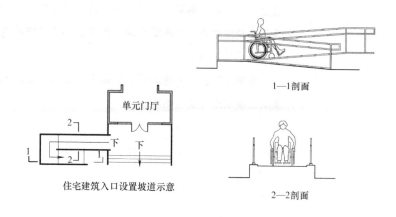

图 7-2-8　住宅坡道示意图

7.2.3　地下室和半地下室

住宅建筑中的地下室由于通风、采光、日照、防潮、排水等条件差，对居住者健康不利，故规定住宅建筑中的卧室、起居室、厨房不应布置在地下室。但半地下室有对外开启的窗户，条件相对较好，若采取采光、通风、日照、防潮、排水、安全防护措施，可布置卧室、起居室（厅）、厨房（图7-2-9）。

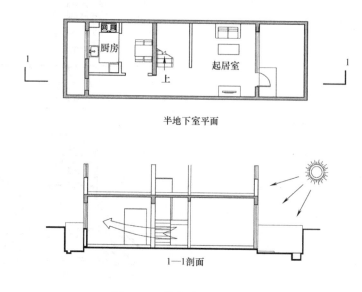

图 7-2-9　住宅地下室示意图

住宅的地下室、半地下室做自行车库和设备用房时，其净高不应低于2.00m。

当住宅的地上架空层及半地下室做机动车停车位时，其净高不应低于2.20m。地上住宅楼、电梯间宜与地下车库连通，但直通住宅单元的地下楼梯间入口处应设置乙级防火门（图7-2-10）。严禁利用楼、电梯间为地下车库进行自然通风，并应采取安全防盗措施。

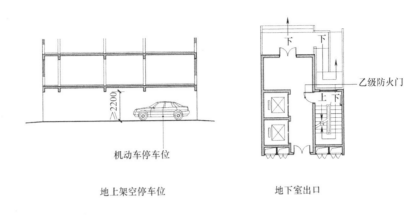

地上架空停车位   地下室出口

图7-2-10 住宅地下车位、出口示意图

地下室、半地下室应采取防水、防潮及通风措施，采光井应采取排水措施。

7.2.4 附建公共用房

在住宅区内，为了节约用地，增加绿化面积和公共活动场地面积，方便居民生活等，往往在住宅建筑底层或适当部位布置商店及其他公共服务设施。随着我国经济的改革，第三产业的发展，由集体或个人经营的服务项目往往也布置在住宅楼内。从现状来看，主要在多层、中高层和高层住宅的一至二层部位设置商业服务网点，不少地区建有"商住大楼"，在大楼一至三层布置大型商场、餐厅、酒楼等服务项目。在住宅建筑中附建为居住区（甚至为整个地区）服务的公共设施会日益增多，允许布置居民日常生活必需的商店、邮政、银行、托幼园、餐馆、修理行业等公共用房。但为保障住户的安全，防止火灾、爆炸灾害的发生，必须严禁布置存放和使用火灾危险性为甲、乙类物品的商店、车间和仓库，如石油化工商店、液化石油气钢瓶贮存库等。有关防护要求应按建筑设计防火规范的有关规定执行。在住宅建筑中不应布置产生噪声、振动和污染环境的商店、车间和娱乐设施，具体限制项目由当地主管部门依法规定。

住宅建筑内设置饮食店、食堂等用房时，在厨房内将产生大量蒸汽和油烟。因此，其烟囱和通风道应直通出住宅顶层屋面，防止倒灌，避免有害烟气侵入住房。同时空调、冷藏设备和加工机械往往产生噪声和振动，影响居民休息，因此必须作减振、消声处理。

锅炉房和变压器室等公用设施，不宜布置在住宅建筑内，若在高层住宅建筑中受条件限制必须布置时，应对设备及用房采取隔声、减振、消声等措施，以防止对住户的干扰，并保证设备的安全运行，有关要求应符合建筑设计防火规范及有关专业规范的规定。

在住宅建筑中布置商店等公共用房时，要解决使用功能完全不同的用房放在一起所产生的矛盾。除解决结构和设备系统矛盾外，还要将住宅与附建公共用房的出入口分开布置，互不干扰。对于设有公寓的多功能综合大楼，公寓部分应有单独出入口，不得与其他功能区入口合用（图7-2-11）。

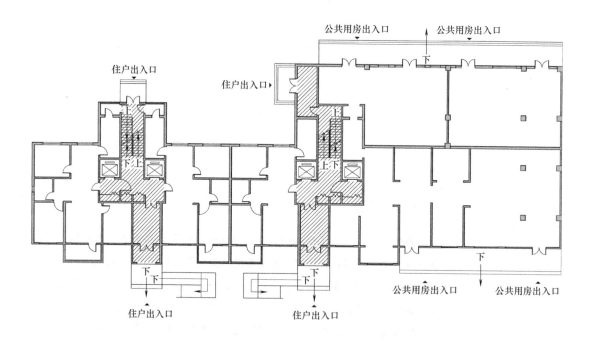

图 7-2-11　住宅与附建公共建筑出入口布置示例

7.2.5　无障碍住宅设计

七层及七层以下的住宅，应对下列部位进行无障碍设计：建筑入口、入口平台、候梯厅、公共走道。

建筑入口及入口平台的无障碍设计应符合下列规定：

1）建筑入口设台阶时，应同时设有轮椅坡道和扶手。

2）坡道的坡度应符合表 7-2-1 的规定。

坡道的坡度				表 7-2-1
高度（m）	1.00	0.75	0.60	0.35
坡度	1/16	1/12	1/10	1/8

3) 供轮椅通行的门净宽不应小于 0.8m。

4) 供轮椅通行的推拉门和平开门，在门把手一侧的墙面，应留有不小于 0.5m 的墙面宽度。

5) 供轮椅通行的门窗，应安装视线观察玻璃、横执把手和关门拉手，在门扇的下方应安装高 0.35m 的护门板。

6) 门槛高度及门内外地面高差不应大于 0.015m，并应以斜坡过渡（图 7-2-12）。

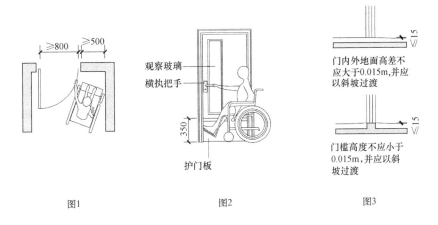

图 7-2-12　住宅无障碍通道示例

七层及七层以上住宅建筑入口平台宽度不应小于 2.00m，七层以下住宅建筑入口平台宽度不应小于 1.50m。供轮椅通行的走道和通道净宽不应小于 1.20m（图 7-2-13）。

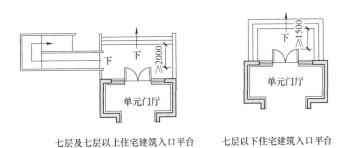

七层及七层以上住宅建筑入口平台　　　七层以下住宅建筑入口平台

图 7-2-13　住宅入口平台示例

7.3 室内环境

住宅设计在考虑室内环境时，通常从住宅的日照、天然采光、自然通风、保温隔热和隔声等几个方面进行。住宅室内环境反映的是卫生、健康、安全、舒适性等方面的保障。

7.3.1 日照、天然采光、自然通风

日照对人的生理和心理健康都非常重要，但是住宅的日照又受地理位置、朝向、外部遮挡等许多外部条件的限制，很不容易达到比较理想的状态。尤其是在冬季，太阳的高度角较小，在楼与楼之间的间距不足的情况下更加难以满足要求。由于住宅日照受外界条件和住宅单体设计两个方面的影响，在住宅单体设计环节为有利于日照而要求达到的基本物质条件，是一个最起码的要求，必须满足。事实上，除了外界严重遮挡的情况外，只要不将一套住宅的居住空间都朝北布置，就应能满足这条要求。这里没有规定室内在某特定日子里一定要达到的理论日照时数，这是因为针对住宅单体设计时的定性分析提出要求，而日照的时数、强度、角度、质量等量化指标受室外环境影响更大，因此，住宅的日照设计，应执行《城市居住区规划设计规范》等其他相关规范、标准提出的具体指标规定。

为保证居住空间的日照质量，确定为获得冬季日照的居住空间的窗洞不宜过小。一般情况下住宅所采用的窗都能符合要求，但在特殊情况下，例如建筑凹槽内的窗、转角窗的主要朝向面等，都要注意避免因窗洞开口宽度过小而降低日照质量。工程设计实践中，由于强调满窗日照，反而缩小窗洞开口宽度的例子时有发生。因此，需要获得冬季日照的居住空间的窗洞开口宽度不应小于 0.60m。

卧室和起居室（厅）具有天然采光条件是居住者生理和心理健康的基本要求，有利于降低人工照明能耗；同时，厨房具有天然采光条件可保证基本的炊事操作的照明需求，也有利于降低人工照明能耗；因此卧室、起居室（厅）、厨房应有天然采光。卧室、起居室（厅）、厨房的采光系数不应低于1%；当住宅楼梯间设置采光窗时，采光系数不应低于 0.5%。卧室、起居室（厅）、厨房的采光窗洞口的窗地面积比不应低于 1/7。当住宅楼梯间设置采光窗时，采光窗洞口的窗地面积比不应低于 1/12。采光窗下沿离楼面或地面高度低于 0.50m 的窗洞口面积不计入采光面积内，窗洞口上沿距地面高度不宜低于 2.00m。

住宅采用侧窗采光时，西向或东向外窗采取外遮阳措施能有效减少夏季射入室内的太阳辐射对夏季空调负荷的影响和避免眩光，同时依据《民用建

筑热工设计规范》以及寒冷地区、夏热冬冷地区和夏热冬暖地区相关"居住建筑节能设计标准"对于外窗遮阳的规定和把握尺度，规定除严寒地区外，住宅的居住空间朝西外窗应采取外遮阳措施，住宅的居住空间朝东外窗宜采取外遮阳措施。当住宅采用天窗、斜屋顶窗采光时，应采取活动遮阳措施。

住宅卧室和起居室应有良好的自然通风。在住宅设计中应合理布置上述房间的外墙开窗位置和方向，有效组织与室外空气直接流通的自然风。采用自然通风的房间，其通风开口面积应符合下列规定：卧室、起居室、明卫生间的通风开口面积不应小于该房间地板面积的 1/20；当采用自然通风的房间外设置阳台时，阳台的自然通风开口面积不应小于采用自然通风的房间和阳台地板面积总和的 1/20；厨房的通风开口面积不应小于该房间地板面积的 1/10，并不得小于 0.60 平方米；当厨房外设置阳台时，阳台的自然通风开口面积不应小于厨房和阳台地板面积总和的 1/10，并不得小于 0.60m²。

7.3.2　隔声

住宅应给居住者提供一个安静的室内生活环境，但是在现代城镇中，尤其是大中城市中，大部分住宅的室外环境均比较嘈杂，特别是邻近主要街道的住宅，交通噪声的影响较为严重。同时住宅的内部各种设备机房动力设备的振动会传递到住宅房间，动力设备振动所产生的低频噪声也会传递到住宅房间，这都会严重影响居住质量。特别是动力设备的振动产生的低频噪声往往难以完全消除，因此，住宅设计时，不仅针对室外环境噪声要采取有效的隔声和防噪声措施，而且卧室、起居室（厅）也要布置在远离可能产生噪声的设备机房（如水泵房、冷热机房等）的位置，且做到结构相互独立也是十分必要的措施。

住宅卧室、起居室（厅）内噪声级，应满足下列要求：昼间卧室内的等效连续 A 声级不应大于 45dB；夜间卧室内的等效连续 A 声级不应大于 37dB；起居室（厅）的等效连续 A 声级不应大于 45dB（图 7-3-1）。

分户墙和分户楼板的空气声隔声性能应满足下列要求：分隔卧室、起居室（厅）的分户墙和分户楼板，空气声隔声评价量应大于 45dB；分隔住宅和非居住用途空间的楼板，空气声隔声评价量应大于 51dB。

卧室、起居室（厅）的分户楼板的计权规范化撞击声压级宜小于 75dB。当条件受到限制时，住宅分户楼板的计权规范化撞击声压级应小于 85dB，且应在楼板上预留可供今后改善的条件。

住宅建筑的体形、朝向和平面布置应有利于噪声控制。在住宅平面设计时，当卧室、起居室（厅）布置在噪声源一侧时，外窗应采取隔声降噪措施；当居住空间与可能产生噪声的房间相邻时，分隔墙和分隔楼板应采取隔声降噪措施；当内天井、凹天井中设置相邻户间窗口时，宜采取隔声降噪措施。

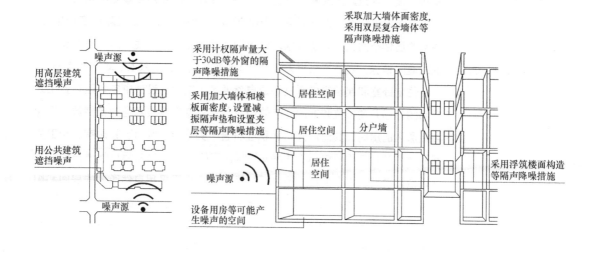

采取加大墙体面密度，采用双层复合墙体等隔声降噪措施

采用计权隔声量大于30dB等外窗的隔声降噪措施

采用加大墙体和楼板面密度，设置减振隔声垫和设置夹层等隔声降噪措施

用高层建筑遮挡噪声

用公共建筑遮挡噪声

噪声源

居住空间

居住空间

分户墙

居住空间

采用浮筑楼面构造等隔声降噪措施

设备用房等可能产生噪声的空间

图示1

图示2

图7-3-1 住宅防噪示意图

起居室（厅）不宜紧邻电梯布置。受条件限制起居室（厅）紧邻电梯布置时，必须采取有效的隔声和减振措施。

7.4 室内设备

住宅的建筑设计应综合考虑建筑设备和管线的配置，并提供必要的空间条件。满足建筑设备和系统的功能有效、运行安全、维修方便等基本要求。建筑设备设计还应有建筑空间合理布局的整体观念。建筑设备管线的设计，应相对集中，布置紧凑，合理占用空间，宜为住户进行装修留有灵活性。每套住宅宜集中设置布线箱，对有线电视、通信、网络、安全监控等线路集中布线。

厨房、卫生间和其他建筑设备及管线较多的部位，应进行详细的综合设计。采暖散热器、电源插座、有线电视终端插座和电话终端出线口等，应与室内设施和家具综合布置。

公共功能的管道，包括采暖供回水总立管、给水总立管、雨水立管、消防立管和电气立管等，以及有线电视设备箱和电话分线箱等不宜布置在住宅套内。公共功能管道的阀门和需经常操作的部件，应设在公用部位。

应合理确定各种计量仪表的设置位置，以满足能源计量和物业管理要求。计量仪表的合理设置位置，随着新产品的不断开发，仍在广泛探索中，但不论采用何种计量仪表和安装方式，都应符合安全可靠、便于计量和减少扰民等原则。

7.4.1 给水排水

生活用水是居民生活和提高环境质量最基本的条件，因此，住宅内应设给水排水系统。为了确保居民正常用水条件，规范提出最低给水水压的要求。根据给水配件的一般质量状况及住宅的维修条件，住宅给水压力又不宜过高。入户管的供水压力不应大于 0.35MPa。套内用水点供水压力不宜大于 0.20MPa，且不应小于用水器具要求的最低压力。

住宅应预留安装热水供应设施的条件，或设置热水供应设施。给水和集中热水供应系统，应分户分别设置冷水和热水表。当无条件采用集中热水供应系统时，应预留安装其他热水供应设施的条件。卫生器具和配件应采用节水性能良好的产品。管道、阀门和配件应采用不易锈蚀的材质。

厨房和卫生间的排水立管应分别设置。排水管道不得穿越卧室。排水立管不应设置在卧室内，且不宜设置在靠近与卧室相邻的内墙；当必须靠近与卧室相邻的内墙时，应采用低噪声管材。

住宅的污废水排水横管宜设于本层套内；当敷设于下一层的套内空间时，其清扫口应设于本层，并应进行夏季管道外壁结露验算，采取相应的防止结露的措施。污废水排水立管的检查口宜每层设置。

设置淋浴器和洗衣机的部位应设置地漏，布置洗衣机的部位宜采用能防止溢流和干涸的专用地漏。洗衣机设在阳台上时，其排水不应排入雨水管。

无存水弯的卫生器具和无水封的地漏与生活排水管道连接时，在排水口以下应设存水弯；存水弯和有水封地漏的水封高度不应小于50mm。

地下室、半地下室中低于室外地面的卫生器具和地漏的排水管，不应与上部排水管连接，应设置集水设施用污水泵排出。

采用中水冲洗便器时，中水管道和预留接口应设明显标识。坐便器安装洁身器时，洁身器不应与中水管连接。

排水通气管的出口，设置在上人屋面、住户露台上时，应高出屋面或露台地面 2.00m；当周围 4.00m 之内有门窗时，应高出门窗上口 0.60m。

7.4.2 采暖设备

严寒和寒冷地区的住宅宜设集中采暖系统。"集中采暖"是指热源和散热设备分别设置，由热源通过管道向各个房间或各个建筑物供给热量的采暖方式。夏热冬冷地区住宅采暖方式应根据当地能源情况，经技术经济分析，并综合考虑用户对设备运行费用的承担能力等因素确定。除电力充足和供电政策支持，或者建筑所在地无法利用其他形式的能源外，严寒和寒冷地区、夏热冬冷地区的住宅不应设计直接电热作为室内采暖主体热源。采暖热媒应采用热水。设置集中采暖系统的普通住宅的室内采暖计算温度，不应低于表

7-4-1的规定。

<table>
<tr><td colspan="2" style="text-align:left">室内采暖计算温度</td><td style="text-align:right">表 7-4-1</td></tr>
</table>

用房	温度（摄氏度）
卧室、起居室、卫生间	18
厨房	15
设采暖的楼梯间和走廊	14

注：有洗浴器并有集中热水供应系统的卫生间，宜按 25 摄氏度设计。

7.4.3 燃气

住宅管道燃气的供气压力不应高于 0.2MPa。住宅内各类用气设备应使用低压燃气，其入口压力应在 0.75～1.5 倍燃具额定范围内。

户内燃气立管应设置在有自然通风的厨房或与厨房相连的阳台内，且宜明装设置，不得设在通风排气竖井内（图 7-4-1）。

燃气设备的设置应符合下列规定：燃气设备严禁设置在卧室内；严禁在浴室内安装直接排气式、半密闭式燃气热水器等在使用空间内积聚有害气体的加热设备；户内燃气灶应安装在通风良好的厨房、阳台内；燃气热水器等燃气设备应安装在通风良好的厨房、阳台内或其他非居住房间（图 7-4-2）。

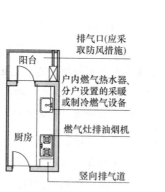

图 7-4-1　住宅燃气设备示意图

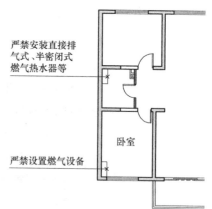

图 7-4-2　住宅燃气安全示意图

住宅内各类用气设备的烟气必须排至室外。排气口应采取防风措施，安装燃气设备的房间应预留安装位置和排气孔洞位置；当多台设备合用竖向排气道排放烟气时，应保证互不影响。户内燃气热水器、分户设置的采暖或制冷燃气设备的排气管不得与燃气灶排油烟机的排气管合并接入同一管道。

使用燃气的住宅，每套的燃气用量应根据燃气设备的种类、数量和额定燃气量计算确定，且至少按一个双眼灶和一个燃气热水器计算。

7.4.4 通风和空调

现代住宅中所用各种电器越来越多，其中有一些会产生有害的气体，比如厨房中的抽油烟机，必须设置可靠的排烟措施。还有在严寒地区、寒冷地区以及夏热冬冷地区，由于冬季一般门窗紧闭，所以必须设置必要的通风设施。随着人们对生活质量的追求，越来越多的家庭开始使用空调设备，因此在设计时必须充分考虑到这一点。

严寒地区、寒冷地区和夏热冬冷地区的厨房，除设置排气机械外，还应设置供房间全面排气的自然通风设施。无外窗的暗卫生间，应设置防止回流的机械通风设施或预留机械通风设置条件。以煤、薪柴、燃油为燃料进行分散式采暖的住宅，以及以煤、薪柴为燃料的厨房，应设烟囱；上下层或相邻房间合用一个烟囱时，必须采取防止串烟的措施。

位于寒冷（B区）、夏热冬冷和夏热冬暖地区的住宅，当不采用集中空调系统时，主要房间应设置空调设施或预留安装空调设施的位置和条件。室内空调设备的冷凝水应能够有组织地排放。空调系统应设置分室或分户温度控制设施。

7.4.5 电气

随着我国住宅建设的不断发展，与此相配套的住宅电气设备也相应地不断发展。每套住宅的用电负荷应根据住宅的套内建筑面积和用电负荷计算确定，且不应小于 2.5kW。

1）住宅供电系统的设计，应符合下列基本安全要求：

（1）应采用 TT、TN-C-S 或 TN-S 接地方式，并进行总等电位联结。

（2）电气线路应采用符合安全和防火要求的敷设方式配线，住宅套内的电气管线应采用穿管暗敷设方式配线。导线应采用铜芯绝缘线，每套住宅进户线截面不应小于 10mm²，分支回路截面不应小于 2.5mm²。

（3）住宅套内的空调电源插座、一般电源插座与照明应分路设计，厨房插座应设置独立回路，卫生间插座宜设置独立回路。

（4）除壁挂式分体空调电源插座外，电源插座回路应设置剩余电流保护装置。

（5）设洗浴设备的卫生间应作局部等电位联结。

（6）每幢住宅的总电源进线应设剩余电流动作保护或剩余电流动作报警。

2）每套住宅应设置户配电箱，其电源总开关装置应采用可同时断开相线和中性线的开关电器。

3）住宅套内安装在 1.80m 及以下的插座均应采用安全型插座。

4）住宅的共用部位应设人工照明，应采用高效节能的照明装置（光源、灯具及附件）和节能控制措施。当应急照明采用节能自熄开关时，必须采取消防时应急点亮的措施。

5）电源插座的数量住宅套内电源插座应根据住宅套内空间和家用电器设置，且不应少于表 7-4-2 的规定：

电源插座的设置数量   表 7-4-2

空间	设置数量和内容
卧室	一个单相三线和一个单相二线的插座两组
兼起居的卧室	一个单相三线和一个单相二线的插座三组
起居室(厅)	一个单相三线和一个单相二线的插座三组
厨房	防溅水型一个单相三线和一个单相二线的插座两组
卫生间	防溅水型一个单相三线和一个单相二线的插座一组
布置洗衣机、冰箱、排油烟机、排风机及预留家用空调器处	专用单相三线插座各一个

6）每套住宅应设有线电视系统、电话系统和信息网络系统，宜设置家居配线箱。有线电视、电话、信息网络等线路宜集中布线。并应符合下列规定：

（1）有线电视系统的线路应预埋到住宅套内。每套住宅的有线电视进户线不应少于 1 根，起居室、主卧室、兼起居的卧室应装设电视插座。

（2）电话通讯系统的线路应预埋到住宅套内。每套住宅的电话通讯进户线不应少于 I 根，起居室、主卧室、兼起居的卧室应装设电话插座。

（3）信息网络系统的线路宜预埋到住宅套内。每套住宅的进户线不应少于 1 根，起居室、卧室或兼起居室的卧室应装设信息网络插座。

7）住宅建筑宜设安全防范系统。六层及六层以下的住宅宜设访客对讲系统，七层及七层以上的住宅应设访客对讲系统。

8）当发生火警时，疏散通道上和出入口处的门禁应能集中解除或能从内部徒手开启出口门。

7.5 经济技术评价

建筑业是国民经济的重要组成部分，而住宅建筑在建筑业中占有重要的位置。根据预测，我国城市住宅在今后一段时间内，平均每年大约需建一亿至一亿五千万平方米建筑面积，才能满足城镇居民的居住需要。这样大量的兴建住宅，势必每年要投入大量的资金、人力和资源。因此需要从设计、施工与使用等各个阶段开辟途径，并相应提出衡量住宅建筑技术经济效果的标准。本节将介绍在住宅设计中，规范对于经济技术评价的方法和要求。

7.5.1 住宅面积指标计算

1）住宅设计应计算以下面积指标：各功能空间使用面积（m²）；套内使

用面积（m²/套）；套型阳台面积（m²/套）；套型总建筑面积（m²/套）；住宅楼总建筑面积（m²）。

2）计算住宅的技术经济指标，应符合下列规定：

（1）各功能空间使用面积应等于各功能空间墙体内表面所围合的水平投影面积。

（2）套内使用面积等于套内各功能空间使用面积之和。套型阳台面积应等于套内各阳台的面积之和；阳台的面积均应按其结构底板投影净面积的一半计算。

（3）套型总建筑面积应等于套内使用面积、相应的建筑面积和套型阳台面积之和。

（4）住宅楼总建筑面积应等于全楼各套型总建筑面积之和。

3）套内使用面积计算，应符合下列规定：

（1）套内使用面积应包括卧室、起居室（厅）、餐厅、厨房、卫生间、过厅、过道、贮藏室、壁柜等使用面积的总和。套内使用面积应按结构墙体表面尺寸计算；有复合保温层时，应按复合保温层表面尺寸计算。

（2）跃层住宅中的套内楼梯应按自然层数的使用面积总和计入套内使用面积。

（3）烟囱、通风道、管井等均不应计入套内使用面积。

（4）利用坡屋顶内的空间时，屋面板下表面与楼板地面的净高低于1.20m的空间不应计算使用面积，净高在1.20～2.10m的空间应按1/2计算使用面积，净高超过2.10m的空间应全部计入套内使用面积；坡屋顶无结构顶层楼板，不能利用坡屋顶空间时不应计算其使用面积；坡屋顶内的使用面积应列入套内使用面积中。

7.5.2　住宅评价指标的特点

住宅建筑经济技术评价指标的主要特点：

1）指标是定量与定性相结合进行评价的，不能定量的则按定性考虑。为了排除定性指标定量化过程中的主观因素的影响，采用了评分法。

2）为体现评价指标项目在总体评价中重要程度的差别，运算时按照指标的相对重要程度进行加权运算。

3）在计算中，采用评分法解决定性指标定量计算问题，采用指数法消除了指标的不同计量单位。

7.5.3　适用范围

本指标主要适用于多层住宅建筑评价。对于中高层住宅和高层住宅，由于影响技术经济效果的因素与多层住宅基本相同，评价指标和权重的差异不大，而评价方法和指标计算完全相同，因此，在评价时可参照执行。

正确评选技术经济效果好的方案设计，对于提高住宅投资效果有着重要的意义。因此，本标准主要用于方案设计的选优工作，也可用于工程评价。在评价住宅建筑时，被评价的方案或工程和对比标准之间必须具有共同的比较条件，以保证评价的正确性。如果不具备这些条件，则须转化为可比的，然后再进行比较。标准从建筑功能条件、费用范围和计算依据三个方面对可比条件做了规定，即统一建筑标准、全寿命费用、统一定额和费率。

7.5.4 评价指标

住宅建筑必须满足居民对于适用、安全、卫生的基本要求，因此，应具备各种必要的功能，并且能够经济地实现。评价指标体系的设置包括建筑功能效果和社会劳动消耗两部分。

住宅建筑功能，是指住宅满足居住者对于适用、安全、卫生等方面基本要求的总和。社会劳动消耗，是指为取得建筑功能所付出的全部社会劳动消耗量。

住宅经济技术评价体系分为两个阶段：住宅建筑设计方案评价指标体系与住宅工程评价指标体系。住宅设计方案评价有 19 项技术经济指标见表 7-5-1。住宅工程评价有 29 项技术经济指标见表 7-5-2。按二级设置评价指标。

住宅建筑设计方案评价指标体系 表 7-5-1

序号	指标类型	一级指标	二级指标
1	建筑功能效果	平面空间布局	平面空间综合效果
2			平均每套卧室、起居室数
3			平均每套良好朝向卧室、起居室面积
4			家具布置
5			储藏设施
6		平面指标	平均每套建筑面积
7			使用面积系数
8			平均每套面宽
9		厨卫	厨房布置
10			卫生间布置
11		物理性能	采光
12			通风
13			保温（隔热）
14			隔声
15		安全性	安全措施
16			结构安全
17		建筑艺术	立面效果
18			室内效果
19	社会劳动消耗		造价

序号	指标类型	一级指标	二 级 指 标
1	建筑功能效果	平面空间布局	平面空间综合效果
2			平均每套卧室、起居室数
3			平均每套良好朝向卧室、起居室面积
4			家具布置
5			储藏设施
6			楼梯走道
7			阳台设置
8			公用设施
9		平面指标	平均每套建筑面积
10			使用面积系数
11			平均每套面宽
12		厨卫	厨房布置
13			卫生间布置
14		物理性能	采光
15			通风
16			保温(隔热)
17			隔声
18		安全性	安全措施
19			结构安全
20		建筑艺术	立面效果
21			室内效果
22	社会劳动消耗	主要指标	造价
23			工期
24			房屋经常使用费
25			使用能耗
26		辅助指标	钢材
27			木材
28			水泥
29			劳动量耗用

　　住宅的各种必要功能及其劳动消耗，是构成住宅的基本因素，它们不因地域条件和生活习惯不同而变化，反映这些因素的指标称为一级指标，也称为控制指标。由于我国幅员广大，地域辽阔，各地风俗习惯不同，这些地区性特点，通过二级指标加以反映。二级指标也称表述指标。

　　一级指标是根据技术经济效果各因素的不同性质和重要程度概括产生的。二级指标根据一级指标的内容和特性展开，并直接反映住宅建筑技术经济各方面的具体特征。住宅建筑功能的评价指标基本上是从用户角度考虑的。同时，也考虑到我国当前技术经济所要求的宏观经济效果。

7.5.5 评价指标计算

7.5.5.1 定量指标计算

定量指标是指能够通过数值的大小具体反映优劣状况的指标，定量指标包括了以下几项：

1) 在建筑面积标准相同，卧室、起居室净面积符合住宅建筑设计规范要求的情况下，增多起居室、卧室数量，有利于合理安排、灵活分室，满足住户住得下分得开的要求。因此，平均每套卧室、起居室数以多者为优。

2) 平均每套良好朝向的卧室、起居室面积以多者为优。良好朝向一般指南向和东南向。将东向的指标值乘以 0.6 降低系数，计算其面积。某些地区也可根据当地情况对其他朝向采取类似方法，计算好朝向指标。总之，该指标以冬季更好地获得良好日照为考虑原则。

3) 平均每套建筑面积：以符合或接近国家或地方规定的面积标准者为优。平均每套建筑面积，是指平均每套住宅建筑面积与每套标准建筑面积的正负差额。如甲方委托的建设任务，以符合或接近甲方提出的建筑面积为优。如设计方案竞赛，则以竞赛组织者所规定的面积指标为准。

4) 使用面积系数指标：使用面积是指住宅建筑套内使用面积占全部建筑面积的百分比，使用面积系数越高，则说明可供用户使用的面积越多，则该建筑方案越经济，因此，以使用面积系数大者为优。

5) 平均每户面宽：在采用"平均每套面宽"指标时，住宅方案（工程）须具有基本相同的户型和面积标准。平均每套面宽是反映节约土地的一个指标。当建筑面积一定，缩小面宽加大进深可以起到节约用地的作用。平均每户面宽以小者为优。

6) 保温与隔热效果指标：对严寒和寒冷地区计算保温，温暖地区计算保温与隔热，炎热地区计算隔热。

7) 隔声量指标：分户墙与楼板的空气声隔声量以大者为优。

8) 造价指标系数：指住宅建筑的土建及设备的全部造价，不包括基础工程的造价。在方案设计评价阶段以设计概算为准。在工程评价阶段以设计预算为准。

9) 平均每套造价：指一栋或一个标准单元的造价平均值。

10) 工期指标：指单位工程从开工到竣工的全部日历天数，不包括基础工程的工期。以工期少者为优。

11) 房屋经常使用费：一般包括管理、维修、税金、资金利息、保险、能耗六项，以小者为优。目前该项指标一般可仅计算维修和管理两项费用。

12）住宅的使用能耗指标：住宅的使用能耗，原则上应包括采暖、空调、热水供应、电器照明、炊事等。以能耗少者为优。

13）劳动量耗用指标：指住宅建造过程中直接耗用的全部劳动量。包括现场用工和预制厂用工，按预算定额计算。劳动量耗用指标以少者为优。

7.5.5.2　定性指标计算

定性指标是不能直接通过计算数值定量反映事物好坏的指标。住宅经济技术评价指标中除了定量指标以外的部分均为定性指标。简要概述如下：

1）平面空间综合效果：是衡量住宅平面空间设计效果的综合性指标，它反映每套住宅的房间配置是否合理，交通联系是否方便，分区是否明确，布置是否紧凑等。

2）家具布置：以起居室和卧室的平面尺度适宜，门窗位置（采暖地区尚须考虑散热器位置）适当，墙面完整，利于灵活布置家具的程度评定分值，以高分者优。

3）厨房：以平面尺度适宜，固定设备布置合理，空间利用及通风排烟良好评定分值，以高分者优。

4）卫生间和厕所：根据所采用设备的数量，布置合理程度以及采光和排气等评定分值，以高分者优。

5）储藏设施：指贮藏间、壁橱、吊柜、搁板等。以空间利用合理，使用方便者为优。

6）楼梯和走道：以安全疏散，栏杆设置、休息平台以方便搬运家具等，作为衡量优劣的标准。户内走道应按联系方便，线路短捷，搬运家具方便等评分。

7）阳台设置：以面积合理、位置恰当、安全美观等评分。

8）公用设施：指垃圾道、电话管线、公用电视天线、信报箱等，应以设置的合理程度评分。

9）通风：以起居室和卧室的自然通风顺畅程度评定分值。

10）结构安全：以满足设计规范和抗震要求，主体结构的稳定性程度评定分值。

11）安全措施：指疏散、防火、防盗、防坠落等措施，应以适宜程度评定分值。

12）室内效果：以室内空间比例适度，色调协调，简洁明快，观感舒适等评分。

13）立面效果：以体型、比例、立面、色调的谐调程度评定分值。

7.5.5.3　评价方法

1）评价步骤：住宅的评价步骤，包括从提出需要评价的技术方案开始，到写出结论意见为止的全部过程。评价步骤包括：提出评价项目、确定对比标准、描述评价项目和对比标准的工程概况和建筑特征、审查建立可比条件、计算技术经济指标的基础数据（包括计算值和分值）、计算技术经济指标的转换值、计算技术经济指标的指数值、计算技术经济指标的加权指数、计算住宅建筑技术经济效果的综合指数、综合评价与结论意见。

2）定量标准：定量标准是定性指标进行定量计算的依据。评定时，可将指标实际达到的状况与定量标准表对照以此确定指标的分值。定量标准的分值定为"0"、"1"、"2"、"3"、"4"共5档，差值均为1分。"0"分为淘汰标准，有一项指标出现"0"分，方案即被淘汰，不再参加评比。"1"分为基本标准线，表示指标达到最低合格标准。"2"、"3"分表示使用功能递增的分值。"4"分为创新标准，表示指标所反映的内容有独到之处的效果。

3）技术经济效果综合评价：由于住宅建筑是一个复杂的多目标系统，因此综合评价其技术经济效果，就要将评价指标的众多不同计量单位化为相同的计量单位。技术经济效果综合评价是将定性指标的评分值，和定量指标的计算值，通过指数运算实现综合。

技术经济效果评价指标体系的综合，按住宅建筑功能和社会劳动消耗两类指标分别进行。住宅建筑功能是提供满足人民居住需要的使用价值，也是付出社会劳动消耗的目的。所以这部分评价指标的计算值和评分值越大，表示功能效果越好。但有些功能指标，如平均每户面宽，其值却是越小越好，为了进行综合，在进行指数化运算之前，应将这些指标转置运算，使其也成为越大越好的数列，以便实现指标综合。

7.6 住宅建筑节能

能源问题是当前国际社会面临的第一大难题，也成为制约我国经济发展的首要问题之一，如何节约能源、高效率地利用有限的能源创造更多的价值，已经成为刻不容缓的问题。据统计，建筑行业所占的能源消耗已经达到全部能源用量的四分之一。因此，从建筑行业来说，节能已成为头等大事。

我国地域辽阔，南北气候相差很大，能源消耗的方式和途径也不尽相同。依据各地所处地理位置及气候情况，我国将全国范围分为五个气候分区。针对各气候分区的能耗特点，我国制订了《严寒和寒冷地区居住建筑节能设计标准》、《夏热冬冷地区居住建筑节能设计标准》、《夏热冬暖地区居住建筑节能设计标准》等三部有关住宅建筑节能的规范。本节将介绍规范对住宅建筑节能的有关要求。

7.6.1 夏热冬冷地区居住建筑节能设计

7.6.1.1 室内热环境和建筑节能设计指标

在夏热冬冷地区，建筑能耗主要来自于夏季使用空调设备及冬季室内采暖，因此要从夏季制冷和冬季采暖这两个方面来进行节能。

冬季采暖室内热环境设计指标，应符合下列要求：卧室、起居室室内设计温度取 8℃。换气次数取 1.0 次/h。

夏季空调室内热环境设计指标，应符合下列要求：卧室、起居室室内设计温度取 26℃。换气次数取 1.0 次/h。

7.6.1.2 建筑节能设计措施

建筑群的总体布置、单体建筑的平面、立面设计和门窗的设置应有利于自然通风。建筑物宜朝向南北或接近朝向南北。居住建筑的体形系数不应大于表 7-6-1 规定的限值。当体形系数大于表 7-6-1 规定的限值时，必须按照要求进行建筑围护结构热工性能的综合判断。外窗（包括阳台门的透明部分）的面积不应过大。用窗墙面积比来控制窗户的面积。窗墙面积比应符合规范的要求。

夏热冬冷地区居住建筑体形系数限值 表 7-6-1

建筑层数	≤3 层	(4～11)层	≥12 层
建筑体形系数	0.55	0.4	0.35

7.6.1.3 采暖、空调和通风节能设计

居住建筑采暖、空调方式及其设备的选择，应根据当地资源情况，经技术经济分析，及用户对设备运行费用的承担能力综合考虑确定。当居住建筑采用集中采暖、空调系统时，必须设置分室（户）温度调节、控制装置及分户热（冷）量计量或分摊设施。一般情况下，居住建筑采暖不宜采用直接电热式采暖设备。当技术经济合理时，应鼓励居住建筑中采用太阳能，地热能等可再生能源，以及在居住建筑小区采用热、电、冷联产技术。居住建筑通风设计应处理好室内气流组织、提高通风效率。厨房、卫生间应安装局部机械排风装置。对采用采暖、空调设备的居住建筑，宜采用带热回收的机械换气装置。

7.6.2 夏热冬暖地区居住建筑节能设计

7.6.2.1 室内热环境和建筑节能设计指标

本标准将夏热冬暖地区划分为南北两个区。北区内建筑节能设计应主要考虑夏季空调，兼顾冬季采暖。南区内建筑节能设计应考虑夏季空调，可不考虑冬季采暖。

夏季空调室内设计计算指标应按下列规定取值：居住空间室内设计计算温度 26℃。计算换气次数 1.0 次/h。

北区冬季采暖室内设计计算指标应按下列规定取值：居住空间室内设计计算温度 16℃。计算换气次数 1.0 次/h。

7.6.2.2　建筑节能设计措施

建筑群的总体规划应有利于自然通风和减轻热岛效应。建筑的平面、立面设计应有利于自然通风。居住建筑的朝向宜采用南北向或接近南北向。北区内，单元式、通廊式住宅的体形系数不宜超过 0.35，塔式住宅的体形系数不宜超过 0.40。各朝向的单一朝向窗墙面积比，南、北向不应大于 0.40；东、西向不应大于 0.30。居住建筑的天窗面积不应大于屋顶总面积的 4%。居住建筑的东、西向外窗必须采取建筑外遮阳措施。居住建筑外窗（包含阳台门）的通风开口面积不应小于房间地面面积的 10% 或外窗面积的 45%。

7.6.2.3　采暖、空调和通风节能设计

居住建筑空调与采暖方式及设备的选择，应根据当地资源情况，充分考虑节能、环保因素，并经技术经济分析后确定。采用集中式空调（采暖）方式或户式（单元式）中央空调的住宅应进行逐时逐项冷负荷计算；采用集中式空调（采暖）方式的居住建筑，应设置分室（户）温度控制及分户冷（热）量计量设施。

空调室外机的安装位置应避免多台相邻室外机吹出气流相互干扰，并应考虑凝结水的排放和减少对相邻住户的热污染和噪声污染；设计搁板（架）构造时应有利于室外机的吸入和排出气流通畅和缩短室内外机的连接管路，提高空调器效率；设计安装整体式（窗式）房间空调器的建筑应预留其安放位置。

当室外热环境参数优于室内热环境时，居住建筑通风宜采用自然通风使室内满足热舒适及空气质量要求。当自然通风不能满足要求时，可辅以机械通风。当机械通风不能满足要求时，宜采用空调。

居住建筑通风设计应处理好室内气流组织，提高通风效率。厨房、卫生间应安装机械排风装置。

7.7　居住区规划

随着城市人口的持续增加，社会需要提供越来越多的住房来解决人口增加和有限的城市用地之间的矛盾，而采取一种比较合理的住宅形式就成为城市中需要解决的一个问题。经过长期的探索，在我国已经基本上普遍采用将住宅建筑按照一定的规模集中布局，形成居住区的形式，来解决城市的居住需要。同时居住区内可以集中配置商业服务等公共设施。这种方式不仅可以经济、合理、有效地使用土地和空间，为城市居民创造一个安静、整洁、舒适的居住环境，而且还可以有效地增加居民的安全感，增进居民之间的交往。

7.7.1　居住区的分类

居住区按居住户数或人口规模可分为居住区、小区、组团三级（图7-7-1）。（表 7-7-1）

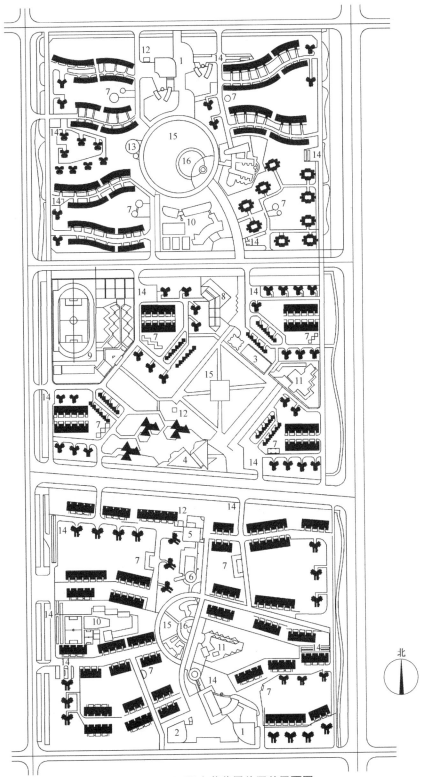

图 7-7-1 深圳市莲花居住区总平面图

1—商业服务；2—农贸市场；3—游泳池；4—百货商店；5—电影院；
6—文化馆；7—居委会；8—肉菜市场；9—中学；10—小学；11—幼托；
12—变压站；13—文化站；14—停车场；15—小区公园；16—水池

北

1）城市居住区：一般称居住区，泛指不同居住人口规模的居住生活聚居地和特指城市干道或自然分界线所围合，并与居住人口规模（30000～50000人）相对应，配建有一整套较完善的、能满足该区居民物质与文化生活所需的公共服务设施的居住生活聚居地。

2）居住小区：一般称小区，是指被城市道路或自然分界线所围合，并与居住人口规模（10000～15000人）相对应，配建有一套能满足该区居民基本的物质与文化生活所需的公共服务设施的居住生活聚居地。

3）居住组团：一般称组团，指一般被小区道路分隔，并与居住人口规模（1000～3000人）相对应，配建有居民所需的基层公共服务设施的居住生活聚居地。

居住区分级控制规模 　　　　　　　　　　　　　表 7-7-1

	居住区	小区	组团
户数（户）	10000～16000	3000～5000	300～1000
人口（人）	30000～50000	10000～15000	1000～3000

7.7.2 居住区的规划布局形式

居住区的规划布局形式可采用居住区—小区—组团、居住区—组团、小区—组团及独立式组团等多种类型（图7-7-2）。居住区的配建设施，必须与居住人口规模相对应。

居住区—小区—组团

三级结构

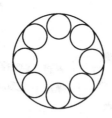
居住区—组团

二级结构

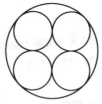
居住区—小区

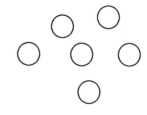
独立组团

独立结构

图 7-7-2 居住区规划布局类型

居住区的规划设计，应遵循下列基本原则：

1）符合城市总体规划的要求。符合统一规划、合理布局、因地制宜、综合开发、配套建设的原则。适应居民的活动规律，综合考虑日照、采光、通风、防灾、配建设施及管理要求，创造安全、卫生、方便、舒适和优美的居住生活环境。

2）综合考虑所在城市的经济社会发展水平，民族习俗和传统风貌，气候特点与环境条件，符合低影响开发的建设要求，充分利用河湖水域，促进雨水的自然积存、自然渗透、自然净化。

3）充分考虑社会、经济和环境三方面的综合效益。为工业化生产、机械化施工和建筑群体、空间环境多样化创造条件。为商品化经营、社会化管理及分期实施创造条件。为老年人、残疾人的生活和社会活动提供条件。

7.7.3 居住区的用地分类

居住区规划总用地，包括居住区用地和其他用地两类。其他用地包括公共服务设施用地（公建用地）、道路用地（居住区道路、小区路、组团路及非公建配建的居民汽车地面停放场地）和公共绿地（满足规定的日照要求、适合于安排游憩活动设施的、供居民共享的集中绿地，包括居住区公园、小游园和组团绿地及其他块状带状绿地等）等三类。

7.7.4 居住区的规划布局与空间环境

1）居住区的规划布局，应综合考虑周边环境、路网结构、公建与住宅布局、群体组合、地下空间、绿地系统及空间环境等的内在联系，构成一个完善的、相对独立的有机整体，并应遵循下列原则：方便居民生活，有利安全防卫和物业管理；组织与居住人口规模相对应的公共活动中心，方便经营、使用和社会化服务；合理组织人流、车流和车辆停放，创造安全、安静、方便的居住环境。适度开发利用地下空间，合理控制建设用地的不透水面积，留足雨水自然渗透、净化所需的生态空间。

2）居住区的空间与环境设计，应遵循下列原则：规划布局和建筑应体现地方特色，与周围环境相协调；合理设置公共服务设施，避免烟、气（味）、尘及噪声对居民的污染和干扰；精心设置建筑小品，丰富与美化环境；注重景观和空间的完整性，市政公用站点等宜与住宅或公建结合安排；供电、电讯、路灯等管线宜地下埋设；公共活动空间的环境设计，应处理好建筑、道路、广场、院落、绿地和建筑小品之间及其与人的活动之间的相互关系。

另外，在进行规划时，要注意居住区的可识别性，以便于寻访、识别和街道命名。在重点文物保护单位和历史文化保护区保护规划范围内进行住宅建设，其规划设计必须遵循保护规划的指导；居住区内的各级文物保护单位和古树名木必须依法予以保护；在文物保护单位的建设控制地带内的新建建筑和构筑物，不得破坏文物保护单位的环境风貌。

7.7.5 住宅建筑设计

1）住宅建筑的规划设计，应综合考虑用地条件、选型、朝向、间距、绿地、层数与密度、布置方式、群体组合、空间环境和不同使用者的需要等因素确定。

2) 宜安排一定比例的老年人居住建筑。

3) 住宅间距，应以满足日照要求为基础，综合考虑采光、通风、消防、防灾、管线埋设、视觉卫生等要求确定。

4) 住宅日照标准应符合表 7-7-2 的规定，对于特定情况还应符合下列规定：老年人居住建筑不应低于冬至日日照 2 小时的标准；在原设计建筑外增加任何设施不应使相邻住宅原有日照标准降低；旧区改建的项目内新建住宅日照标准可酌情降低，但不应低于大寒日日照 1 小时的标准。

住宅建筑日照标准　　　　　　　　　表 7-7-2

建筑气候区划	Ⅰ、Ⅱ、Ⅲ、Ⅶ气候区		Ⅳ气候区		Ⅴ、Ⅵ气候区
	大城市	中小城市	大城市	中小城市	
日照标准日	大寒日			冬至日	
日照时数(h)	≥2	≥3			≥1
有效日照时间带(h)	8~16			9~15	
日照时间计算起点	底层窗台面(指距室内地坪 0.9m 高的外墙位置)				

5) 正面间距，可按日照标准确定的不同方位的日照间距系数控制，也可采用表 7-7-3 的不同方位间距折减系数换算。

不同方位间距折减换算表　　　　　　　　　表 7-7-3

方位	0°~15°(含)	15°~30°(含)	30°~45°(含)	45°~60°(含)	>60°
折减值	1.0L	0.9L	0.8L	0.9L	0.95L

注：表中方位为正南向（0°）偏东、偏西的方位角。L 为当地正南向住宅的标准日照间距（m）。本表指标仅适用于无其他日照遮挡的平行布置条式住宅之间。

6) 住宅侧面间距，应符合下列规定：条式住宅，多层之间不宜小于 6m；高层与各种层数住宅之间不宜小于 13m。高层塔式住宅、多层和中高层点式住宅与侧面有窗的各种层数住宅之间应考虑视觉卫生因素，适当加大间距。

7) 住宅布置，应符合下列规定：

选用环境条件优越的地段布置住宅，其布置应合理紧凑；面街布置的住宅，其出入口应避免直接开向城市道路和居住区级道路；在 Ⅰ、Ⅱ、Ⅳ、Ⅶ 建筑气候区，主要应利于住宅冬季的日照、防寒、保温与防风沙的侵袭；在 Ⅲ、Ⅳ 建筑气候区，主要应考虑住宅夏季防热和组织自然通风、导风入室的要求；在丘陵和山区，除考虑住宅布置与主导风向的关系外，尚应重视因地形变化而产生的地方风对住宅建筑防寒、保温或自然通风的影响；老年人居住建筑宜靠近相关服务设施和公共绿地。

8) 住宅层数，应符合下列规定：

根据城市规划要求和综合经济效益，确定经济的住宅层数与合理的层数结构。无电梯住宅不应超过六层。在地形起伏较大的地区，当住宅分层入口时，可按进入住宅后的单程上或下的层数计算。

7.7.6　公共服务设施

7.7.6.1　公共服务设施的分类

居住区除了住宅建筑以外，还应当配备相应的公共服务设施。一般包括：教育、医疗卫生、文化体育、商业服务、金融邮电、社区服务、市政公用和行政管理及其他八类设施。居住区配套公建的配建水平，必须与居住人口规模相对应。并应与住宅同步规划、同步建设和同时投入使用。居住区配套公共服务设施的项目和配建指标，应符合相关规范条目的规定。

当规划用地内的居住人口规模界于组团和小区之间或小区和居住区之间时，除配建下一级应配建的项目外，还应当根据所增人数及规划用地周围的设施条件，增配高一级的有关项目及增加有关指标；对于旧区改建和城市边缘的居住区，其配建项目与千人总指标可酌情增减，但应符合当地城市规划行政主管部门的有关规定；在一些城市（如国家确定的一、二类人防重点城市）应当按国家人防部门的有关规定配建防空地下室，在建设防空地下室时，应当与城市地下空间规划相结合，遵循平战结合的原则，进行统筹安排。将居住区使用部分的面积，按其使用性质纳入配套公建。

7.7.6.2　配套公建各项目的设置

居住区配套公建各项目的规划布局，应符合下列规定：

1）根据不同项目的使用性质和居住区的规划布局形式，适宜采用相对集中与适当分散相结合的方式合理布局。这样布局有利于发挥设施的效益，方便经营管理、使用，并且减少对住宅及配套公建相互之间的干扰。

2）商业服务与金融邮电、文体等有关项目宜集中布置，形成居住区各级公共活动中心（图7-7-3）。基层服务设施的设置应方便居民，满足服务半径的要求。配套公建的规划布局和设计应考虑发展需要。

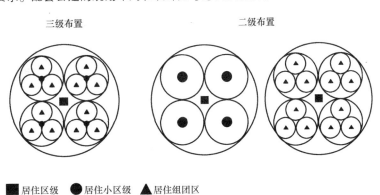

图 7-7-3　居住区各级公共中心的设备类型

7.7.6.3　公共停车场（库）

1）居住区内公共活动中心、集贸市场和人流较多的公共建筑，必须相应配建公共停车场（库）。

2）配建公共停车场（库）时，考虑到节约用地的原则，尽可能地就近设置，而且宜采用地下或多层车库。

7.7.6.4　绿地

城市越来越远离自然，逐渐增多的钢筋混凝土住宅将人们与自然深深地隔开，因此在进行居住区设计时，将自然引入到其中，形成居住区内的绿化。居住区内绿地包括：公共绿地、宅旁绿地、公共服务设施所属绿地和道路绿地（即道路红线内的绿地）等四类（图 7-7-4），其中包括了满足当地植树绿化覆土要求，方便居民出入的地上或半地下建筑的屋顶绿地，不包括屋顶、晒台的人工绿地。

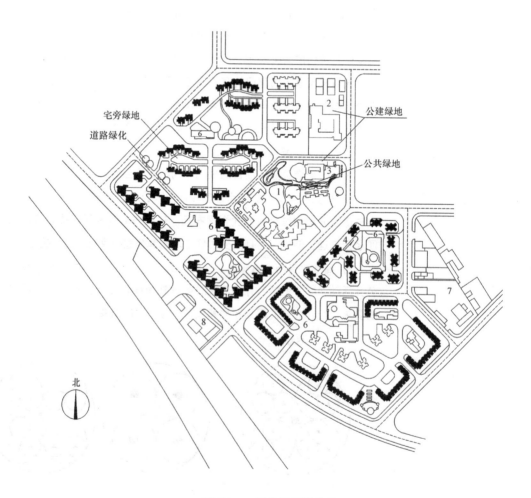

图 7-7-4　居住区绿地分类

1—小区公园；2—小学；3—幼托；4—商业服务；5—居
民活动中心；6—居委会；7—锅炉房；8—公交车站

1）居住区内绿地设置应符合以下规定：

（1）尽可能利用一切可绿化的用地进行绿化，而且除了进行平面绿化外，鼓励大力发展垂直绿化，利用住宅楼的墙面、屋顶、阳台等地进行绿化；这样做除了可以增加居住区的绿化外，还有利于住宅的夏季防晒和隔热，减少能源的消耗。

（2）居住区内用绿地率来进行指标控制。绿地率是指：居住区用地范围内各类绿地面积的总和占居住区用地面积的比率（%）。新区建设不应低于30%，旧区改建不宜低于25%。

（3）居住区的绿地应结合场地雨水规划进行设计，可根据需要因地制宜地采用兼有调蓄、净化、转输功能的绿化方式。小游园、小广场等应满足透水要求。

2）居住区内的绿地规划及布局

居住区内的绿地规划，应根据居住区的规划布局形式、环境特点及用地的具体条件，采用集中与分散相结合，点、线、面相结合的绿地系统（图7-7-5）。对于规划范围内的已有树木和绿地，如果对新建建筑影响不太大，应尽量予以保留和加以利用。

居住区内的公共绿地，是指满足规定的日照要求、适合于安排游憩活动设施的、供居民共享的集中绿地，应包括居住区公园、小游园和组团绿地及其他块状带状绿地等。公共绿地的布局，应当根据居住不同的规划要求进行设计，设置相应的中心绿地，以及老年人、儿童活动场地和其他的块状、带状公共绿地等，并应符合下列规定：

（1）各级中心公共绿地设置应符合表7-7-4的规定。

各级中心公共绿地设置规定 表7-7-4

中心绿地名称	设置内容	要求	最小规模（hm²）
居住区公园	花木草坪、花坛水面、凉亭雕塑、小卖茶座、老幼设施、停车场地和地面铺装等	园内布局应有明确的功能划分	1.0
小游园	花木草坪、花坛水面、雕塑、儿童设施和地面铺装等	园内布局应有一定的功能划分	0.4
组团绿地	花木草坪、桌椅、简易儿童设施等	灵活布局	0.04

（2）中心绿地的设置除了应满足表7-7-4中所列的条件外，还应当考虑其他相关的因素，如绿地至少应有一个边与相应级别的道路相邻，以方便人们的出行和使用。绿地中绿化面积（含水面）所占总绿地面积的比例不宜小于70%。绿地周围不应当设置栅栏或其他障碍物，以便于居民休憩、散步和交往之用，比较适宜采用开敞式，以绿篱或其他通透式院墙栏杆作分隔。

（3）对于组团式绿地的设置，除应当满足以上条件外，还应考虑在场地

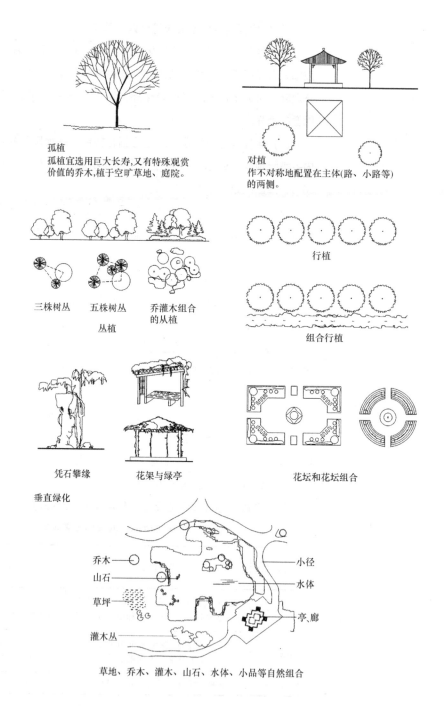

孤植
孤植宜选用巨大长寿,又有特殊观赏价值的乔木,植于空旷草地、庭院。

对植
作不对称地配置在主体(路、小路等)的两侧。

三株树丛　五株树丛　乔灌木组合的丛植
丛植

行植

组合行植

凭石攀缘　花架与绿亭　花坛和花坛组合
垂直绿化

乔木　　　　　　　　　　　小径
山石　　　　　　　　　　　水体
草坪
　　　　　　　　　　　　　亭、廊
灌木丛

草地、乔木、灌木、山石、水体、小品等自然组合

图 7-7-5　居住区绿化的形式

上设置儿童游戏设施和适于成人游憩活动的场所,要求有不少于 1/3 的绿地面积在标准的建筑日照阴影线范围之外,并且绿地的设置要方便设置其他的可供健身休闲的一些设施。

(4)除中心公共绿地之外的其他块状带状公共绿地的设置,其宽度不小

于 8m、面积不小于 400m²。还应当根据规划用地周围的城市公共绿地的布局综合进行考虑。

3）居住区内公共绿地的指标

公共绿地的指标可根据居住人口规模分别设置相应的级别，组团级不少于 0.5m²/人，小区（含组团）不少于 1.0m²/人，居住区（含小区与组团）不少于 1.5m²/人，并应根据居住区规划布局形式统一安排、灵活使用。旧区改建可酌情降低，但不得低于相应指标的 70%。

7.7.6.5　居住区内道路

1）居住区内道路可分为：居住区道路、小区路、组团路和宅间小路四个级别。分别承担着不同的任务（图 7-7-6）。

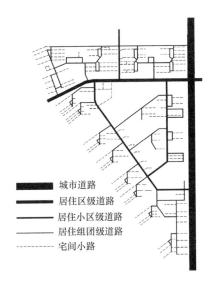

图 7-7-6　居住区道路系统等级

（1）居住区级道路：这是在居住区内一般用来划分不同小区的道路。在大城市中通常和城市支路属于同一个级别。道路的红线宽度不应当小于 20m。

（2）小区级路：这是在小区中用来划分组团的道路，其级别比居住区道路低一级，通常也作为居住区道路的支路。路面宽度在 6～9m 之间，建筑控制线之间的宽度，需敷设供热管线的不宜小于 14m，无供热管线的不宜小于 10m。

（3）组团路：这是一种介于小区路和宅间小路的道路。路面宽 3～5m。建筑控制线之间的宽度，需敷设供热管线的不宜小于 10m，无供热管线的不宜小于 8m。

（4）宅间小路：住宅建筑之间连接各住宅入口的道路，路面宽不应当小于 2.5m。

(5) 在多雪地区，应考虑堆积清扫道路积雪的面积，道路宽度可酌情放宽，但应符合当地城市规划行政主管部门的有关规定。

2）居住区的道路规划，应遵循下列原则：

(1) 根据地形、气候、用地规模、用地四周的环境条件、城市交通系统以及居民的出行方式，应选择经济，便捷的道路系统和道路断面形式。应便于居民汽车的通行，同时保证行人、骑车人的安全便利。

(2) 小区内道路应满足消防、救护等车辆的通行要求。

(3) 线型尽可能顺畅，以方便消防、救护、搬家、清运垃圾等机动车辆的转弯和出入。当公共交通线路引入居住区级道路时，应减少交通噪声对居民的干扰。

(4) 要使住宅楼的布局与内部道路有密切联系，以利于道路的命名及有规律地编排楼门号，这样就能有效地减少外部人员在寻亲访友中的往返奔波。

(5) 良好的道路网应该是在满足交通功能的前提下，尽可能地用最低限度的道路长度和道路用地。因为，方便的交通并不意味着必须有众多横竖交叉的道路，而是需要一个既符合交通要求又结构简明的路网。

(6) 有利于居住区内各类用地的划分和有机联系，以及建筑物布置的多样化。满足居住区的日照通风和地下工程管线的埋设要求。

(7) 城市旧区改建，其道路系统应充分考虑原有道路的格局特点，保留和利用有历史文化价值的街道。

(8) 山区和丘陵地区的道路系统，车行道路与人行道路应当分开设置，各自成独立系统。路网格式应当结合实际地形，因地制宜进行设置。主要道路宜平缓。路面可酌情缩窄，但应安排必要的排水边沟和会车位。

3）居住区内道路设置，应符合下列规定：

(1) 小区内主要道路至少应有两个出入口。居住区内主要道路至少应有两个方向与外围道路相连。机动车道对外出入口间距不应小于 150m。沿街建筑物长度超过 150m 时，应设不小于 4m×4m 的消防车通道。人行出口间距不宜超过 80m，当建筑物长度超过 80m 时，应在底层加设人行通道。

(2) 居住区内道路与城市道路相接时，其交角不宜小于 75°。当居住区内道路坡度较大时，应设缓冲段与城市道路相接。

(3) 进入组团的道路，既应方便居民出行和利于消防车、救护车的通行，又应维护院落的完整性和利于治安保卫。

(4) 在居住区内公共活动中心，应设置为残疾人通行的无障碍通道。通行轮椅车的坡道宽度不应小于 2.5m，纵坡不应大于 2.5%。

(5) 居住区内尽端式道路的长度不宜大于 120m，并应在尽端设不小于 12m×12m 的回车场地。当居住区内用地坡度大于 8% 时，应辅以梯步解决竖向交通，并宜在梯步旁附设推行自行车的坡道。

4）随着城市的发展，越来越多的居民拥有了自己的私家汽车，这就要求在居住区内必须配套设置居民汽车（含通勤车）停车场、停车库，其设置应符合以下规定：居民汽车停车率（指居住区内居民汽车的停车位数量与居住户数的比率）不应小于 10%。居住区内地面停车率（居住区内居民汽车的停车位数量与居住户数的比率）不宜超过 10%。居民停车场、库的布置应方便居民使用，服务半径不宜大于 150m。居民停车场、库的布置要考虑到长远的发展，应留有必要的发展余地。

7.7.7 竖向设计

居住区的竖向规划包括地形地貌的利用、确定道路控制高程和地面排水规划等内容。居住区的竖向规划，在整个居住区规划中占有相当重要的地位，竖向规划应与平面布置、空间环境以及管线规划密切联系。居住区的竖向规划绝不是简单地改造地形，而是居住区规划的重要组成部分。良好的竖向规划，可以节约工程投资，改善环境，防止水土流失，增加小区的景观特色。居住区竖向规划设计，应遵循下列原则：

1）合理利用地形地貌，减少土方工程量，从而可以有效地降低工程造价，节约投资。

2）对于各种类型的场地，都有其最适宜的坡度，表 7-7-5 列出了常见类型场地的适用坡度。

各种场地的适用坡度（%）　　　　　　　　表 7-7-5

场地名称		适用坡度
密实性地面和广场		0.3～3.0
广场兼停车场		0.2～0.5
室外场地	儿童游戏场	0.3～2.5
	运动场	0.2～0.5
	杂用场地	0.3～2.9
绿地		0.5～1.0
湿陷性黄土地面		0.5～7.0

3）场地的坡度要满足排水管线的埋设要求，以及在有一定的地表水时，可以及时将地表水引导进入场地的排水系统。场地的坡度不宜过陡，避免土壤受到雨水冲刷而流失。

4）场地的坡度设置要有利于建筑布置与空间环境的设计。对外联系道路的高程应与城市道路标高相衔接。

5）满足防洪设计要求；满足内涝灾害防治、面源污染控制及雨水资源化利用的要求。

6）当地面坡度比较大时，依据起坡的高低，地面处理可以分为两种不同的情况对待。对于一般的自然地形，当其坡度小于 8% 时，可采用平缓的连续起坡的做法，而当坡度大于 8%，居住区地面连接形式应当考虑选用台地式，且台地之间用挡土墙或护坡连接，可以防止塌方或其他一些事故的发生。

7）居住区内地面水的排水系统，应根据地形特点设计。在山区和丘陵地区还必须考虑排洪要求。地面水排水方式的选择，一般优先选用暗沟或暗管将地面积水排除到城市的排水管网中。当居住区内有陡坎，岩石地段，或在山坡冲刷严重，管沟易堵塞的地段，可采用明沟排水。

7.7.8 管线综合

现代的居住区内应当设置给水、污水、雨水和电力管线，在采用集中供热居住区内还应设置供热管线，同时还应考虑燃气、通讯、电视公用天线、闭路电视、智能化等管线的设置或预留埋设位置。

上述十多种管线，如果不进行规划和统一编排，不仅将会造成施工难度的增加，而且由于管线众多，各自采取地下管沟敷设的方式，也将大大增加造价，引起不必要的麻烦和安全隐患。因此，居住区内各类管线的设置，应当编制管线综合规划确定，并且符合下列规定：

1）各种管线必须与城市管线进行衔接。

2）在布置时，应当根据各类管线的不同特性和设置要求综合布置。主要是考虑各类管线之间安全运行，互不影响。各类管线相互间的水平与垂直的最小净距应符合规范的规定。

3）各种管线的设置宜采用地下管沟敷设的方式，这样不仅安全，而且可以有效地减少对地面的影响。地下管线的走向，一般沿道路或与主体建筑平行布置，并且尽可能使之线型顺直、短捷和适当集中，尽量减少转弯，并尽量减少管线之间及管线与道路之间的相互交叉。

4）地下管沟布置时应考虑不影响建筑物安全和防止管线受到腐蚀、沉陷、震动及来自于下部的重压。各种管线与建筑物和构筑物之间的最小水平间距应符合规范的规定。

5）各种管线的埋设顺序应符合以下规定：离建筑物的水平排序，由近及远宜为：电力管线或电信管线、燃气管、热力管、给水管、雨水管、污水管。各类管线的垂直排序，由浅入深宜为：电信管线、热力管、小于 10kV 电力电缆、大于 10kV 电力电缆、燃气管、给水管、雨水管，污水管。

6）电力电缆与电信管缆由于会产生磁场，如果相距很近时，可能会相互影响，因而在布置时宜远离，并按照电力电缆在道路东侧或南侧、电信管缆在道路西侧或北侧的原则布置。

7）在管线布置时，必然会产生相遇的情况，当产生这种矛盾时，应按以下列原则处理：临时管线避让永久管线；小管线避让大管线；压力管线避让重力自流管线；可弯曲管线避让不可弯曲管线。

8) 地下管线不宜横穿公共绿地和庭院绿地。与绿化树种间的最小水平净距，宜符合规范的规定。

7.7.9 综合技术经济指标

居住区设计方案的成功与否，除与方案本身有关外，还要考虑它的综合技术经济指标，这是它的经济性的表现，居住区的综合技术经济指标包括必要指标和可选用指标两类，表 7-7-6 列出了其项目及计量单位

综合技术经济指标系列一览表　　　　　表 7-7-6

项　　目	计量单位	数值	所占比重(%)	人均面积(m²/人)
居住区规划总用地	hm²	▲	—	—
1. 居住区用地(R)	hm²	▲		▲
①住宅用地(R01)	hm²	▲	▲	▲
②公建用地(R02)	hm²	▲	▲	▲
③道路用地(R03)	hm²	▲	▲	▲
④公共绿地(R04)	hm²	▲	▲	▲
2. 其他用地	hm²	▲	—	—
居住户(套)数	户(套)	▲	—	—
居住人数	人	▲	—	—
户均人口	人/户	▲	—	—
总建筑面积	万 m²	▲	—	—
1. 居住区用地内建筑总面积	万 m²	▲	100	▲
①住宅建筑面积	万 m²	▲	▲	▲
②公建面积	万 m²	▲	▲	▲
2. 其他建筑面积	万 m²	△	—	—
住宅平均层数	层	▲	—	—
高层住宅比例	%	△	—	—
中高层住宅比例	%	△	—	—
人口毛密度	人/ha	▲	—	—
人口净密度	人/ha	△	—	—
住宅建筑套密度(毛)	套/ha	▲	—	—
住宅建筑套密度(净)	套/ha	▲	—	—
住宅建筑面积毛密度	万 m²/ha	▲	—	—
住宅建筑面积净密度	万 m²/ha	▲	—	—
居住区建筑面积毛密度(容积率)	万 m²/ha	▲	—	—
停车率	%	▲	—	—
停车位	辆	▲	—	—

项　　目	计量单位	数值	所占比重(%)	人均面积(m²/人)
地面停车率	%	▲		
地面停车位	辆	▲		
住宅建筑净密度	%	▲	—	—
总建筑密度	%	▲	—	—
绿地率	%	▲	—	—
拆建比	—	△	—	—
年径流总量空置率	%	▲	—	—

注：▲为必要指标；△为选用指标。

附录一 本书编写所涉及的规范明细

本书编写所涉及的各类规范时间截止到 2016.12 月，共分 5 类，共 52 部。

第一类：建筑设计

1. 《办公建筑设计规范》（JGJ 67—2006）

2. 《博物馆建筑设计规范》（JGJ 66—2015）

3. 《传染病医院建筑设计规范》（GB 50849—2014）

4. 《饮食建筑设计规范》（JGJ 64—2017）

5. 《车库建筑设计规范》（JGJ 100—2015）

6. 《电影院建筑设计规范》（JGJ 58—2008）

7. 《档案馆建筑设计规范》（JGJ 25—2010）

8. 《交通客运站建筑设计规范》（JGJ/T 60—2012）

9. 《剧场建筑设计规范》（JGJ 57—2016）

10. 《老年人建筑设计规范》（GB 50340—2016）

11. 《疗养院建筑设计规范》（JGJ 40—87）（试行）

12. 《民用建筑设计通则》（GB 50352—2005）

13. 《宿舍建筑设计规范》（JGJ 36—2016）

14. 《铁路旅客车站建筑设计规范》（GB 50226—2007）（2011 年版）

15. 《铁路车站及枢纽设计规范》（GB 50091—2006）

16. 《旅馆建筑设计规范》（JGJ 62—2014）

17. 《商店建筑设计规范》（JGJ 48—2014）

18. 《图书馆建筑设计规范》（JGJ 38—2015）

19. 《体育建筑设计规范》（JGJ 31—2003）

20. 《托儿所、幼儿园建筑设计规范》（JGJ 39—2016）

21. 《文化馆建筑设计规范》（JGJ/T 41—2014）

22. 《展览建筑设计规范》（JGJ 218—2010）

23. 《综合医院建筑设计规范》（GB 51039—2014）

24. 《中小学校设计规范》（GB 50099—2011）

25. 《无障碍设计规范》（GB 50763—2012）

第二类：城市规划

26. 《城市道路工程设计规范》（CJJ 37—2016）

27. 《城市道路交通规划设计规范》（GB 50220—95）

28. 《公园设计规范》（GB 51192—2016）

29. 《城市用地竖向规划规范》（CJJ 83—2016）

30. 《城市道路绿化规划与设计规范》(CJJ 75—97)

31. 《城市容貌标准》(GB 50449—2008)

第三类：环境控制与评价

32. 《建筑楼梯模数协调标准》(GBJ 101—87)

33. 《民用建筑热工设计规范》(GB 50176—2016)

34. 《公共建筑节能设计标准》(GB 50189—2015)

35. 《民用建筑隔声设计规范》(GB 50118—2010)

36. 《建筑隔声评价标准》(GB/T 50121—2005)

37. 《建筑照明设计标准》(GB 50034—2013)

38. 《建筑采光设计标准》(GB/T 50033—2013)

39. 《智能建筑设计标准》(GB/T 50314—2015)

第四类：防火设计

40. 《建筑设计防火规范》(GB 50016—2014)

41. 《建筑内部装修设计防火规范》(GB 50222—95)(2001年修订版)

42. 《汽车库、修车库、停车场设计防火规范》(GB 50067—2014)

43. 《人民防空工程设计防火规范》(GB 50098—2009)

44. 《城镇燃气设计规范》(GB 50028—2006)

第五类：住宅设计

45. 《住宅设计规范》(GB 50096—2011)

46. 《住宅建筑规范》(GB 50368—2005)

47. 《住宅建筑技术经济评价标准》(JGJ 47—1988)

48. 《住宅性能评定技术标准》(GB/T 50362—2005)

49. 《夏热冬冷地区居住建筑节能设计标准》(JGJ 134—2010)

50. 《夏热冬暖地区居住建筑节能设计标准》(JGJ 75—2012)

51. 《严寒和寒冷地区居住建筑节能设计标准》(JGJ 26—2010)

52. 《城市居住区规划设计规范》(GB 50180—93)(2002年版)

本书编写所涉及的标准图集时间截止到2016.12月，共5部。

1. 《民用建筑设计通则》图示 06SJ813

2. 《建筑设计防火规范》图示 13J811-1改

3. 《汽车库、修车库、停车场设计防火规范》图示 12J814

4. 《中小学校设计规范》图示 11J934-1

5. 《住宅设计规范》图示 13J815

附录二 本书插图明细

序号	所在章	所在节	插图编号	插图名称
1			图 1-1-1	文化馆与周边建筑的关系
2			图 1-1-2	学校主要教学防噪间距
3			图 1-1-3	旅馆设备用房与客房隔离
4			图 1-1-4	宿舍居室与公共用房隔离
5		第一节	图 1-1-5	文化馆人员密集活动室的出入口设置
6			图 1-1-6	图书馆报告厅与主馆的关系示例
7			图 1-1-7	上海市第六人民医院各部分出入口的设置
8			图 1-1-8	医院功能关系示意
9			图 1-1-9	幼儿园杂物院位置示例
10			图 1-1-10	幼儿园音体室位置示例
11			图 1-2-1	南京市南湖小区文化馆平面图
12			图 1-2-2	汕头市达濠华侨中学平面图
13			图 1-2-3	天津市河西区第十七幼儿园平面图
14			图 1-2-4	上海市华东师范大学图书馆平面图
15			图 1-2-5	湖北省档案馆平面图
16			图 1-2-6	山西省革命历史博物馆平面图
17			图 1-2-7	北京市中国剧院平面图
18			图 1-2-8	桂林市叠彩电影院平面图
19	第一章	第二节	图 1-2-9	北京体育大学体育馆平面图
20	(共38幅)		图 1-2-10	珠海市公安局办公楼平面图
21			图 1-2-11	上海市第六人民医院平面图
22			图 1-2-12	天津市干部疗养院平面图
23			图 1-2-13	淮安市公路客运站平面图
24			图 1-2-14	天津市铁路客运站平面图
25			图 1-2-15	上海市千鹤宾馆平面图
26			图 1-2-16	昆明市五华商场平面图
27			图 1-2-17	济南市聚丰德饭庄平面图
28			图 1-3-1	楼梯
29			图 1-3-2	楼梯净高
30			图 1-3-3	扶手设置位置示意
31			图 1-3-4	扶手高度示意
32			图 1-3-5	楼梯栏杆
33		第三节	图 1-3-6	室内坡道示意
34			图 1-3-7	电梯布置
35			图 1-3-8	自动扶梯1
36			图 1-3-9	自动扶梯2
37			图 1-3-10	南京市金陵酒店门厅平面图
38			图 1-3-11	图书馆门厅功能组织示例

序号	所在章	所在节	插图编号	插图名称
75	第二章 (共56幅)	第六节	图2-6-3	转角处防火墙示意图
76			图2-6-4	防火门构造
77			图2-6-5	变形缝附近的防火门
78			图2-6-6	防火卷帘1
79			图2-6-7	防火卷帘2
80			图2-6-8	剧场防火、排烟系统示意图
81			图2-6-9	底层扩大封闭楼梯间
82			图2-6-10	变形缝防火构造
83			图2-6-11	防烟楼梯间及其前室1
84			图2-6-12	防烟楼梯间及其前室2
85		第七节	图2-7-1	组合与贴邻建造示意图
86			图2-7-2	防火间距示意图
87			图2-7-3	消防车道示意图
88			图2-7-4	回车场平面示意图
89			图2-7-5	汽车库防火分区示意图
90			图2-7-6	防火挑檐示意图
91			图2-7-7	人员疏散口示意图
92			图2-7-8	汽车疏散口示意图
93		第八节	图2-8-1	剧场室内装修材料防火等级
94			图2-8-2	商场中庭装修材料防火等级
95	第三章 (共13幅)	第二节	图3-2-1	建筑总平面考虑朝向及通风示例
96			图3-2-2	日照间距图示
97			图3-2-3	教室采光与席位布置
98			图3-2-4	生活、工作房间平面图
99			图3-2-5	厨房平面图
100		第三节	图3-3-1	小区规划防噪声措施
101			图3-3-2	中小学校总平面布置防噪声措施
102			图3-3-3	教学楼平面设计防噪声措施
103			图3-3-4	综合医院总平面布置防噪声措施
104			图3-3-5	听力测听室全浮筑做法
105			图3-3-6	旅馆客房走廊防噪声措施
106		第四节	图3-4-1	屋顶通风间层构造示例
107			图3-4-2	不同做法的遮阳板对气流的影响
108	第四章 (共9幅)	第一节	图4-1-1	贮水池布置示意图
109			图4-1-2	给排水管穿越地下室外墙防水的措施
110		第二节	图4-2-1	剧院空调上送下回送风方式示意
111			图4-2-2	电影院空调上送下回送风方式示意

序号	所在章	所在节	插图编号	插图名称
112	第四章 (共 9 幅)	第二节	图 4-2-3	体育馆空调分区布置示意
113			图 4-2-4	办公建筑空调分区布置示意
114		第三节	图 4-3-1	严寒地区居住用房厨房、 卫生间通风换气示意图
115		第四节	图 4-4-1	教室黑板、黑板灯和学生座位关系示意
116		第五节	图 4-5-1	火灾自动报警系统工作示意图
117	第五章 (共 34 幅)	第一节	图 5-1-1	机动车坡道缓坡示意图
118			图 5-1-2	楼梯梯段和平台净高示意图
119			图 5-1-3	楼梯扶手高度示意图
120			图 5-1-4	幼儿园楼梯梯井示意图
121		第二节	图 5-2-1	电梯厅深度示意图
122			图 5-2-2	自动人行道
123			图 5-2-3	自动扶梯
124			图 5-2-4	长沙市司门口商场自动扶梯、 楼梯和电梯的组合设置
125		第三节	图 5-3-1	护窗栏杆的形式示例
126			图 5-3-2	栏杆高度示意图
127		第四节	图 5-4-1	旋转门、电动感应门和卷帘门的布置示例
128			图 5-4-2	室内净高示意图
129		第五节	图 5-5-1	竖向井道示意图
130			图 5-5-2	屋面烟道和风道的设计要求
131			图 5-5-3	竖向管井的防火分隔
132			图 5-5-4	可燃油电气设备变配电室示意图
133		第六节	图 5-6-1	缘石坡道示意图
134			图 5-6-2	轮椅道示意图
135			图 5-6-3	无障碍通道
136			图 5-6-4	结算通道
137			图 5-6-5	以杖探测墙
138			图 5-6-6	门的无障碍设计
139			图 5-6-7	残疾人楼梯禁止使用的踏步形式
140			图 5-6-8	无障碍电梯
141			图 5-6-9	斜向式升降平台示意图
142			图 5-6-10	残疾人楼梯扶手设计要求 1
143			图 5-6-11	残疾人楼梯扶手设计要求 2
144			图 5-6-12	残疾人坡道扶手设计要求
145			图 5-6-13	公共厕所无障碍厕所示意图
146			图 5-6-14	无障碍立式洗手盆示意图
147			图 5-6-15	盆浴间安全抓杆
148			图 5-6-16	轮椅席位
149			图 5-6-17	无障碍机动车停车位
150			图 5-6-18	低位服务台

序号	所在章	所在节	插图编号	插图名称
151		第一节	图 6-1-1	基地出入口与城市主干道交叉口、过街人行道、公共交通站台、公园、学校、儿童及残疾人等建筑物的出入口的关系
152			图 6-1-2	郑州市开发区亿龙幼儿园总平面图
153			图 6-1-3	北京市第四中学总平面图
154			图 6-1-4	邯郸市苏曹镇文化中心总平面图
155			图 6-1-5	四川大学图书馆总平面图
156			图 6-1-6	湖北省档案馆总平面图
157			图 6-1-7	河南省博物馆总平面图
158			图 6-1-8	太原某电影院总平面图
159			图 6-1-9	广州市友谊剧院总平面图
160			图 6-1-10	北京市国际网球中心总平面图
161			图 6-1-11	上海市大八字办公楼总平面图
162			图 6-1-12	成都中医学院附属医院总平面图
163			图 6-1-13	天津市干部疗养院总平面图
164			图 6-1-14	南京市金陵酒店总平面图
165			图 6-1-15	昆明市五华商场总平面图
166			图 6-1-16	淮安市公路客运站总平面图
167	第六章(共35幅)		图 6-1-17	天津市铁路客运站总平面图
168			图 6-1-18	某宿舍总平面图
169			图 6-1-19	上海市众仁老年公寓总平面图
170		第三节	图 6-3-1	行车视距与建筑物和路边绿化的关系
171			图 6-3-2	汽车停车场车辆停放方式1
172			图 6-3-3	汽车停车场车辆停发方式2
173			图 6-3-4	地下车库出入口与道路关系1
174			图 6-3-5	地下车库出入口与道路关系2
175			图 6-3-6	停车库出口视线设计要求
176			图 6-3-7	汽车库出入口与城市道路关系
177			图 6-3-8	自行车的停放形式和占地尺寸
178		第四节	图 6-4-1	停车场的绿化
179		第五节	图 6-5-1	建筑物和构筑物最高点示意图
180			图 6-5-2	不计入建筑高度部分示意图
181			图 6-5-3	建筑突出物示意图
182			图 6-5-4	允许突出的建筑构件示意图1
183			图 6-5-5	允许突出的建筑构件示意图2
184			图 6-5-6	允许突出的建筑构件示意图3
185			图 6-5-7	建筑群体布局中建筑间距示意图

序号	所在章	所在节	插图编号	插图名称
186			图 7-1-1	使用面积示意图
187			图 7-1-2	起居室平面布置示例
188			图 7-1-3	无直接采光空间
189			图 7-1-4	厨房在住宅套内的位置应靠近入口
190			图 7-1-5	厨房操作内容及流程
191			图 7-1-6	厨房平面布置图
192			图 7-1-7	厨房平面类型示例
193			图 7-1-8	单排布置的厨房
194		第一节	图 7-1-9	双排布置的厨房
195			图 7-1-10	卫生间布置示意图
196			图 7-1-11	洗衣机布置示意图
197			图 7-1-12	住宅的层高和净高示意图
198			图 7-1-13	坡屋面住宅的层高和净高示意图
199			图 7-1-14	住宅栏杆、栏板示意图
200			图 7-1-15	住宅套内过道宽度示意图
201			图 7-1-16	住宅套内楼梯宽度示意图
202			图 7-1-17	住宅凸窗示意图
203			图 7-2-1	楼梯平台宽度
204			图 7-2-2	楼梯平台设垃圾道
205	第七章		图 7-2-3	住宅楼梯示意图
206	(共 39 幅)		图 7-2-4	台地住宅的分层出入口
207			图 7-2-5	联系廊设置示意
208			图 7-2-6	住宅电梯示意图
209		第二节	图 7-2-7	高层住宅出入口轮椅坡道布置示例
210			图 7-2-8	住宅坡道示意图
211			图 7-2-9	住宅地下室示意图
212			图 7-2-10	住宅地下车位、出口示意图
213			图 7-2-11	住宅与附建公共建筑出入口布置示例
214			图 7-2-12	住宅无障碍通道示例
215			图 7-2-13	住宅入口平台示例
216		第三节	图 7-3-1	住宅防噪示意图
217		第四节	图 7-4-1	住宅燃气设备示意图
218			图 7-4-2	住宅燃气安全示意图
219			图 7-7-1	深圳市莲花居住区总平面图
220			图 7-7-2	居住区规划布局类型
221		第七节	图 7-7-3	居住区各级公共中心的设置类型
222			图 7-7-4	居住区绿地分类
223			图 7-7-5	居住区绿化的形式
224			图 7-7-6	居住区道路系统等级